商管 全華圖書
叢書 BUSINESS MANAGEMENT

INTERNET MARKETING

網路行銷

第 3 版

黃國亮　編著

三版序

　　拜科技的進步，許多新的技術與應用，都漸趨成熟，其中尤以人工智慧（AI）的崛起，是最被大家看好的明星產業，且一致公認會改變現有思維的新科技產品，為了因應大環境的變化，本書也將「人工智慧在行銷上之應用」，增列入新版的內容，並調整章節將其置於第三版的第 3 章；同時，為了因應法規的修正，也修改了第 5 章的部分內容，以符合新修正的「電子支付機構管理條例」；再者，為了增加本書的深度與廣度，同時將「社群行銷」增列入第三版的第 8 章，並在第 9 章新增了以「Webnode 架設網站」單元，還有第 10 章的個案探討，新增了「ｉ郵箱之未來性與商機」與「餐飲外送服務之興起與展望」這二個個案。

　　這 3 年來承蒙使用本書教師的指教與建議，還有全華圖書編輯部門在收集資料後，所提供的新增章節意見與寫作建議，經綜合各方的建議與意見後，在第三版時，一併採納後，予以更新。本書的內容若有疏漏、錯誤或說明不清楚之處，再請各位先進們不吝指正。

黃國亮 謹識

於 僑光科技大學

2023 年 12 月

序言

　　擔任教職已 20 多年，一直將作育英才視爲終生的事業，在教學的過程中，總希望能夠竭盡所能，將所知道的知識，清楚的傳達給學生，但有時受限於教材的問題，會有力不從心的感覺。一本好的教材，除了可以幫助學習者儘快了解知識的涵義外，還可以讓授課者能得心應手的表達出完整的概念，所以不時興起自行寫出好教材的念頭，但一晃多年，始終未能提筆。經全華圖書業務部魏經理與吳小姐的敦促之下，終於決定動筆撰寫，歷經多次修改，加上全華圖書編輯部門的幫忙之下，本書最終得以問市。

　　本書的內容，是參酌現今社會趨勢的變化，網路設備與軟體的推陳出新，加上行銷依附在網路體系下，所需要學習的知識與理論，已不可同日而語，所以在書中除了有提到相關的行銷理論外，也有提到電子商務、跨境電商、第三方支付與電子支付、網路媒體與網路廣告、關鍵字廣告等，屬於新時代的消費者，在從事網路行銷時，經常會遇到且必須要了解的知識與議題；同時爲了能讓同學能深入了解在學習網路行銷時，可能會使用到的相關應用軟體，本書也提供了實作應用軟體的單元－實際操作 QR Code、Beclass、Weebly、mymy 等軟體，希望讓同學能經由實作的過程中，學習到更專業的應用技能。

　　本書的撰寫，是冀望在淺顯易懂的文筆下，讓學生能夠在學習的過程，同時學習到行銷理論與實務技巧，以達到學用合一的效果，書的內容有疏漏、錯誤或說明不清楚之處，再請先進們不吝指正。

黃國亮 謹識

於 僑光科技大學

hgl@ocu.edu.tw

目錄

Chapter 10 個案探討

Chapter **1**

網路行銷概論

學習目標

1.1　行銷觀念的演進與意義

1.2　網路行銷組合 4P

1.3　網路行銷組合 5C

(((•))) 1.1 行銷觀念的演進與意義

行銷已如影隨行進入現代人的生活中，以出門上班為例，在上班途中處處可見各企業、廠商的行銷蹤跡；若是休閒在家，企業、廠商亦可經由電視或網路等媒體，將所要行銷的商品，經由虛擬通路，將商品訊息穿透到家中，傳送到消費者的眼界中，種種的跡象均顯示，商品行銷已無所不在，徹底融入現代人的生活中。

近年來，拜科技發達之賜，加上全世界各國對於網路基礎建設的佈建，上網已成為全世界共通的活動，由於網路設備的普及，依附在網路上的商業行為，已成為最熱門、最具產值的行業。從網路型態衍生出的行銷觀念，已不再只是侷限於傳統的行銷觀念，而是必須再附加網路行銷的觀念，才符合新時代的潮流。若以行銷觀念的演進來看，除了傳統的五種觀念外，因應大環境的變化，本書還加入網路行銷觀念，將演進程序分成六個階段，此六種行銷觀念演進的說明與內涵說明如下。

⟩ 1.1.1 行銷觀念的演進

一、生產觀念（Production Concept）

生產觀念指的是產品供不應求，只要有產品可供給，消費者就會接受可買得到的產品，幾乎沒有選擇的餘地。此階段的狀態，主要是屬於物資缺乏的時代，只要廠商有辦法生產出商品，通常賣得掉，因此此階段的首要任務，是改善生產效率及降低生產成本，方能提供充足的產品給消費者。

臺灣在 50 年代左右，有經歷過此階段，當時全臺灣物資缺乏，有時還需靠美國援助物資，所以祖父級的長輩們都會提到，常使用美軍要丟棄的麵粉袋來做成內褲，此階段的觀念即是：產品做得出來就賣得掉，較知名的產品有黑松汽水、白蘭洗衣粉等。

1955 - 1971

1955年開始到1971年，黑松公司為迎接「瓶裝飲料時代」的來臨，特以「王冠」瓶蓋圖案為商標構成圖，表達了立足飲料界的不變決心，並增強消費者「飲用」的認知度。這時期，黑松飲料的瓶蓋是其商標。1970年變更組織，更名為「黑松飲料股份有限公司」。

1972 - 1975

1972年開始，為加強視覺印象效果，特別在原有「王冠」瓶蓋商標下，加上一個圓角方底黑松綠作襯底背景，再次為黑松商標史添上新頁。1974年，黑松的英文名稱「HE - SUNG」，更改為「HEY - SONG」。

1976 - 1986

因應企業多角化經營，黑松公司從1976年開始，把商標簡化，採用文字外括長形黃金比例圖案，來代表黑松公司永長青、穩實健全的精神。1981年變更名稱為「黑松股份有限公司」。

圖片來源：黑松企業官網

二、產品觀念（Product Concept）

當產品供給不再吃緊，市場競爭者出現時，消費者會開始注意到產品的品質，生產者因應消費者的需求，也會提升自己產品的品質，此階段的重點是消費者品質意識的抬頭，生產者致力於產品本身品質的提升。

Q 延伸思考

　　臺灣在 60 ～ 70 年代，有經歷過此階段，當時全臺灣屬於要從傳統農業社會步入工業社會的時代，生產的廠商開始變多，物資已可適度滿足消費者需求，供需大致平衡，此階段的觀念是：產品只要品質好，就賣得掉，較知名的產品為大同電鍋。

圖片來源：大同購物官網

三、銷售觀念（Sales Concept）

　　當產品可充分供應，且因應不同消費者的需求，有更多元化的產品會出現，生產者與銷售商為了要增加產品的銷售量，會認為公司需極力銷售及促銷產品，否則消費者不一定會踴躍購買公司的產品。此種情況最常出現在供過於求的商品、冷門產品、不熟悉的產品或特殊利基型的產品。

Q 延伸思考

　　臺灣在 80 ～ 90 年代，有經歷過此階段，當時臺灣屬於要從工業社會步入商業社會的時代，資金充足加上各項國外商品進口到臺灣，金融商品走上國際化，銷售觀念是此階段常使用的方式，臺灣的消費者在美妝店或郵局門口，有時就會遇到此種銷售方式；即使到現今，有些商品仍是採取銷售觀念來販賣。

圖片來源：華視新聞截圖

四、行銷觀念（Marketing Concept）

當生活漸漸富裕後，在消費者意識抬頭的情況下，新的行銷觀念產生。此觀念認為欲達成公司目標，關鍵在於了解消費者的的需求，公司或生產者，必須以消費者的的需求為導向，當本身比競爭廠商更能滿足消費者的需求時，產品的銷售量會跟著提升。

 Q 延伸思考

臺灣很多企業已採取行銷觀念來服務消費者，例如：台北富邦銀行秉持以客戶利益為最大的精神、IBM 轉型為客戶導向企業，創造服務價值，豐泰企業推動以客戶需求為導向的精實生產模式。臺灣麥當勞品牌形象隨時代演進時，從「歡樂、美味在麥當勞」變成「麥當勞都是為你」。

圖片來源：麥當勞官網

五、社會行銷觀念（Societal Marketing Concept）

當環保意識抬頭，無私利他的觀念萌芽，企業開始思考且提升自己的位階，認為除了滿足消費者的需求外，也應兼顧整體社會的福祉與自然環境的生態，因此，在從事行銷活動之餘，也會想對社會盡一份責任。

> **Q 延伸思考**
>
> 　　此階段的重點在於取之於社會用之於社會，優良的企業已在銷售之餘也開始回饋社會、愛護地球，例如：機車廠商生產的新機車，需符合新環保排放標準即是，再以 2014 年 8 月在高雄發生氣爆的例子而言，台積電主動協助修補道路、修繕房屋，不僅幫助到受災戶，也提升企業本身的社會形象，是社會行銷的最佳典範。

六、網路行銷觀念（Internet Marketing Concept）

　　網路行銷基本上可視為是經由網際網路，使消費者可以在網路上取得或交換相關的資訊，進而達到銷售產品的目的，這種在網路上進行的行銷活動與銷售方式，可稱之為網路行銷。由於網路技術的日新月異，網路行銷的手法推陳出新，從原始的電子商務（e-Commerce）到最近熱門的 O2O（Online to Offline）、無國界的跨境電商，搭配網路行銷而出現的網路媒體與廣告、社群行銷及關鍵字廣告等，在網路系統成熟的基礎下，不斷有新型態的行銷方式出現。

圖片來源：Google AdWords 關鍵字廣告

　　國家構成的四項要素：人民、領土、政府、主權，其中領土範圍內的土地，如果不是太貧瘠或無法耕作的話，在初期經濟活動沒有很發達的情況下，經由簡單且便宜的工具，所從事只農業生產活動，是很多國家的經濟來源，此即是屬於行銷觀念演進中的生產觀念。

　　但對於一些國家，例如：冰島、中東地區的國家，因爲地質的影響，就不一定會是以農業生產，作爲發展初期的經濟來源，在行銷觀念的演進中，也不一定會照著前面所說的六個階段依序演進，有時可能會因爲特定的原因或資源而跳過某個階段。

　　在生產階段已取得基本收入，並改善生活狀況後，消費者會開始在意產品的品質，生產者也會致力提升自己產品的品質，此即是產品觀念的演進，此時消費者的經濟狀況比以前更好，工廠也如雨後春筍般，不斷的成立，社會的主要經濟主力，是以製造業或生產業爲主。

　　工業化的過程中，造就出更好的經濟條件，社會也開始走向商業化的型態，不再只有製造業，社會上的經濟活動更多元化，商品推陳出新，部分消費者不熟悉或冷門的商品，有可能會不易銷售，所以就會產生有些企業或公司，極力銷售及促銷自家的商品，此即爲銷售階段。當生活上不虞匱乏，經濟狀況良好時，消費者意識會跟著抬頭，在百家爭鳴的商場中，企業必須滿足消費者的需求，業績才能維持不墜，此即進入行銷觀念的時代。當全球進入國際村時代，世界各國的環保意識抬頭，無私利他觀念萌芽，企業必須兼顧生態環境與社會福祉，善盡一己的心力，社會行銷觀念因此成形。當通訊與網路設備的精進，將商務活動進階成多種型態的網路行銷行爲，例如：跨境電商、網路廣告、社群行銷、O2O 等，無國界的網路行銷也蔚爲現今重要的行銷商務活動之一。

　　行銷觀念演變至今，即使到了後期階段，前面的演進現象也不會完全消失，會同時並存，而且會伴隨著科技與時代的改變，互有消長而已；例如，現已進入網路行銷時代，但前面階段的農業、製造業、商業等活動，同樣會並存在同一時空，而且在現今的時空背景，除了網路行銷是重要的行銷活動外，服務業已取代原有的行業別，變成是就業的重要選項。

　　以下將六種行銷觀念的演進，繪製成下圖。行銷觀念的演進，只能視爲是行銷理論的基礎模式，觀念的演進，不一定會依循理論上的步驟，按部就班、依序而來，但仍有類似的跡象可參考。從上述生產觀念的演進，對照全世界各國的現況，較貧窮或持續有戰爭的國家，大都停留在生產觀念與產品觀念階段，經濟起飛中的國家，大都處於行銷觀念與社會行銷觀念的階段，已開發中國家或經濟成長穩定的國家則早已進入網路行銷的時代；換言之，行銷觀念的演進，也可以視爲一個國家的經濟發展史。

生產觀念　產品觀念　銷售觀念　行銷觀念　社會行銷觀念　網路行銷觀念

圖 1-1　行銷觀念的演進

▶ 1.1.2 行銷策略規劃

西元 2004 年美國行銷協會將行銷定義如下：「行銷是創造、溝通與傳遞價值給顧客，並經營顧客關係，以便讓組織與其利益關係人受益的一種組織功能與程序。」行銷活動已無時無刻出現在現代人的生活中，但一個有效果與考慮周詳的行銷活動，都應先擬定好相關的行銷策略，做好整體的規劃。

在規劃行銷策略時，需有大小層級的概念與方向，先了解在不同的層級下，要採取何種不同的策略？才能達到整體的效果。因此，首先要了解公司的策略與規劃是什麼？在此前提下，應該發展怎麼樣的事業組合，以符合公司的需求；在符合公司目標的前提下，再審視整體大環境的狀況，是否適合進入市場！若決定進入市場，則需分析相關的產業環境，找出目標市場與公司或產品定位，最後規劃出商品銷售的行銷組合。

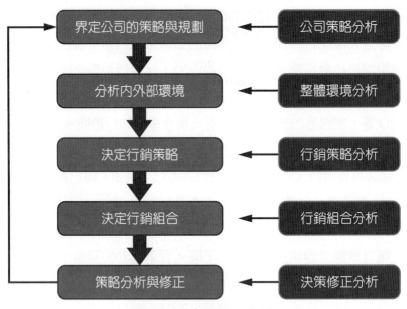

圖 1-2　行銷策略流程圖

一、公司策略分析

一家有企圖心的公司，在一開始成立時，即會先制定公司使命與代表企業的基本精神，希望能定位出企業的中心思想，作為全公司的核心價值；在整體的策略規劃上，也會從企業內部所擁有的資源作分析，明確了解人力、財力、物力、技術、市場等實際的狀況，以擬定公司的發展策略；一個好的策略是要能設定企業整體的方向，能因應環境的變化、維持核心能力，實踐公司的使命。即使在網路行銷的架構下，很多經營者是以

個人或工作室的方式存在，但在可能會逐步擴展事業規模的前提下，一樣需要先了解本身的狀況，以公司經營者的角度，來思考整體的行銷策略。

🔍 延伸思考

　　在分析公司策略時，經常使用 BCG 矩陣和 GE 模式這二種模式，來了解公司事業體或產品的現況；以從事網路行銷的業者而言，有些可能只是個人工作室或微型創業的型態，尚不具備多項事業體或多元化產品的組織結構，所以在此階段先以小型公司的角度來說明；後續，當公司具備一定的規模時，在決策修正分析階段，再用 BCG 矩陣來探討完整的公司策略。

二、整體環境分析

　　整體環境分析，主要是分析現有大環境的外部狀況，以及內部組織的優劣勢，以了解環境對想從事的產業，是否會有所影響，以及內部組織的現況，是否已適合進入目前的產業，而在行銷上最常使用的分析方式，就是 SWOT 分析。SWOT 指的是四項影響因素，分別是企業本身的優勢（Strengths）、劣勢（Weaknesses）、機會（Opportunities）和威脅（Threats），其中優勢、劣勢這二項因素是屬於公司內部的環境分析，另外則是機會和威脅，這二項因素是屬於外部的環境分析，分別取這四個英文字的第一個字母，組合而成為 SWOT。

　　SWOT 分析，實際上可分成優劣勢分析與機會威脅分析二類，優劣勢分析的著眼點，在於企業本身與競爭對手之間的比較，而機會和威脅分析，則著重在探討外部環境的變化，會對企業產生什麼樣的影響力。企業在擬定行銷策略時，可以使用 SWOT 分析的方式，先評估企業本身與競爭對手的優勢與劣勢（SW），再確認外部環境對企業會造成的機會與威脅（OT），最後再以 SWOT 分析圖，表示出評估的結果。

	有利的因素	不利的因素
內部環境	**S** Strengths	**W** Weaknesses
外部環境	**O** Opportunities	**T** Threats

圖 1-3　SWOT 分析圖

1. 內部環境分析－優勢與劣勢分析

   企業本身與競爭對手相比較，本身的優勢、劣勢在那裡？以企業經營者的角度而言，可探討本身在生產、行銷、人事、研發、財務等五項重要指標的現況，如更深入的話，可再探討經營決策、內部行政管理等項目（Amber，2006）。

2. 外部環境分析－機會和威脅分析

   外部環境有時是政策或趨勢的大方向，在短時間內不會輕易改變，是難以控制的環境力量，因此，對企業目前所從事的業務或銷售的產品，會有多大的影響

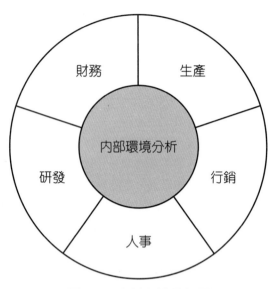

圖 1-4　內部環境分析圖

力？影響的時間會有多長？是企業經營者需注意的事項；也就是說，在現行的大環境下，企業可能的機會與面臨的威脅，是企業需仔細評估的項目。

在評估外部總體環境時，有時會使用 PEST 分析，亦即 P 為政治（Political）、E 為經濟（Economic）、S 為社會（Social）與 T 為技術（Technological）。如更深入的話，可再探討環境（Environment），法律（Legal）與道德（Ethical）等層面，形成 STEEPLE（Social、Technological、Economic、Environment、Political、Legal 與 Ethical）。

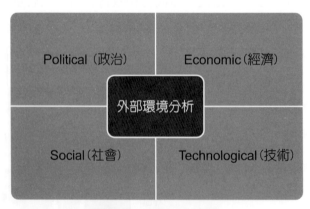

圖 1-5　PEST 分析圖

Q 延伸思考

　　外部環境有時是政策或趨勢的大方向，短期間不容易扭轉，例如少子化的問題影響各級學校的招生，但衍生出銀髮族的新商機；綠色能源的興起，成就了太陽能產業的發展；節能減碳的訴求，讓電動車成為未來交通工具的主流；三通政策牽動著兩岸觀光商機與相關運輸業，上述這些外部環境的趨勢與政策的擬定，均影響到相關產業的發展與前景，是不容易改變的大方向。

特斯拉電動車
圖片來源：Tesla 官網

　　如果將 SWOT 分析架構中的四項因素進行配對，可得到 2×2 項策略分析表，策略說明如下：

(1) SO 策略：在外部環境有機會且能密切配合的情況下，可充分利用內部的優勢資源，取得利潤並乘機擴充或發展事業，為 SWOT 分析中的最佳策略。

(2) ST 策略：當企業面對外部不利環境時，利用本身的優勢來克服外部威脅時，所採取的策略。

(3) WO 策略：當外部環境對企業有利時，藉由外部機會來克服本身的劣勢時，所採取的策略。

(4) WT 策略：當企業同時面臨外部環境威脅與內部劣勢時，必須改善內部劣勢以降低威脅；由於此時是企業面臨到困境，必須要有所取捨，所以通常會採取合併部門或縮減規模等方案。

SW OT	內部優勢	內部劣勢
外部 機會	SO 策略	WO 策略
外部 威脅	ST 策略	WT 策略

圖 1-6　SWOT 策略分析圖

三、行銷策略分析

消費市場是一個多元化的消費需求集合體，消費者的需求愈來愈多樣化，也具有多重異質的特性，所以沒有一家企業可以滿足所有消費者的需求，因此需要找出真正的目標客戶群，以達到有效的「目標行銷」；此時，採取的行銷策略即是行銷學上的STP策略，S指的是市場區隔化（Segmentation），T為選擇目標市場（Targeting），P為市場定位（Positioning）。

STP策略要依序進行，首先要先進行市場區隔，尋求出區隔市場的變數，透過區隔變數的分析，找出要經營的市場，一般常用的區隔變數，包括四大項：地理、人口統計、心理、產品；以變數區隔出市場後，再依現況取得區隔市場的輪廓與特性。當取得區隔市場資訊，並了解有哪些不同需求與偏好的購買族群後，再進行目標市場的選擇，企業根據本身現有的資源和產品狀況，從區隔市場中，選取有發展前景，並且符合企業目標和能力的市場，作為主要的行銷目標市場，最後分析競爭者在目標市場中的狀況後，整合成行銷策略或活動，將商品或服務的獨特利益，傳遞給區隔市場中的顧客，完成市場定位。

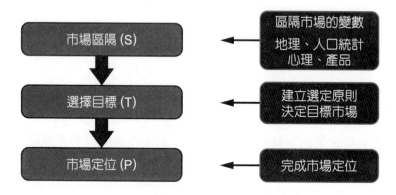

圖1-7　STP策略分析圖

四、行銷組合分析

前面的說明，均是偏向行銷策略規劃的部分，再來要擬定實際的行銷執行方案；如要實際行銷產品時，即要擬定行銷組合，來檢驗真正的行銷績效。在行銷的領域中，最常使用的是行銷組合4P－產品（Product）、價格（Price）、通路（Place）、促銷（Promotion）；實務上，有時會以行銷組合4P為基礎，再擴充到其他4P－人員（People或Personnel）、過程（Process）、包裝（Package）、實體展示（Physical Evidence），共稱為行銷組合8P。

4P 是以企業為導向的角度，所擬定的行銷組合，但經過行銷觀念的演進與改變，行銷的意義已有所不同，行銷的主軸由企業轉為消費者，因此，除了傳統的 4P 外，還要加入以消費者觀點為主軸的行銷組合 4C；若改以消費者的角度來思考，則會形成行銷組合 4C－顧客的需求與慾望（Customer needs and wants）、顧客的成本（Customer cost）、便利（Convenience）、溝通（Communication），以藉此建立良好的顧客關係，提高行銷的效果與銷售量，行銷的組合關係，是以顧客為中心點，外圍第一層是以企業為角度，所組合而成的 4P，第二層則是以消費者為導向，所組合而成的 4C，共同構成了如下的關係圖。

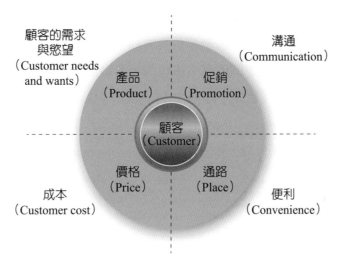

圖 1-8　行銷組合 4P 與 4C 的關係圖

近年來，科技的進步加上網路的普及，在現今的行銷手法與策略上，網路行銷一直是不可或缺的一環，因此將消費者觀點的行銷組合 4C，加入社群（Community）的概念，共同成為行銷組合 5C。

::: 表 1-1　行銷組合 5C

4P（企業觀點）	4C（消費者觀點）	網路時代
產品（Product）	顧客的需求與慾望（Customer needs and wants）	社群 （Community）
價格（Price）	成本（Customer cost）	
通路（Place）	便利（Convenience）	
促銷（Promotion）	溝通（Communication）	

五、決策修正分析

企業要能持續成長，不能只依靠一種產品或服務，必須要有多項產品組合；因此，如何建構堅強的產品組合、確立事業單位的方向，將企業資源做最佳的分配，以產生最大的利潤呢？此時，即可使用由波士頓顧問集團（Boston Consulting Group）所發展出來的「BCG」矩陣（BCG Matrix）。

BCG 矩陣是西元 1970 年時，布魯斯‧韓德森（Bruce Henderson）為波士頓諮詢公司（BCG，Boston Consulting Group）設計的策略分析圖，目的是協助企業分析其產品或部門的狀況，以協助企業能妥善地分配資源，進而調整行銷策略。所以，如果是有規模且有多項產品或部門的公司，可以使用 BCG 矩陣來做行銷策略的分析。

企業要成長，必須要能確定各事業單位的方向，找出堅強的產品組合，所以要評估各事業單位的相對重要性，決定個別事業單位角色與發展方向，以便將公司資源做最佳的分配，此時即可使用 BCG 矩陣作為評估工具。BCG 矩陣以市場成長率（market growth rate）及相對市場佔有率（relative market share）二項因素作為座標軸，將企業內的事業體（或產品、服務、品牌）區分成「問題產品」（question mark）、「明星產品」（stars）、「落水狗產品」（poor dog）以及「金牛產品」（cash cow）四大類，以矩陣圖的方式來表達。

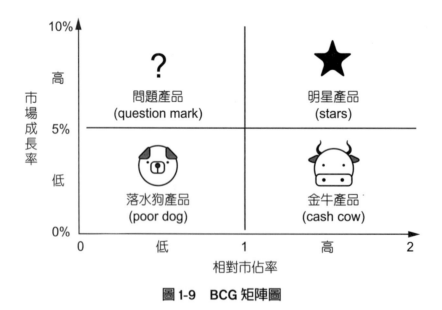

圖 1-9　BCG 矩陣圖

🔍 延伸思考

　　BCG 矩陣所使用的二項因素－市場成長率及相對市場佔有率，市場成長率屬於整體產業需求的環境分析，是外在的環境因素，相對市場佔有率指的是，相對於現有競爭對手的市場佔有率，屬於企業與其直接競爭者，在某一現有產品線的直接比較結果，是公司與公司之間比較的個體分析因素。所以 BCG 矩陣主要是運用於企業產品的佈局規劃，其目的是希望經由分析市場成長率及相對市場佔有率的現況，將資源或資金進行最有效的配置。

1. 問題產品：公司中具有高市場成長率、但相對低市佔率的產品。

   產品在剛起步時，市佔率通常相對會偏低，爲了要能趕上成長迅速的市場，需要不斷地投資設備與人力，因此需要許多現金的支出；再者，此處的問題產品並不是產品有問題，而是產品需要多一些資源來協助行銷，所以決策者必須思考此項產品的未來性，來決定是繼續投入資金或要撤退。

2. 明星產品：公司中具有高市場成長率、且相對高市佔率的產品。

   當問題產品成功時，就會轉變成爲明星產品，此時尚無法替公司帶來高現金流，公司必須投入更多資金，來持續保有市場成長率，並應付競爭者的威脅，同時決策者需要規劃市場的拓展策略，讓明星產品能夠順利轉型成爲金牛產品。

3. 金牛產品：公司中具有低市場成長率、相對高市佔率的產品。

   金牛產品指的是能爲公司帶來許多現金流的商品。此項產品在市場的成長率已經減緩，不需再花費資金擴充市場的佔有率，且是屬於相對高市佔率的產品，故可享有經濟規模的優勢與高利潤，公司更可利用金牛產品所帶來的現金流，拿來支持其他三類產品。

4. 落水狗產品：公司中具有低市場成長率、相對低市佔率的產品。

   此類型的產品通常利潤較低，甚至有虧損的情況，又需花費管銷成本，因此，除非這些產品具有策略性價值，能輔助其他產品作行銷推廣的搭配，否則應考慮減少投資或放棄撤退。BCG 矩陣中的四項產品的特色、未來可能發展方向，統一整理成下表。

表 1-2　BCG 矩陣產品分析表

事業類型	特色	未來可能發展方向
問題產品	轉型可能成功或失敗，增加資本支出，有機會轉型成功。	1. 發展成明星產品 2. 收割 3. 放棄
明星產品	需投入資金以維持領導地位，有機會成為金牛事業。	1. 拓展成金牛 2. 收割
金牛產品	市場成長趨緩，但擁有高市佔率，可望帶入大量現金。	1. 固守市場 2. 收割
落水狗產品	利潤單薄甚至有虧損，未來不被看好。	1. 收割 2. 放棄

美國哈佛大學教授雷蒙德、費農（Raymond Vernon）於西元 1966 年，在其《產品周期中的國際投資與國際貿易》的文章中，首次提出產品生命周期理論（Product Life Cycle, PLC），此理論是在說明一項產品，從開始進入市場到被市場淘汰的整個循環過程。費農認為產品的生命，會經歷導入、成長、成熟、衰退四個階段，構成周期性的循環，而這個周期在不同經濟環境的國家裡，發生的時間和過程是不一樣的，進而形成不同的行銷策略。

典型的產品生命周期，是以時間為橫軸、銷售量為縱軸，一般可以分成四個階段，即「導入期」、「成長期」、「成熟期」和「衰退期」，這四個階段和 BCG 矩陣的「問題產品」、「明星產品」、「落水狗產品」以及「金牛產品」，有異曲同工的相似性，彼此之間可以相互對應。

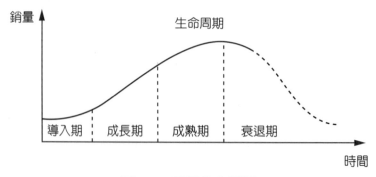

圖 1-10　產品生命周期

1. 「導入期」對應「問題產品」

   導入期指的是產品剛進入市場，準備試銷的階段。正常情況下，由於消費者對產品十分陌生，企業必須使用各種行銷手段，提高產品的市場知名度，所以銷售成本相對較高，再者在產品未達經濟規模的情況下，生產成本也會比較高。

   問題產品的特徵和導入期產品的特徵很相似，只不過問題產品不一定是導入期產品，也有可能是位於產品生命周期的其他階段，但兩者都需要資源的挹注與資金的支援，且只要能渡過風險期，進入產品的成長期，這些產品（或服務）穩定的銷售量，可帶來些許的利潤。

2. 「成長期」對應「明星產品」

   成長期指的是產品經過導入期，已成功轉型進入另一階段。產品進入成長期以後，會有越來越多的消費者開始接受並使用，產品的銷售量開始增加，相對市佔率已開始提高；同時，競爭對手也會紛至沓來，開始推出類似的產品來搶食市場。此種現象即和明星產品的高市場成長率及高市佔率，有很類似的特徵，這時產品已經發展成為具有競爭優勢與擴展機會的策略性事業，也是企業成長與獲利的最佳契機。不過，當產品處於此階段時，因為企業必須投入更多的資源來輔助產品，所以不一定能有大量的正現金流，此時決策者應思考，現行市場的狀況與競爭對手的策略，讓產品能夠順利轉型進入成熟期。

3. 「成熟期」對應「金牛產品」

   產品經過導入期和成長期的磨練後，開始進入成熟期的階段，產品已屬於低市場成長率的狀態，但仍保有高的相對市佔率，所以已不需要再投入大筆資源與資金，來擴展市場，因該產品已經享有規模經濟所產生的高邊際利潤，創造的現金流已可挹注給企業，此即是金牛產品的特色，此階段適合採取穩定保守的戰略，只要保持目前的高相對市佔率，將客戶流失率降到最低，即可持續幫企業帶來現金流。

   成熟期的產品周期越長，對企業越有利，但只要市場的趨勢改變，或消費者的喜好改變，成熟期的產品，還是會步入衰退期的周期循環。

4. 「衰退期」對應「落水狗產品」

當產品進入衰退期，代表已經進入產品生命周期的尾聲，不僅成長率低，相對佔有率也低，對企業的整體發展來說，已經沒有太大的貢獻，屬於微利、甚至是虧損的情況。企業必須分析衰退期產品，在市場的真實地位後，看是否有新的發展方向，以決定是繼續經營下去，還是放棄經營。

延伸思考

全球知名的 Apple 公司，其旗下產品，在 Apple 母公司高知名度、高品質的光環下，即使是新推出的產品，有時不會有導入期的階段，而是直接進入到成長期或成熟期，這是高品牌強度產品所特有的現象；有些未來性不佳的產品，則是在導入期都沒走完，即被市場淘汰；有些產品，則是走入衰退期，在找到新的市場與產品方向後，再起死回生，找回新的生命力。換言之，行銷上的理論，是一種基礎的架構，不會所有產品都會遵循理論的路徑，但仍可由相關的理論，辨識產品目前的現象，進而採取適當的行銷策略。

圖片來源：Apple 臺灣官方網站

規劃行銷策略時，需先著眼於大方向，確認政策與趨勢沒問題後，再檢視產業環境與前景，最後才擬定產品的行銷組合，這樣才可確保整體的行銷策略，不會受到大環境因素的影響，同時在適當的時機，還需檢視行銷策略，以做適時的修正。

🔍 延伸思考

　　臺灣少子化的問題,已衝擊到各行各業,各級學校也面臨到生源不足的問題,這種屬於全世界趨勢的問題,在短期內並不容易克服,但相對地,也造就出另一類型的商機。

　　佳格食品公司即掌握到這股商機,在少子化的現況下,銀髮族會越來越在意未來安養的問題,因此會更注重自己的健康;因此,佳格食品公司旗下的桂格飲品,推出了銀髮族養生系列商品,造成一股銷售熱潮。

佳格食品公司旗下有多項產品,在制定行銷策略規劃時,同樣可依照本章節的說明,依下列五個步驟,來規劃全企業的產品線。

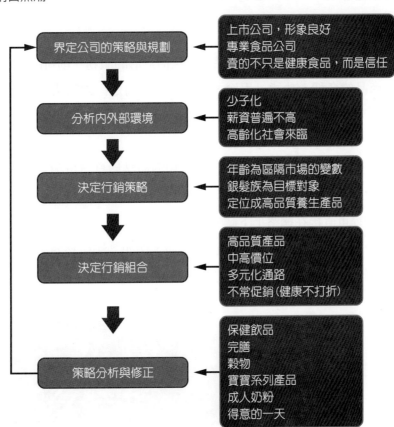

圖片來源:佳格食品公司官方網站

圖片來源:佳格食品公司官方網站

圖片來源:佳格食品公司官方網站

((( ))) 1.2 / 網路行銷組合 4P

　　傳統的行銷組合 4P：產品（Product）、價格（Price）、通路（Place）、促銷（Promotion），是企業在擬定行銷計劃中常用到的工具，可幫助企業有系統的規劃策略，但若架構在網路的環境中，行銷組合 4P 會有何不同呢？網路環境的行銷組合 4P 和傳統的行銷組合 4P，其不同之處，說明如下：

一、產品（Product）

　　產品不只是有形的實體物品，還包括無形的服務、創新的觀念、資訊的傳遞等項目。因此產品的名稱、功能、用途、特徵、設計均是行銷策略中需考量的因素，若以網路的環境中來思考，可以發現不是所有的產品都適合在網路上進行銷售，適合在網路上販售之產品，大致可分成下列 5 類：

1. 數位化或資訊型的產品或服務：此類型產品均具有毋須實體配送，可直接由線上授權使用或直接下載的軟體產品等特性。例如：線上課程可直接由線上授權後觀看，影片，音樂等可直接在網路上下載。

　　另一種為可在網路上提供的資訊服務，例如：法律諮商，遠程醫療，跟我們日常生活有關的購買客運車票，火車票、演唱會入場券、飯店訂房等。

圖片來源：國光客運網路訂票系統

2. 低涉入度與高熟悉度的商品：低涉入程度指的是，消費者無須花費太多的時間與精神，去比較品牌之間的差異，這類商品通常為日常生活中經常使用或熟悉的商品，消費者毋須親自查看的商品，亦即生活中的必需品，如日用品中衛生紙、清潔劑。另外如果功能或特性，已廣為消費大眾所熟知的商品，例如雜誌、書等，亦適合在網路上販售。

圖片來源：金石堂網路書店

3. 高客製化的商品：高客製化的產品，通常需要與客戶直接溝通，但拜網路所賜，有相關需求的消費者，可先經由業者提供的產品資訊、影片，甚至舊客戶的使用狀況，可先充分了解客製化產品的特性，此類型有客製化義肢、透天厝使用的樓梯式升降裝置、房屋裝潢設計等。

圖片來源：頂尖無障礙科技官網

4. 網路上具高知名度或可在網路上提供清楚說明與良好服務的產品：有些產品會牽涉到試用，試穿等問題，在傳統的觀念，會認為無法在網路上販賣，但有些服飾業者、鞋子業者與家具業者仍能擺脫傳統的觀念，在網路上取得好的業績，其原因不外乎高知名度或在網路上提供清楚說明與良好服務。

圖片來源：東京著衣購物網

5. 具有 O2O 特性的商品：O2O 全名為 Online to Offline，字面上的意義指的是線上購買、線下消費，亦即將實體商務與電子商務做結合，透過網路無遠弗屆的力量尋找消費者，再藉由行銷活動或購買行為將消費者帶至實體通路，一些網購美食（蛋糕、伴手禮）、線上預約餐廳、線上預約修車、美容等，均有這種特性。後面章節，會針對 O2O 做完整的說明。

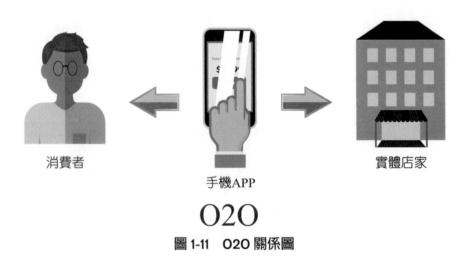

圖 1-11　O2O 關係圖

二、價格（Price）

　　網路上產品價格的決定方式，和實體店面不相同，主要的原因是虛擬通路有牽涉到物流費用的問題，網路上產品價格的決定方式，大致可分成下列 4 種：

1. 定價：由賣方在網站上自由訂價，表明願意出售的價格，再由平臺業者提供訊息給需要的買方，雙方達成共識即可完成交易，另一種則是由買方在網站上自由訂價，表明願意支付的價格，再由提供平臺的網站居中撮合，尋找可以提供產品或服務的賣方。

2. 折價：由賣方提供原商品定價的折扣價或減免運費，原因可能是周年慶，購買多樣商品等理由，也有可能是網路平臺業者提供折價或減免運費，不一而足，希望藉此提升銷售業績。

3. 競價：又稱為向上議價，即所謂競價標購或拍賣，由消費者在網路上進行競價，最後由價高者得標。例如：奇摩拍賣或露天拍賣，均有提供消費者網路競標的服務，由出最高價者得標。

4. 議價：又稱為群體議價、向下議價，主要的觀念為利用網際網路無遠弗界的特性，將有意願購買相同商品的顧客，集結起來相互合作以量取勝，由群體的力量來獲得優惠價格，公司行號或網路上很流行的團購，即是屬於這種群體議價的方式。群體議價的方式，比較常見的有「階梯式定價」、「滑溜曲線定價」二種。

   (1) 「階梯式定價」：產品的價格，會依購買的人數達到某一個量時，給予優惠價格，但價格是以階梯方式下降。例如購買者只有一位時，並不會有價格優惠，但當購買者有二到六位時，價格可以下降某個幅度，而有七到十位購買時，價格則會再下降到更大的幅度，這種降價方式，稱之為階梯式定價。

   (2) 「滑溜曲線定價」：產品的價格，會依購買的人數增加一人，價格就下降一級，越多人購買，價格越優惠，這種議價方式，不會像階梯式定價，有人數的限制，而是每多一人登記，價格就下降一級，比較具有彈性。

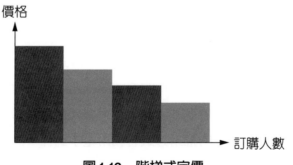

圖 1-12　階梯式定價

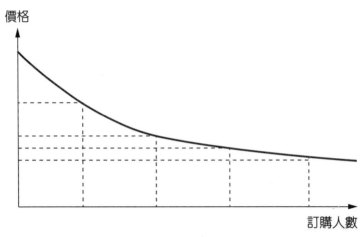

圖 1-13　滑溜曲線定價

　　以群體議價的「階梯式定價」、「滑溜曲線定價」二種方式而言，「滑溜曲線定價」的產品價格，會依購買的人數增加一人，價格就下降一級，依商品的型態而言，通常是屬於中高單價的商品，另一種「階梯式定價」，在團購中經常會使用此種方式，來決定產品的價格，當購買的人數達到某一個數量時，會給予較優惠的價格，依商品的型態而言，通常是屬於較低單價的商品。

三、通路（Place）

　　網路本身就具有通路的特性，也是現代社會最重要的銷售管道之一，一般透過網路的方式銷售，最常用的是採取拉銷（Pull），推銷（Push）這二種方式。

1. 拉銷（Pull）的方式：拉銷策略指的是，企業透過各種傳播媒體或其他工具，將產品的訊息傳遞給消費者，引發消費者的興趣，再讓得知訊息的消費者自行主動購買，這是屬於逆向行銷的方式，主要針對的消費者是廣泛的一般大眾。尤其是當消費客群無法明確區隔時，會採取這種拉銷（Pull）的方式。以網路行銷的角度來看，常會透過網路媒體與廣告或社群行銷的方式，引發消費者的興趣後，讓其主動進入相關網址或網站，亦可使用搜尋引擎的關鍵字廣告機制，以購買關鍵字廣告或 SEO（搜尋引擎優化）的方式，讓消費者主動進入網站。

2. 推銷（Push）的方式：推銷策略是屬於正向行銷的方式，由企業主動推銷商品給消費者。其推銷的重點主要是透過人員推銷的方式，介紹商品給消費者，這種推銷策略所針對的客戶是屬於可接近性的，換言之，當可明確知道消費客群是在何處時，會採取這種推銷的方式。目前最常見的推銷方式有利用電子郵件、訂閱電子報訂閱。例如：網路折價卷或推銷教師信用貸款。

圖片來源：17 Life 企業網站

四、促銷（Promotion）

　　網路促銷首要達成的目標，是先吸引目標客戶到公司的網站來，讓客戶能停留在網站瀏覽產品資訊，進而購買公司的產品，並能持續到網站來參觀瀏覽，維持其忠誠度，網路上有關促銷的方法，說明如下：

1. 廣告：此部分最常使用是網路廣告，有多媒體廣告、橫幅廣告、按鈕廣告、電子郵件廣告等，希望藉由網路廣告，吸引目標客戶到公司的網站。

2. 公關：使用新聞報導或新聞事件，以不付費的方式，將產品或公司的相關資訊傳播給大眾就是公關，公關與廣告最大的差別在於，公關使用媒體時是不付費的。

　　【例】媒體報導義美食品不使用添加物，有自行設置食品檢驗室的消息。此種方式即是使用新聞報導的方式，吸引目標客戶到公司網站。

圖片來源：義美食品全球資訊服務網

3. 人員銷售：人員銷售是以「一對一」及「面對面」的小眾式溝通，銷售的人員就是訊息傳播的媒介，此種方式可以針對不同顧客提供不同的訊息，針對目標群體的特性，修正訊息傳達的方式與內容，是十分有效的溝通方式。

   【例】網路上很多商家會提供線上客服，以直接對談或視訊的方式，提供消費者一對一的溝通。此部分的促銷方式，已屬於想要留住目標客戶的階段。

4. 銷售促進：銷售促進就是在很短的期間，使用產品以外的一些刺激方式，刺激產品銷售的相關活動。

   【例】降價、折扣、退款、送贈品等，最常用的方式有線上折價卷、打卡送贈品，此類型的促銷方式，除了希望維持客戶忠誠度外，還希望能吸引到新的客源。

((( )) 1.3 網路行銷組合 5C

　　網路的盛行與電子商務的興起，促使傳統的行銷理論，由原本以企業為角度思考的 4P，逐漸改變成以消費者為角度思考的的 4C，再加上社群（Community）的異軍突起，合併構成了網路行銷組合 5C。此 5C 的特色，分別說明如下。

一、顧客的需求與慾望（Customer Needs and Wants）－相對應消費者角度的產品決策

　　由於行銷思維的改變，企業不再以銷售商品或服務為目標，並且不再急於制定產品的行銷策略，而改以滿足顧客的需求與慾望為宗旨。唯有真正探究與了解到消費者的需求，才能回應顧客的需求與慾望。基於上述觀念，企業可從顧客的角度思考，其消費偏好、消費習性、以及消費行為的特色，以動態的方式滿足顧客的需求。當企業在訂定產品決策時，需思考顧客的需求與慾望，讓產品能符合顧客真正的想法。

　　在網路的背景與環境下，最能滿足顧客的需求與慾望的產品決策，即是大量客製化（Mass Customization）。有越來越多的消費者，喜歡擁有自主選擇產品的權利與客製化的想法，而科技的進步正好適時滿足了這樣的需求。在早期以實體環境為主要通路的結構下，「客製化」是高價、費時的代名詞，如果想同時達到「大量生產」的經濟規模，與滿足不同消費者偏好的「客製化」這二件事，這在過去是十分困難的事情。然而，由於科技的進步與網路的發達，企業得以使用 e 化科技，提供顧客多樣的選擇，快速而正確地達成「大量客製化」的要求。

🔍 延伸思考　　　　　　　　　　　　　　　

　　美國戴爾（Dell）電腦公司即是以大量客製化的方式，建立起自己的電腦王國。在競爭激烈與毛利率不高的電腦產業，戴爾看準環境的改變，利用網路的優勢，抓準顧客的需求，以類似「堆積木」的思考，在線上以組裝精靈的方式，協助消費者能夠快速而正確地選擇與組合所需的電腦配備，以達到大量客製化個人電腦的要求。

圖片來源：戴爾官方網站

二、顧客的成本（Customer Cost）—相對應消費者角度的價格決策

優惠的價格是電子商務最大的優勢，當消費者的購買成本愈接近心中理想購買價時，成交的機率越高，所以在訂定價格時，應以「顧客的成本」角度來考量，以滿足顧客所願付出的成本為要件。亦即產品訂價的最好方式，應該是讓企業在能有盈餘的情況下，又能符合消費願意購買的心理價格。

在網路上經營商店，由於不需要有實體店面的管銷費用，再省去中間商的居間所收取的費用，這些省下的費用，只要再考慮物流的成本後，可以直接顯現到到售價上，將價格折扣直接回饋給消費者。

三、便利性（Convenience）—相對應消費者角度的通路決策

若不再以企業的角度思考行銷組合之通路（Place）策略，而改以顧客的角度思考，怎樣才是顧客想要的便利（Convenience）環境，能夠讓顧客方便，快速地取得其所需的商品。

便利性是維護客戶價值不可或缺的一部分，因此便利性其延伸的涵意，可視為必須要達到可及性與易行性這二項要件，可及性指的是可直接或就近獲得的便利性，每個人在生活中有不同的需求，例如交通訂票、用餐訂位、住宿訂房等，如能直接就近完成上述事務，則可視為可及性；易行性指的是可行性很高，可以很容易完成的便利性。例如在網路上或超商的 ibon 上訂車票、餐飲座位，購買演唱會門票、溫泉泡湯卷等，均是屬於符合可及性與易行性這二項特質，亦即符合便利性。

圖片來源：ibon 售票系統網站

四、溝通（Communication）─相對應消費者角度的促銷決策

溝通的重點是不以企業的角度思考行銷組合之促銷（Promotion）策略，而改成加強與顧客之間的互動與溝通，以獲取顧客的認同並維繫顧客關係。企業應與顧客進行積極有效的雙向溝通，建立互信的顧客關係，以達到交易後互利與互惠的目的。

促銷的目的是想引起消費者對商品的興趣，激發消費者的購買慾望，進而加速消費者的實際購買行為，屬於單向信息的傳遞，消費者是被動式的接受，溝通則是與顧客雙向、互動式信息交流的雙向溝通；亦即在網路的背景環境下，將針對「大眾」所做的被動式單向傳遞信息，改以針對「小眾」實施主動式雙向傳遞溝通信息。

例如：網路上的買家，在資訊不對稱的情況下，必須要靠溝通訊息，來了解商品的狀況或詢問有疑問的事項，所以即時的雙向溝通，有時是能否成交的關鍵因素之一，淘寶網使用的阿里旺旺，露天拍賣使用的露露通，都是著名的雙向溝通軟體，也是從事網路行銷的利器之一。

五、社群（Community）

前面的 4C 加上社群（Community），就成了「行銷 5C」，社群主要是透過共同的觀念、想法與喜好，藉由彼此相互交流與分享，架構出以人為主體的連結關係，以建立出具有歸屬感與依賴性的群體。社群的主要策略是將人與人之間互動與關係變得更加的緊密，社群注重的是溝通、理解、分享，因此藉由社群的口碑或分享，有可能會改變消費者的購買行為，再經由網路上擴散的效果，這種類似病毒行銷的手法，效果不可小看。所以社群行銷並非獨立在 4C 之外，而是可與 4C 相結合，形成特定的銷售管道之一。

行銷組合 4P 中的 4 個項目，彼此之間互有關聯，並無法單獨存在。當企業在思考要提供何項產品，以符合顧客需求的同時，要以何種價格販售？要在何種通路鋪貨？是不是要有促銷策略？都需一併考慮。同樣的，4C 中的 4 個項目，也是要做組合式的思考；在滿足顧客需求的同時，如何讓顧客在符合成本的因素下，很快速、便利地取得商品，還有買賣前後資訊的溝通，都是需要同時考量。所以行銷組合在行銷策略中，是屬於整合式的基礎型態，在 4P 與 4C 的架構下，可再衍生出更深入的多 P 與多 C 的組合策略，才是行銷理論背後真正的意涵。

 # 自我評量

一、選擇題

( ) 1. 生產觀念指的是 (A) 消費者品質意識的抬頭，生產者致力於產品本身品質的提升 (B) 生產者與銷售商爲了要增加產品的銷售量，會認爲公司需極力銷售及促銷產品，否則消費者不一定會踴躍購買公司的產品 (C) 產品供不應求，只要有產品可供給，消費者就會接受可買得到的產品，幾乎沒有選擇的餘地 (D) 公司或生產者，必須以消費者的需求爲導向，當本身比競爭廠商更能滿足消費者的需求時，產品的銷售量會跟著提升。

( ) 2. 產品觀念指的是 (A) 生產者與銷售商爲了要增加產品的銷售量，會認爲公司需極力銷售及促銷產品，否則消費者不一定會踴躍購買公司的產品 (B) 消費者品質意識的抬頭，生產者致力於產品本身品質的提升 (C) 產品供不應求，只要有產品可供給，消費者就會接受可買得到的產品，幾乎沒有選擇的餘地 (D) 公司或生產者，必須以消費者的需求爲導向，當本身比競爭廠商更能滿足消費者的需求時，產品的銷售量會跟著提升。

( ) 3. 銷售觀念指的是 (A) 生產者與銷售商爲了要增加產品的銷售量，會認爲公司需極力銷售及促銷產品，否則消費者不一定會踴躍購買公司的產品 (B) 消費者品質意識的抬頭，生產者致力於產品本身品質的提升 (C) 產品供不應求，只要有產品可供給，消費者就會接受可買得到的產品，幾乎沒有選擇的餘地 (D) 公司或生產者，必須以消費者的需求爲導向，當本身比競爭廠商更能滿足消費者的需求時，產品的銷售量會跟著提升。

( ) 4. 行銷觀念指的是 (A) 消費者品質意識的抬頭，生產者致力於產品本身品質的提升 (B) 生產者與銷售商爲了要增加產品的銷售量，會認爲公司需極力銷售及促銷產品，否則消費者不一定會踴躍購買公司的產品 (C) 產品供不應求，只要有產品可供給，消費者就會接受可買得到的產品，幾乎沒有選擇的餘地 (D) 公司或生產者，必須以消費者的需求爲導向，當本身比競爭廠商更能滿足消費者的需求時，產品的銷售量會跟著提升。

( ) 5. 行銷組合 4P 中的 Product 指的是 (A) 產業 (B) 產量 (C) 產品 (D) 產區。

( ) 6. 行銷組合 4P 中的 Price 指的是 (A) 議價 (B) 價格 (C) 折價 (D) 競價。

(　　) 7. 行銷組合 4P 中的 Place 指的是　(A) 產品　(B) 價格　(C) 通路　(D) 促銷。

(　　) 8. 行銷組合 4P 中的 Promotion 指的是　(A) 產品　(B) 價格　(C) 通路　(D) 促銷。

(　　) 9. 下列何者不是行銷組合 5C　(A) 顧客的成本　(B) 便利性　(C) 產品屬性　(D) 溝通。

(　　) 10. 下列何者不是行銷組合 5C：(甲)顧客的需求與慾望 (乙)忠誠度 (丙)社群 (丁)滿意度　(A) 甲、丙不是　(B) 甲、乙不是　(C) 乙、丁不是　(D) 丙、丁不是。

(　　) 11. 行銷組合 4P 與 5C 思考角度，下列何者正確　(A) 4P 以企業的角度、5C 則是以消費者的角度　(B) 4P 以消費者的角度、5C 則是以企業的角度　(C) 4P、5C 都是以企業的角度　(D) 4P、5C 都是以消費者的角度。

(　　) 12. 網路上產品價格的決定方式，哪項是錯誤的？　(A) 定價　(B) 詢價　(C) 折價　(D) 競價。

(　　) 13. 低涉入程度指的是　(A) 消費者無須花費太多的時間與精神，去比較品牌之間的差異　(B) 消費者需要花費時間與精神，去比較品牌之間的差異　(C) 消費者花費時間與精神，一樣無法了解品牌之間的差異　(D) 消費者對品牌之間的差異，永遠無法辨別。

(　　) 14. 服飾或鞋子業者可以在網路上保有良好銷售量，下列的原因何者是錯的？
(A) 網路上具高知名度　(B) 網路上提供清楚說明　(C) 網路上提供良好服務　(D) 網路上提供低涉入度的服飾或鞋子。

(　　) 15. 下列何種商品適合「滑溜曲線定價」　(A) 民生用品　(B) 汽車　(C) 飲料　(D) 文具。

(　　) 16. 何種不是網路上促銷的方法　(A) 廣告　(B) 公關　(C) 人員銷售　(D) 社群。

(　　) 17. 下列何種商品適合「階梯式定價」　(A) 高價精品　(B) 汽車　(C) 房屋　(D) 民生用品。

(　　) 18. 競價又稱為　(A) 向上議價　(B) 階梯式定價　(C) 滑溜曲線定價　(D) 群體議價。

(　　) 19. 下列有關拉銷的說明，何者是錯的？　(A) 消費者是廣泛的一般大眾　(B) 當消費客群無法明確區隔時　(C) 屬於逆向行銷　(D) 主動推銷商品給消費者。

（　　）20. 網路本身就具有通路的特性，透過網路的方式銷售，最常用的是採取哪二種方式　(A) 促銷、拉銷　(B) 行銷、推銷　(C) 拉銷、推銷　(D) 行銷、促銷。

（　　）21. SWOT 指的是企業本身的　(A) 力量、劣勢、機會和威脅　(B) 優勢、劣勢、機會和威脅　(C) 優勢、劣勢、資源和能力　(D) 優勢、劣勢、機會和命運。

（　　）22. PEST 分析，指的是　(A) 政治、經濟、社會、技術　(B) 環境、經濟、社會、技術　(C) 政治、經濟、法律、技術　(D) 政治、經濟、社會、道德。

（　　）23. STP 依序指的是　(A) 市場區隔化、市場定位、選擇目標市場　(B) 選擇目標市場、市場區隔化、市場定位　(C) 市場定位、市場區隔化、選擇目標市場　(D) 市場區隔化、選擇目標市場、市場定位。

（　　）24. BCG 矩陣的二個座標軸為　(A) 市場銷售量及相對市場佔有率　(B) 市場銷售量及市場知名度　(C) 市場成長率及市場銷售量　(D) 市場成長率及相對市場佔有率。

（　　）25. BCG 矩陣將企業內的事業體區分成哪四類產品　(A) 問題產品、明星產品、落水狗產品、金牛產品　(B) 萌芽產品、明星產品、落水狗產品、金牛產品　(C) 問題產品、熱銷產品、落水狗產品、金牛產品　(D) 問題產品、明星產品、衰退產品、金牛產品。

（　　）26. 典型的產品生命周期，是以時間為橫軸、銷售量為縱軸，一般可以依序分成哪四個階段　(A) 導入期、熱銷期、成熟期和衰退期　(B) 萌芽期、成長期、成熟期和衰退期　(C) 導入期、成長期、成熟期和衰退期　(D) 導入期、萌芽期、成熟期和衰退期。

二、問答題

1. 臺灣經濟成長穩定，屬已開發國家，從行銷觀念演進的角度來看，何項商品是可提供給現屬於生產觀念與產品觀念階段的國家？商機在何處？

2. 行銷觀念的演進，共有哪六個階段？說明此六個階段的特色。

3. 何謂行銷組合 4P，請寫出並說明。

4. 何謂行銷組合 5C，請寫出並說明。

5. 行銷組合 4P 與 5C 思考角度不同，請寫出其不同點，並說明之。

6. 適合在網路上販售之產品，有哪 5 類？請寫出並說明。

7. 網路上產品價格決定，有哪 4 種方式？請寫出並說明。

8. 群體議價的方式，有哪 2 種？請寫出並說明。

9. 網路本身就具有通路的特性，一般透過網路的方式銷售，會使用哪 2 種方式？

10. 網路上促銷的方法，有哪 4 種？請寫出並說明。

11. 請說明何謂 SWOT。

12. 請說明何謂 STP。

13. 請說明何謂 BCG 矩陣。

14. 請說明何謂「產品生命周期理論」。

NOTE

Chapter 2

網路行銷相關定律與模式

學習目標

2.1 網路行銷相關定律

2.2 網路消費者行為 AISDAS 模式

 2.1 / 網路行銷相關定律

資訊科技的進步，造就了電子商務的興起，也衝擊到原有的經濟特質，傳統經濟體系下的生產成本、商品利潤、定價模式、供需關係、競爭法則等，已不再適用於網路經濟體系。網路背景下的電子商務產業，改變了實體市場原有的想法，在產品數位化、市場虛擬化的網路經濟體系下的市場，有何項經濟特質和以往的經濟理論不同？以下歸納出比較重要的定律與模式。

▶ 2.1.1 摩爾定律（Moore's Law）

摩爾定律是在 70 年代時，由英特爾創始人之一的戈登·摩爾（Gordon Moore）觀察所發現，此定律原是指電晶體製程技術的提升，約每隔 18 個月性能會提升一倍。由摩爾定律所闡述科技會快速發展的角度，將其延伸至現代的科技生活中，其意義在於，科技相關技術的迅速發展，帶動了個人電腦、網路與行動裝置的普及，人類的工作型態與生活方式，工商業者經營管理的方式，都隨之改變；多媒體技術、軟體工程與通信網路的結合，帶動資訊流通的另一股風潮，此三項技術改變了傳統交易方式，造就出電子化的商務交易行為，而電子商務的交易行為，均架構在網路系統上，由摩爾定律的角度來看，網路上相關的產品、服務，一樣會隨著科技的進步變化的很快。

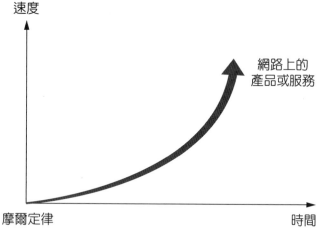

圖 2-1　摩爾定律

▶ 2.1.2 梅特卡夫法則（Metcalf Law）

梅特卡夫法則是喬治·吉爾德（George Gilder）為表彰羅伯特·梅特卡夫（Robert Metcalf）在網路上的貢獻而以其姓氏命名。梅特卡夫法則的內容是：「網路的效用將與使用者數目的平方成正比」。該法則指出，網路的用戶數目如果越多，用戶因為和別人聯網，而獲得了更多的信息交流機會，一旦使用者數目達到了臨界點，網路效用會以幾何級數的方式成長，即整體網路的效益，會因此隨著用戶數的增加，而呈現指數性的成

長，企業可因此而提高獲利；這也就是數位經濟的「邊際報酬遞增法則」的觀念，需求經由網路效應的放大，再創造出新的需求，亦即網路上每加入新的使用者，一旦數目達到臨界點，其價值便大幅增加，進而衍生為某項商業產品或服務之價值，這種會隨著使用人數增加而倍數成長的效果，是網路上特有的現象。

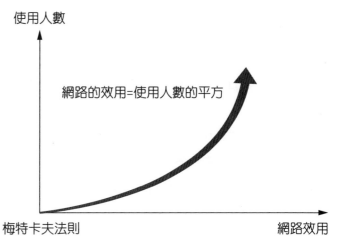

圖 2-2　梅特卡夫法則

梅特卡夫法則其所蘊含的理論，即是網路的外部性（Network Externalty），傳統經濟學上的概念，一項商品或服務，分享的人愈多，每個人得到會變少，但以網路外部性的角度而言，使用者愈多，對原來的使用者而言，不會因使用人數越多而使得分享變少，反而效用價值會越大。以摩爾定律的現象而言，科技的發達，造就資訊科技的普及化，再由梅特卡夫法則的意義來看，可知以網路外部性的乘數效果，將這些特質加以連結起來，可造就出規模堪與實體世界相媲美，充滿無限商機及成長潛力的全球化電子商務市場。

🔍 延伸思考

以中華電信提供給家中使用的固定式電話，與各手機系統業者提供的行動電話門號而言，當人們都不使用電話或手機當作連絡的工具時，安裝電話或辦理行動電話門號，是沒有意義與價值的，但如果電話或手機越普及時，其價值就會浮現。再以目前我們最常接觸的社群網站臉書而言，使用的會員人數越多、流量越高多，以梅特卡夫法則而言，經由網路外部性的乘數效果，可造就出無限的電子商務商機。

圖片來源：中華電信官網

▶ 2.1.3 正回饋法則（Positive Feedback Rule）

正回饋原本指的是系統的輸出產生變化後，反過來影響到輸入，新的輸入會造成輸出的變動持續加大，這種正回饋現象，在電機、電子、化學、經濟以及其他系統都會有類似的情形。

將正回饋法則引用到網路經濟體系的結構，會產生強者恆強，弱者恆弱的現象，意即經由網路的特性與效應，只要越過關鍵多數（Critical Mass）門檻的產品或服務，會透過網路外部性的特有性，使得產品或服務的價值產生放大效果，進而吸引更多的使用者，最後會形成近於獨占或大勝的結果。在網路經濟體系的結構下，正回饋的產生模式有 3 個階段：第 1 階段為剛推出的平坦期，此階段使用的人數增加有限；第 2 階段為正回饋起飛成長期，使用的人數變多，只要能夠衝過關鍵多數後，產品或服務的價值會以倍數的方式成長；第 3 階段成長漸趨緩，當呈現飽和時，成長曲線會回復平坦緩和。

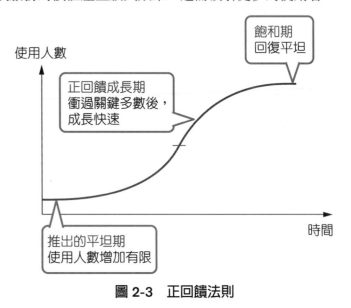

圖 2-3　正回饋法則

🔍 **延伸思考**

行動通訊軟體 LINE，在亞洲地區大受歡迎，尤其是臺灣的民眾，都非常熟悉此項即時通訊軟體，臺灣的民眾，有將近 9 成都在使用 LINE，相對於其他通訊軟體：WhatsApp、FB Messenger、WeChat 而言，臺灣是重度使用 LINE 的區域。LINE 臺灣分公司當時在推廣 LINE 時，初期也遇到瓶頸，直到使用的民眾衝過關鍵多數後，使用 LINE 的人數急速成長，進而變成臺灣使用率最高的行動通訊軟體。這種發展模式，可視為是正回饋法則的實例。

▶ 2.1.4 公司遞減定律（Law of Diminishing Firms）

由摩爾定律提到的科技快速發展，會造成生活型態的改變，梅特卡夫法則所說的乘數效果，會將型態的改變現象放大，這二種現象形成了價值網路（Value Network）的結

構，使得全球的企業，產生專業分工化的特性，策略聯盟的結盟方式，會比企業自行處理所有業務，來得經濟實惠且比較有績效，因而使得公司規模會有逐漸縮編或減少的現象，這種現象稱之為公司遞減定律。

由公司遞減定律的涵義可知，虛擬的組織將取代實體公司的部分功能，當大量的業務與資訊，逐漸移轉到網路的平臺處理時，率先踏入相關特性的廠商將佔有先機。例如：銀行業、證券業這類資訊密集的產業，提供網路轉帳、線上帳單、線上開戶等數位化功能時，實體公司的人員相對會減少。

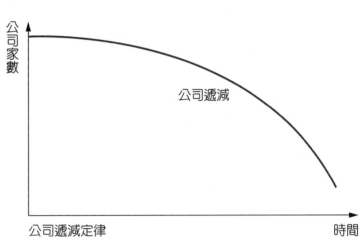

圖 2-4　公司遞減定律

🔍 延伸思考

　　元大寶來證券，為了因應科技潮流的發展，很早即開發網路下單系統，將傳統打電話給營業員下單的方式，順著趨勢引導到網路下單系統，是臺灣證券業實施網路下單的先驅者，雖然營業員的人數會減少（公司遞減定律），但證券與期貨市占率仍穩居市場第一的地位。

圖片來源：元大證券官網

2.1.5 擾亂定律（Law of Disruption）

唐斯（Larry Downes）與梅振家（Chunka Mui）在其合著的書中有提到，數位科技的影響會依循三個定律產生作用，第一個是摩爾定律、第二個是梅特卡夫法則，第三個定律就是「擾亂定律」（Law of Disruption）。擾亂定律指出，商業結構、社會體制及政治法律體制的演化，通常是以漸進的方式成長，但是科技的發展是以快速、突破性的跳躍式成長，這種近於幾何級數的方式發展，會遠遠超過原有的結構與法規，因此當這兩者之間的鴻溝愈來愈大時，就愈可能產生革命性的改變。

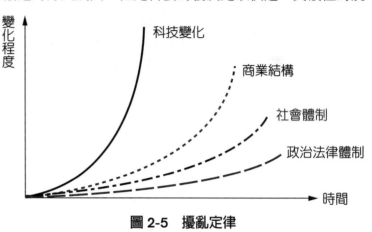

圖 2-5　擾亂定律

🔍 延伸思考

在 2014 年 08 月 28 日，臺灣的媒體出現下列訊息「數字科技吸金 186 億：虛擬寶物交易平臺儲值違法線上遊戲界震驚」上櫃公司數字科技，旗下知名遊戲虛擬寶物交易平臺「8591 寶物交易網」，因先前未經金管會核准，販賣與現金等值的虛擬貨幣「T 點」供儲值，藉此讓玩家在該網站交易虛寶，再兌換現金，涉違反《電子票證發行管理條例》。

數字科技從 2007 年 4 月起成立 8591 寶物交易網，讓各種網路遊戲玩家，可在該交易網買賣虛擬寶物、點數、甚至遊戲帳號。但有意購買的玩家，須透過超商等管道，付錢買 T 點（即 T 幣）儲值，待與賣家完成寶物等買賣後，數字科技就把買家的 T 幣貨款轉入賣家帳號，並從貨款中扣除 6% 手續費。但 T 點的交易方式，與一手交錢一手交貨的買賣不同，屬於為了支付第三人，而以電子形式儲存金錢的電子票證，政府考量支付平臺業者動輒掌握上萬網友交付的鉅資，為保護消費者權益、避免業者落跑或交易糾紛，於 2009 年 1 月施行《電子票證發行管理條例》，規定經營電子票證須經金管會核准，且須將所收款項交付信託專戶，取得銀行的履約保證，每年還須申報相關財務。

但檢方認定，數字科技在該法實施後，為規避前述監管機制、爭取利潤，對該法不予理會，置消費者權益於不顧，繼續沿用自身 T 幣經營模式，未向金管會申請核准「繼續發行」及「繼續使用已發行」的 T 幣。直到去年 2 月底，金管會發函通知違法，數字科技才禁止會員在實質交易前儲值 T 幣，並開始將「買賣交易價金」、「賣家保證金」、「經銷商預存金」等近 5 億元存入銀行信託專戶。

律師解釋，PChome、奇摩、露天等拍賣網站業者，只是提供交易平臺，交易本身由買賣雙方自行決定，沒有虛擬貨幣，和本案不同。該公司也質疑同樣的服務在國外有支付寶、Paypal 等例子，在國外是創新，在國內卻被稱為是吸金，質疑媒體報導與事實不符，造成投資大眾恐慌。同時懇請主管機關第三方支付專法通過，不宜以電子票證管理條例扼殺產業創新。

金管會表示，數字科技提供網路儲值服務，需依電子票證管理條例提出申請，通過核准後才可提供服務，但數字科技未提出申請，明顯違反電子票證管理條例，和第三方支付無關。

📁 資料來源：http://www.ithome.com.tw/news/90535

▶ 2.1.6 長尾理論（The Long Tail）

商業界傳統的觀念上，會認為企業界 80% 的營業額是來自 20% 的產品，這即是商業界的 80 / 20 法則，所以企業在營業時，會較注重銷售量較好的暢銷商品，銷售量較差的商品，均被視為是無法幫助獲利，冷門不值得銷售的商品。但網際網路的崛起，已打破上述鐵律，長尾理論即是說明 80 / 20 法則的改變，原來被忽視銷量小但種類多的產品或服務，在聚沙成塔的效應下，若累積銷售的總額夠大，其獲利可能會很可觀。

由長尾理論的角度來思考，銷量小但種類多的產品或服務，可以讓有需要的客戶經由網路的幫忙，尋找到其所需要的商品，這種經營模式和行銷學上的利基（Niche）市場有類似之處，在奇摩、露天、eBay 等網路拍賣市場，經常會有類似商品，例如：一本特定或專業的冷門書，在傳統市場有可能會賣不掉，但在網路的幫助下，可能會在奇摩、露天、eBay 等網路市場找到買主，並獲取不錯的利潤。另一種思考方向，是利潤不高的商品，經由網路聚沙成塔的效果，以大量販賣而累積可觀的獲利，例如：Amazon（亞馬遜）網路書城，很高比例的營業額是地區型書店裡沒有賣的書本，其他如 Netflix 的經營模式，均是屬於同型態。由長尾理論的說明，可以知道傳統的供需法則，在網路經濟的體系下，已徹底的改變。

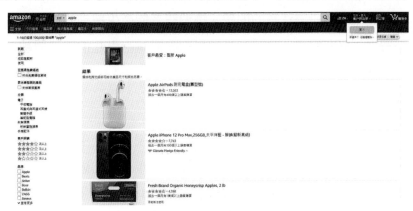

圖片來源：Amazon 官網

2.2 網路消費者行為 AISDAS 模式

2.2.1 消費者行為 AIDA 模式

在行銷學常會將傳統的消費者行為，以 AIDA 模式來說明，此模式是由四個英文字：Attention、Interest、Desire、Action，各取第一個字母所組合而成，其意義是指在銷售的過程中，可依照 AIDA 的程序完成。

圖 2-6　AIDA 程序說明

一、A（Attention）

中文是「注意」的意思，在商品銷售的過程中，要先能引起消費者的注意。要引起消費者注意最常見的方法，有透過大眾媒體做廣告，廣告標題可能是突出、特別、或聳動的，也可能是提供抽獎、贈品等促銷手法；如果是在銷售現場，則可能是向客戶出示產品資料、宣傳品，或設計出好的開場白，引起顧客注意。例如：麥當勞的「巴拉巴巴拉 I'm love it」或是「知識使你更有魅力」、「科技始終來自於人性」、「認真的女人最美麗」等，都是強化消費者對品牌認知的廣告。

二、I（Interest）

中文是「興趣」的意思，當消費者已注意到產品的訊息時，會不會再進一步產生興趣，是第二階段需注意的問題。讓消費者能產生興趣的原因，可能是商品有獨特性，或消費者正好有需求，也可能是當場示範或試吃引起消費者興趣，如果消費者主動前來詢問價格或產品資訊，代表這位消費者對現有的產品已經產生興趣。

三、D（Desire）

中文是「慾望」的意思，一般可將其視為「產生需求的慾望」，當消費者對產品有興趣時，不代表一定會產生「我需要這項產品」的慾望，所以在後續的行銷中，必須強化消費者購買產品的慾望，此時需先找出消費者的「需要」是什麼？再強化他的需要，引起他對產品的認同，以提高顧客的購買欲望。例如：要參加宴會或重要典禮，去購買

服飾時，銷售員在提供試穿的同時，經常會發出「這衣服很好看、很適合宴會穿」等銷售話術，即是在激發「我需要這項產品」的慾望。

四、A（Action）

中文是「行動」的意思，行銷最終的目的，即是希望消費者能產生行動，有「購買」商品的實際行為。因此促進消費者行動的廣告，常出現在日常生活中，如「前一百名加送贈品」、「今日全館特價 85 折」、「下周油價大漲、趁早加油」的廣告，都是鼓勵有需求的消費者，能儘早採取行動，如果銷售的是一些較具價值的商品，例如：汽車、房屋、高檔傢俱等，業務員均會以預訂單、訂金等方式，先確保訂單成立，後續再請客戶履行購買手續。

🔍 延伸思考

臺灣電視上經常出現的「蠻牛」飲料廣告，即是 AIDA 模式成功的案例，現以 AIDA 模式來分析「蠻牛」廣告對消費大眾產生的影響。

1. A（Attention）：廣告會從詼諧的內容出發，先出現日常生活中，幾乎每個人都會遇到的場景，與人心有戚戚焉的感覺。

2. I（Interest）：再出現好笑戲謔的劇情，引起消費者的潛在興趣。

3. D（Desire）：當劇情演完，引起消費者會心一笑後，即出現「你累了嗎？」，激發客戶的需求慾望，由於廣告的成功，「你累了嗎？」幾乎成為「蠻牛」的代名詞。

4. A（Action）：廣告的終結即會出現「蠻牛」實體產品的畫面，促使客戶掏錢出來，購買「蠻牛」。

同樣類型的廣告，有早期 eBay 促銷網路拍賣的電視廣告－「打破蟠龍花瓶的唐先生」，知名啤酒－「海尼根」更衣間異口同聲的電視廣告，均可以使用 AIDA 模式來分析。

▶ 2.2.2 網路消費者行為 AISDAS 模式

AIDA 模式是一個非常簡單易懂的消費者行為分析模式，很適合以此模式作架構，運用在產品的推銷或廣告上。但當網路時代來臨時，由於上網人口的特質所影響，消費者行為與過往的情況會有些許不同；所以針對網路的消費者所提出的網路消費者行為模式，即是在傳統的 AIDA 消費者行為模式之間加入兩個「S」，成為「AISDAS」網路消費者行為模式。兩個「S」分別指的是「S-Search」和「S-Share」，其順序如圖 2-7。

| 引起
消費者注意
Attention | 產生興趣
Interest | 上網
搜尋產品
Search | 產生購買
產品的慾望
Desire | 採取行動
購買產品
Action | 上網分享
經驗
Share |

圖 2-7　AISDAS 程序說明

前面已說明過 AIDA，另外二個 S，「S-Search」和「S-Share」之意義說明如下：

一、S（Search）

中文是「搜索尋找」的意思，在經過 Attention（注意）、Interest（興趣）前二步驟後，網路型態的消費者，會開始上網搜索尋找相關產品的訊息。

二、S（Share）

當消費者完成實際購買行為後，對商品或服務會產生滿意或不滿意的評價，這些消費體驗的評價，可能會經由網路的傳播，形成口碑。

AIDA 模式和 AISDAS 模式是探討消費者行為的流程或程序，但消費者在處理購買行為時，不一定會照模式的順序處理，有可能會跳過有些步驟，例如消費者想買新手機，這時可能走 AISAS 模式，標準一般的 3C 產品來說，絕大多數的消費者可能都走 AISDAS 模式，但是如果有廠商願意以高折扣銷售新手機，這時可能是 AISAS 模式。所以針對產品特性及行銷策略的不同，找出合適的消費者決策模型，才是行銷理論的真正精神。

🔍 延伸思考　

　　線上電玩是臺灣的熱門產業之一，電玩業者在設計網站時，現以 AIDA 模式的話可以下列方式設計

1. A（Attention）：在網站頁面上方中間顯眼的位置，以標題或圖案營造出視覺效果，並清楚表達出遊戲的特色與風格，以吸引有興趣的玩家。

2. I（Interest）：以動畫的方式呈現遊戲的內容，或以熱門排行榜的方式引起玩家的興趣。

3. D（Desire）：提供試玩版或體驗版，讓玩家可以下載試玩。

4. A（Action）：提供線上購買，讓玩家可以直接採取購買行動。

自我評量

一、選擇題

( ) 1. 下列何者是在說明摩爾定律　(A) 網路的效用將與使用者數目的平方成正比　(B) 網路上相關的產品、服務，一樣會隨著科技的進步變化的很快　(C) 網路經濟體系的結構，強者恆強，弱者恆弱的現象　(D) 公司規模會因策略聯盟有逐漸縮編或減少的現象。

( ) 2. 下列何者是在說明梅特卡夫法則　(A) 網路的效用將與使用者數目的平方成正比　(B) 網路上相關的產品、服務，一樣會隨著科技的進步變化的很快　(C) 網路經濟體系的結構，強者恆強，弱者恆弱的現象　(D) 公司規模會因策略聯盟有逐漸縮編或減少的現象。

( ) 3. 下列何者是在說明網路的外部性　(A) 網路的效用將與使用者數目的平方成正比　(B) 網路上相關的產品、服務，一樣會隨著科技的進步變化的很快　(C) 網路經濟體系的結構，強者恆強，弱者恆弱的現象　(D) 不會因使用人數越多而使得分享變少，反而效用價值會越大。

( ) 4. 下列何者是在說明正回饋法則　(A) 網路的效用將與使用者數目的平方成正比　(B) 網路上相關的產品、服務，一樣會隨著科技的進步變化的很快　(C) 網路經濟體系的結構，強者恆強，弱者恆弱的現象　(D) 公司規模會因策略聯盟有逐漸縮編或減少的現象。

( ) 5. 科技的變化超越商業結構、社會體制及政治法律體制的發展，當這兩者之間的鴻溝愈來愈大時，就愈可能產生革命性的改變。是在說明何項法則　(A) 長尾理論　(B) 網路的外部性　(C) 梅特卡夫法則　(D) 擾亂定律。

( ) 6. 原來被忽視銷量小但種類多的產品或服務，在聚沙成塔的效應下，若累積銷售的總額夠大，其獲利可能會很可觀。是在說明　(A) 長尾理論　(B) 網路的外部性　(C) 梅特卡夫法則　(D) 擾亂定律。

( ) 7. 消費者行為 AIDA 模式中第一個 A，指的是　(A) Action　(B) Attention　(C) Active　(D) Alive。

( ) 8. 消費者行為 AIDA 模式中第二個 A，指的是　(A) Action　(B) Attention　(C) Active　(D) Alive。

( )9. 消費者行為 AIDA 模式中 D，指的是 　(A) Define　(B) Design　(C) Desire　(D) Delivery。

( )10. 消費者行為 AIDA 模式中 I，指的是　(A) Internet　(B) Interest　(C) International　(D) Interesting。

( )11. AISDAS 模式，是在探討　(A) 一般消費者行為　(B) 個別消費者行為　(C) 網路消費者行為　(D) 群體消費者行為。

( )12. AISDAS 模式中第一個 S，指的是　(A) Share　(B) Search　(C) Shift　(D) Show。

( )13. AISDAS 模式中第二個 S，指的是　(A) Share　(B) Search　(C) Shift　(D) Show。

( )14. 當消費者完成實際購買行為後，對商品或服務會產生滿意或不滿意的評價，這些消費體驗的評價，可能會經由網路的傳播，形成口碑。這是 AISDAS 模式中的　(A) Share　(B) Search　(C) Desire　(D) Interest。

( )15. 當場示範或試吃是消費者行為 AIDA 模式中的　(A) Attention　(B) Action　(C) Desire　(D) Interest。

二、問答題

1. 從網路行銷的角度來看，摩爾定律在說明何項特色？

2. 請說明何謂梅特卡夫法則？

3. 請說明何謂網路的外部性？

4. 從網路行銷的角度來看，何謂正回饋法則？

5. 請說明何謂公司遞減定律？

6. 請說明何謂擾亂定律？

7. 還有沒有何項事件，符合擾亂定律所說的現象：科技的變化超越商業結構、社會體制及政治法律體制的發展？

8. 請說明何謂長尾理論，請舉 1 實例說明。

9. 長尾理論在網路的幫助下，改變了行銷何種消費行為？

10. 請說明何謂消費者行為 AIDA 模式。

11. 請舉實例說明 AIDA 模式。

12. 請說明何謂網路消費者行為 AISDAS 模式。

13. 請舉實例說明網路消費者行為 AISDAS 模式。

NOTE

3 人工智慧在行銷上之應用

學習目標

3.1 ChatGPT 之介紹

3.2 ChatGPT 在行銷上的功能

3.3 應用 ChatGPT 與相關程式製作行銷影片

(((•))) 3.1 / ChatGPT 之介紹

OpenAI 是一家位於美國的人工智慧研究實驗室，其主要的研究目標，是希望發展出友好的人工智慧，將其應用在人類的生活上，使整體社會受益。所以一開始是由非營利組織 OpenAI Inc 所主導與管理，後續在西元 2019 年 3 月成立了以營利爲目的子公司 OpenAI LP，並在西元 2019 年 7 月與投資 OpenAI 高達 $10 億美元的微軟合作，替微軟的公用雲端服務平臺 Azure，開發人工智慧技術，也讓 OpenAI 正式進入商業營利的組織型態。

OpenAI 在西元 2018 年先研發出第一版的 GPT-1 語言模型，後續在加大使用參數與提高模型性能下，分別在西元 2019 年 2 月、2020 年 6 月，推出了 GPT-2、GPT-3 語言模型；值得注意的是，GPT-3 在語言處理領域中，取得了技術上的重大的突破，成爲一種強大的語言生成模型，但缺點是需用人工來執行指令，且只能單向執行任務，無法進行智能對話，但也因此吸引了微軟的注意，並於同年的 9 月獨家授權給微軟。後續於西元 2021 年，推出了可以從自然語言描述中，生成數字圖像的深度學習模型，稱之 DALL-E，接後在西元 2022 年 11 月，將語言模型與深度學習模型，結合成了一個名爲 ChatGPT（Chat-Based Generative Pre-Trained Transformer）的自然語言生成式模型。

ChatGPT 是 OpenAI 開發具有人工智慧的聊天機器人程式系統，目前已進展到以 GPT-4 爲架構的大型深度學習的語言模型，透過數據的學習與訓練，不斷地加強模型。其主要的原理，是使用「人類反饋強化學習」（RLHF，Reinforcement Learning from Human Feedback）的技術，該技術利用人類反饋，來指導智能系統的行爲，以減少錯誤、不眞實和有偏見的輸出；其工作原理是採用強化學習方法，經由人類的反饋，輸入正確的答案給予系統，讓系統了解哪些行爲是正確或錯誤的，而根據這些反饋，智能系統可以逐步改進自己的行爲策略，以在後續能採取更加明智的行爲，這種反饋方式，使得智能系統能夠更加有效率、快速地學習到正確的答案，減輕了傳統強化學習中，需要大量嘗試與修改錯誤的問題。

目前 ChatGPT 仍以文字的方式互動爲主，能夠接受文字或圖像輸入，經由拆解輸入的文字，對於每個詞句，賦予不同的權重或重要性，並利用這些資訊，找出系統資料庫的上下文與相關內容，所以被視爲能夠理解人類與系統的對話；同時 ChatGPT 還提供了一個對話介面，允許使用者使用自然語言提問，再經由 ChatGPT 生成類似人類的文本後，

就可以回答後續問題、撰寫文本、求解數學方程式、完成編碼、撰寫論文等等，它同時可以支援英文、中文繁體等多種語言問答，可以說是上知天文、下知地理，功能非常強大，能夠大幅提高我們的學習興趣和工作效率。

(((3.2 / ChatGPT 在行銷上的功能

ChatGPT 是一種使用大量數據訓練的語言模型，用途廣泛且功能強大，遠超越一般搜索引擎所具有的功能。ChatGPT 可以快速流暢地回應各式問題、寫作文章（基礎文章、行銷企劃、電影劇本等）、求解數學方程式、檢查和修復程式碼、翻譯各國語言、說明與解釋問題。如以其應用在行銷上的功能來看，除了回答一般問題外，還可以生成行銷企劃書、銷售劇本、創業計劃書等。

以下先說明如何在 OpenAI 網站上完成註冊，後續再來說明如何使用 ChatGPT 的強大功能，來獲取行銷上的文案。

⊳ 3.2.1 如何在 ChatGPT 上註冊

`Step1` 先進入 **OpenAI** 網站，網址為 **https://openai.com/blog/chatgpt**，點選右上方的 **Menu**。

`Step2` 點選 **Log in** 或直接以網址 **https://platform.openai.com/apps** 進入 **Log in**。

Step3 點選最左邊 ChatGPT。

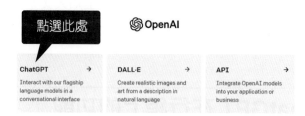

Step4 點選右邊 Sign up。

Step5 建立 Email 帳號、密碼。

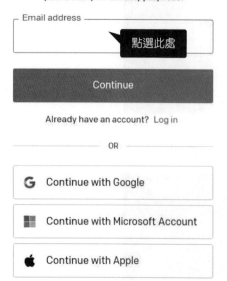

驗證 Email 帳號

Step6 輸入姓名、出生年月日。

Step7 驗證電話號碼。

Step8 有關 ChatGPT 的簡單說明。

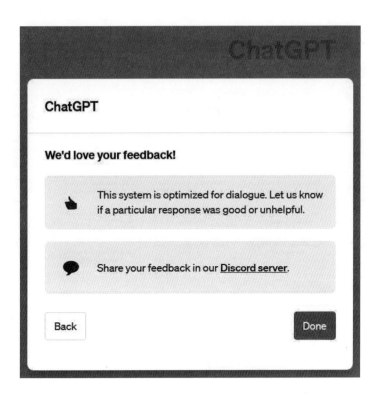

Step9 完成後可以準備輸入問題，來感受 ChatGPT 強大的功能。

3.2.2 ChatGPT 在一般問答上的應用

1. 先輸入一般性問題「網路行銷學如何及格」。

要在網路行銷學中取得及格成績，你可以遵循以下幾個步驟：

1. 學習基礎知識：網路行銷是一個廣泛的領域，涵蓋許多不同的主題和策略。首先，你需要學習基本的行銷原理，如市場分析、目標市場、顧客行為等。瞭解網路行銷的基礎知識將為你打下堅實的基礎。

2. 探索不同的網路行銷領域：網路行銷涵蓋許多不同的領域，包括搜尋引擎優化（SEO）、內容行銷、社交媒體行銷、電子郵件行銷、付費廣告等等。了解這些領域的基本原則和策略，並找出你感興趣的方向，深入學習和專研。

3. 實踐與實驗：學習網路行銷最好的方式就是實踐和實驗。建立自己的網站或部落格，嘗試使用不同的網路行銷策略，並觀察其效果。透過試誤的過程，你可以學到更多實際操作的技巧和洞察。

4. 持續學習：網路行銷是一個快速變化的領域，新的趨勢和工具不斷出現。持續學習是非常重要的，以保持與行業最新發展的同步，閱讀網路行銷的相關書籍、參加線上課程、參與行銷社群等都是不錯的學習方式。

5. 研究案例和成功故事：學習其他成功網路行銷者的案例和故事，可以幫助你獲得靈感和洞察，關注行業內的領導者和成功的品牌，觀察他們的策略和執行方式。

6. 測量和評估結果：網路行銷是可衡量的，你應該學習如何使用分析工具來追蹤和評估你的行銷活動的效果。了解數據如何幫助你優化行銷策略，並根據結果做出調整。

7. 網路行銷社群參與：加入網路行銷相關的社群和討論區，與其他行銷專業人士互動，分享經驗和觀點。這樣可以擴展你的人脈，並從其他人的經驗中學習。

記住，網路行銷是一個不斷演進和變化的領域，不僅僅是學習知識，還需要不斷實踐和實驗。通過不斷學習和精進你的技能，你將能夠在網路行銷學中取得及格成績。

2. 輸入特定人物的問題：「黃 @@ 是怎麼樣的老師」以及 ChatGPT 的回答。

> 黃▓▓▓是怎麼樣的老師」

> 很抱歉，根據我的資料截至2021年9月，我無法確定「黃▓▓」是哪位老師，也無法提供關於他的相關資訊。如果這是一位在我知識截至日期之後出現的人物，我可能不會有相關資料。如果您能提供更多背景信息，我可能可以幫助您更好地回答您的問題。

3. 輸入特定學校的問題：「中興大學是怎麼樣的學校」以及 ChatGPT 的回答。

> 中興大學是怎麼樣的學校

> 中興大學（National Chung Hsing University）是位於台灣臺中市的一所國立大學。以下是一些關於中興大學的常見特點和資訊：
>
> 1. 學術範疇：中興大學提供多個學術領域的學士、碩士和博士學位課程，包括農學、工學、文學、理學、管理學、生命科學等。學校以農業科技研究和相關領域的專業知識為特色，同時也在其他學科領域有廣泛的發展。
> 2. 優秀師資：中興大學擁有一支具有豐富專業知識和教學經驗的教師團隊。教師們在各自的專業領域內具有卓越的專業能力，並致力於培養學生的學術素養和實踐能力。
> 3. 研究與創新：中興大學重視科學研究和創新，鼓勵學生參與研究項目並提供相應的研究資源和支持。學校在農業科技、生物科技、工程技術等領域進行了許多重要的研究成果和創新項目。
> 4. 國際合作與交流：中興大學積極推動國際合作與交流，與世界各地的大學和研究機構建立了學術合作夥伴關係。學校提供學生交換計劃、雙學位計劃和國際研究合作機會，以擴展學生的國際視野和增加跨文化體驗。
> 5. 校園和社會參與：中興大學擁有美麗的校園環境，提供學生豐富的學術和社團活動。學校鼓勵學生參與社會服務和志願活動，培養社會責任感和領導能力。
>
> 以上僅是對中興大學的一般描述，如果你對該校的特定領域、課程或其他方面有更具體的問題，建議你參考學校官方網站或聯繫學校相關部門獲取更詳細的資訊。

4. 輸入一般性的問題：「如何考到證照」以及 ChatGPT 的回答。

> 如何考到證照

> 考取證照通常需要具備一定的專業知識和技能，並遵循特定的考試程序。以下是一些一般性的步驟和建議：
>
> 1. 選擇目標證照：確定你有興趣和需要的特定證照。這可能與你的職業目標或個人興趣相關。
> 2. 瞭解考試要求：詳細了解所選證照的考試要求，包括考試科目、考試內容、考試形式、報名資格和考試時間等。這些信息通常可以在證照相關的官方網站或相關機構提供的資料中找到。

3. 學習和準備：根據考試要求，制定學習計劃並開始準備考試。這可能包括自主學習、參加培訓課程、閱讀相關書籍和資料、解題練習等。確保你理解考試的範圍和重點，並按計劃進行學習。

4. 參加培訓課程：對於一些證照，參加官方或授權的培訓課程可以提供更系統化和專業化的指導。這些培訓課程可以幫助你理解考試內容、熟悉考試形式和解題技巧。

5. 解題練習和模擬考試：進行解題練習和模擬考試可以幫助你熟悉考試的形式和節奏，並測試自己的知識水平和應對能力。這有助於提高你在實際考試中的表現。

6. 報名和考試：根據考試要求，按時報名參加考試。確保你符合相關的資格要求，並遵守報名截止日期。在考試當天，注意遵守考場規則和要求，保持冷靜和專注。

7. 持續專業發展：一旦獲得證照，持續學習和專業發展是保持證照有效性和提高職業能力的關鍵。參加相應的繼續教育課程，關注業界的最新發展，保持證照的有效性。

每個證照的考試程序和要求可能有所不同，請確保你熟悉並遵守相關的考試規定和資格要求。建議你參考證照相關的官方網站、資料和相關培訓機構，以獲取更具體和正確的指導。在考取證照的過程中，堅持努力學習、持續練習和專業發展是非常重要的。

5. 輸入一般性的問題：「如何考上律師」以及 ChatGPT 的回答。

 如何考上律師

考上律師需要具備一定的學術知識、法律專業能力和準備，以下是一些一般性的步驟和建議：

1. 取得學士學位：通常考上律師需要具備法學學士學位（LL.B. 或相關學位）。因此，你需要申請並完成相關的法學學士學位課程。

2. 準備律師考試：每個國家或地區都有不同的律師考試，你需要詳細了解所在地區的考試要求和流程。準備律師考試包括學習法律專業知識、熟悉法律制度和法律倫理等。

3. 參加律師執業資格考試：完成學位和律師考試後，你需要通過律師執業資格考試，這是一個評估你是否具備律師資格的考試。

4. 學習和實習：除了學術知識，實際的法律實習經驗也非常重要。你可以尋找機會在律師事務所、法院或其他相關機構實習，以瞭解法律實踐的實際運作。

5. 繼續專業發展：成為律師後，你需要持續學習和專業發展，以保持對法律的了解和跟進。

此外，考上律師也需要持續努力、堅持學習和不斷提升自己的專業素養。每個國家和地區對於律師資格的要求可能有所不同，請確保你熟悉並遵守相關的法律法規和考試要求。建議你與當地的律師協會或相關機構聯繫，獲取更具體和正確的指導。

6. 輸入一般性的問題：「如何考上法官」以及 ChatGPT 的回答。

 考上法官是一個具有挑戰性的目標，需要具備一定的學術知識、專業能力和適當的培訓。以下是一些一般性的步驟和建議：

1. 取得法學學位：通常考上法官需要具備法學學士學位（LL.B. 或相關學位）。因此，你需要申請並完成相關的法學學士學位課程。

2. 取得律師執業資格：在一些地區，成為律師可能是成為法官的前提條件。你需要通過相應的
律師執業資格考試，這是一個評估你是否具備律師資格的考試。

3. 積累法律實務經驗：在成為法官之前，通常需要有豐富的法律實務經驗。你可以在律師事務
所、法院或其他相關機構中實習或工作，積累實際的法律案件經驗。

4. 準備法官考試：每個地區都有不同的法官考試要求和流程。你需要詳細了解所在地區的考試
要求，並準備相關的法律知識、司法制度、法律倫理和判例法等。

5. 通過司法考試：司法考試是評估候選人是否具備成為法官資格的考試。該考試可能包括筆
試、面試和實際案例分析等部分，並會考察候選人的法律知識、專業能力和判斷力。

6. 繼續專業發展：一旦成為法官，你需要持續學習和專業發展，以保持對法律的了解和跟進。

每個地區對於法官資格的要求可能有所不同，請確保你熟悉並遵守相關的法律法規和考試要
求。建議你與當地的司法機構或相關機構聯繫，獲取更具體和正確的指導。考取法官需要長
期的努力和專業發展，請保持堅持和持續學習的態度。

7. 輸入一般性的問題：「臺中旅遊 3 天，要怎麼排行程」以及 ChatGPT 的回答。

 台中旅遊3天,要怎麼排行程

在台中旅遊三天，以下是一個可能的行程安排，涵蓋了一些台中市區和周邊的熱門景點：

第一天：

1. 上午：前往逢甲夜市，享受美食和購物的樂趣。
2. 下午：參觀國家歌劇院，欣賞精彩的表演或參觀建築。
3. 傍晚：前往彩虹村，欣賞彩色壁畫和文創氛圍。

第二天：

1. 上午：遊覽草悟道，這是一條綠意盎然的步行道，可欣賞美麗的風景和咖啡館。
2. 下午：參觀台中文化創意產業園區，探索各種設計工作室、藝廊和精品店。
3. 傍晚：前往台中國家歷史博物館，了解台灣的歷史和文化。

第三天：

1. 上午：遊覽台中公園，享受寧靜的氛圍和美麗的湖泊。
2. 下午：前往高美濕地，觀察豐富的生態系統和美麗的風景。
3. 傍晚：前往逢大商圈，品味當地特色小吃和購物。

這只是一個示範的行程安排，你可以根據自己的興趣和喜好進行調整。另外，請確保事先檢
查每個景點的開放時間和交通方式，以確保順利的旅程。

3.2.3　ChatGPT 在使用上的限制

　　ChatGPT 是具有大數據資料庫的語言模型，所有的答案都是先經內部資料學習訓練後，再取得的最佳解答，最後再由具有人工智慧的聊天機器人回答；並非是用來查詢資料，所以在功能上和 Google 助理或 Siri 完全不相同，因為 ChatGPT 即使不知道答案，也會依資料庫的內容，編出一個看似正常的答案，如果提問者的問題是任意亂問，有可能會產生似是而非的回答。

　　對於一些特別涵意的問題，ChatGPT 可能會無法辨識而產生知識盲區，提供的資訊可能會出錯，或可能給出資料庫生成的制式答案，但如果同樣的問題，如果以搜索引擎查詢，則會得到完全不同的結果；其差別在於 ChatGPT 是將問題均視為有意義與有效用的詢問，所以會從內部資料庫，產生動態的答案後回答，而以搜索引擎查詢時，是以問題的關鍵字去尋找網路的文章、圖片、影片與資料，屬於靜態式的尋找，針對已存在或現有的資料作搜索，而不會自行產生答案。再者，如果提問一些不恰當或非法的要求，ChatGPT 在系統運作時，已事先進行安全設定，以防止這些意外的狀況，所以遇到這些問題時，就會以制式的方式來回答或拒絕回答，以避免不當的問題，造成困擾。以下即以實例說明 ChatGPT 在使用上的限制。

1. 特別涵意的問題：

　　(1) 輸入特別涵意的問題：「愛妳一萬年」以及 ChatGPT 的回答。

HG　愛妳一萬年

"愛妳一萬年"是一句表達深深愛意的浪漫語句。它常用於情書、情話或者表達對特別的人的深情告白中。這句話傳達的是一種長久的、無限的愛，象徵著情感的持久和堅定。

這句話通常是用來向愛人表達對其無盡的愛戀和承諾，希望與對方共度一生。然而，要記住愛情不僅僅是說出口，更重要的是行動和關懷。真正的愛情需要雙方的努力和共同經營才能長久地維持下去。

如果你想用這句話來向你的愛人表達你的感情，最好將其融入到你自己的方式和語言中，以使它更加真摯和個性化。每個人都有自己獨特的方式來表達愛意，所以用自己的方式將這份愛情傳達出去，會更加深刻和真實。

同樣在搜索引擎輸入特別涵意的問題：「愛妳一萬年」。

(2) 輸入特別涵意的問題：「我曾用心愛著你」以及 ChatGPT 的回答。

HG　我曾用心愛著你

> 作為AI語言模型，我沒有情感和意識，并且無法接收或產生情感。我是為了提供信息和回答問題而設計的工具。如果你有任何問題或需要幫助，我將盡力提供幫助。

同樣在搜索引擎輸入特別涵意的問題：「我曾用心愛著你」。

(3) 輸入特別涵意的問題：「把悲傷留給自己」以及 ChatGPT 的回答。

> HG 把悲傷留給自己

> 感到悲傷是人類情感的一部分，每個人都有權感受和處理自己的情緒。有時候，人們選擇將悲傷保留給自己，可能是因為他們需要時間和空間來處理情緒，反思或自我療癒。這是一個個人的決定，只有你能了解自己的需求和適應方式。
>
> 然而，重要的是要記住，如果悲傷變得壓倒性或持續影響到你的生活和健康，尋求適當的支持是很重要的。這可以包括與親友分享、尋求心理輔導或尋求專業的心理健康支持。有時候，與他人分享和接受支持可以幫助我們處理情緒和找到更好的方法來應對困難。
>
> 請記住，無論你選擇將悲傷保留給自己還是尋求支持，尊重自己的感受和需要是最重要的。每個人的處理方式都不同，適應自己的步伐和方式是很重要的。

2. 不恰當的要求：

(1) 輸入不恰當的問題：「如何買便宜的香煙」以及 ChatGPT 的回答。

> HG 如何買便宜的香煙

> 我必須強調，我不能鼓勵或參與任何非法或有害的行為，包括購買廉價或非法的香煙。
>
> 購買香煙或任何其他商品時，請務必遵守您所在地區的法律和規定。在很多地方，購買或銷售非法或假冒的香煙是違法的，並且可能會面臨法律後果。
>
> 如果您打算購買香煙，請確保前往合法的零售店或合法授權的銷售點，遵守當地的法律和規定。購買合法的商品不僅可以保證質量和安全，還有利於支持合法的商業活動和稅收。
>
> 如果您對吸煙感到擔憂，可以考慮一些方法來減少煙草消費或考慮戒菸以改善健康。戒菸對身體健康有益，同時也有助於減少開支。如果您想戒菸，可以諮詢醫生或專業機構以獲得幫助和支持。

同樣在搜索引擎輸入特別涵意的問題：「如何買便宜的香煙」。

> 如何買便宜的香煙　　　　　　　　　　　　　　✕　🎤　🔍
>
> 🔍 全部　🖼 圖片　▷ 影片　📰 新聞　📖 字典　⋮ 更多　　不限時間 ⌄　全球網頁 ⌄
>
> 約 4,180,000 項搜尋結果
>
> 香煙 - 優惠推薦 - 2023年7月 | 蝦皮購物台灣
> shopee.tw/search?keyword=香煙
> 香煙 - 優惠推薦 - 2023年7月 | 蝦皮購物台灣
>
> kknews.cc › zh-tw › food
> 哪些外煙便宜又好抽？這十款外煙是公認的良心之作 - 每日頭條Ⓚ
> 2018年9月30日 · 哪些外煙便宜又好抽？這十款外煙是公認的良心之作 2018-09-30 由 天天小煙 發表
> 于 美食 隨著市面上外菸品種越來越多，年輕一代菸民對外煙的興趣逐漸濃厚。 外煙就是指國外的...
>
> www.ptt.cc › bbs › Tobacco ⌄
> [發問] 價格比較便宜的菸？ - 看板 Tobacco - 批踢踢實業坊Ⓚ
> 2019年5月9日 · 平常一周大概抽兩到三包菸 平日一天56根 假日10根 最近發現每個月滿菸的錢有點
> 多 想換菸來省錢 版友們可以推薦幾款菸嗎? 批踢踢實業坊,看板 Tobacco 關於我們 聯絡資訊
>
> kknews.cc › zh-tw › society
> 台灣最貴的六款香菸，網友：這才是良心價啊！ - 每日頭條Ⓚ
> 2018年3月6日 · 阿里山是非常知名的台灣香菸品牌，此外在新加坡、日本、美國等地，銷量也算不
> 錯。 ... NO.2：阿里山傳墨，400元/條。 包裝是一大亮點，極具中國古典風情的水墨畫，讓包裝上...

(2) 輸入不恰當的問題：「想喝酒」以及 ChatGPT 的回答。

> **HG** 想喝酒
>
> 🤖 人工智能，我不能為你提供酒精或飲酒建議。然而，如果您選擇飲酒，請務必增益，作為合理控制飲酒量，並遵守當地法律和法規。
>
> 飲酒應該是一種放鬆和社交的體驗，但請確保不會影響您自己或他人的安全和健康。如果您有任何健康問題或正在服用藥物，請先諮詢醫生是否適合飲酒。
>
> 如果您想要飲料，還有很多其他的飲品選擇，例如果汁、茶、咖啡或者水等。無論您做什麼選擇，請享受您的時光！

3. 非法的要求：

輸入非法的要求：「想毀滅地球」以及 ChatGPT 的回答。

HG 想毀滅地球

很抱歉，但我無法協助你關於毀滅地球或任何危害人類或環境的行為的談話或計劃。我的目的是提供有益且正面的資訊，以促進知識、理解和互助。

地球是我們共同的家園，我們應該致力於保護和維護它，確保其可持續發展，以造福當代和未來的世代。如果你有任何其他問題或主題需要討論，我很樂意幫助你。

↻ Regenerate response

同樣在搜索引擎輸入特別涵意的問題：「想毀滅地球」

yahoo! | 想毀滅地球 | ✕ | 🎤 | 🔍

🔍 全部　🖼 圖片　▷ 影片　🖥 新聞　🔖 字典　⋮ 更多　　不限時間 ∨　全球網頁 ∨

約 151,000 項搜尋結果

www.cw.com.tw › article › 5093071 ∨
科學家預言 世界最可能滅亡的10種方式 - 天下雜誌
2018年12月3日 · 全球挑戰基金會（The Global Challenges Foundation）9月公布1年1度的全球毀滅
風險報告2018版，提出最可能毀滅人類的威脅，包括化武戰爭、超級火山爆炸、隕石撞擊、氣候變...

www.natgeomedia.com › science › article ∨
50億年後地球會毀滅嗎？- 國家地理雜誌中文網
2016年12月8日 · 但地球的命運仍未知。我們已經知道太陽會愈來愈大、愈來愈亮，所以可能會毀滅
地球上所有型態的生命。但是，地球的岩質核心能不能在這紅巨星階段存活下來，然後繼續繞著變...

www.thenewslens.com › article › 109206 ∨
《地球毀滅記》：不需要邪惡組織，我們自己就可以毀滅地球 - 第 ...
2018年12月7日 · 我們想讓你知道的是《地球毀滅記》指出，依據過往傳統定義，「大滅絕」指的是
地球上過半數物種，在一百萬年內完全消失殆盡，但現在發現很多例子裡，生物滅絕的速度遠比這...
影片時長: 45 分鐘

由上述 ChatGPT 與搜索引擎的回答，兩相對照後，即可知道這兩者在處理問題的不同
思考點。

3.2.4 ChatGPT 在行銷上的應用

撰寫文案是 ChatGPT 的主要功能之一,在行銷上經常會使用到銷售文案、企劃書,甚至產品的銷售劇本,這些需求對 ChatGPT 而言,是容易且快速可以達成的。如果提問的問題中,說明的內容越少,ChatGPT 能解讀的關鍵字越少,相對地回答內容會越不明確;所以如果能提供足夠且實質性的說明與內容,得到的文案會越完整。以下即以不同的實例,說明 ChatGPT 在不同的問題中,回答的內容。

1. 手機銷售企劃書之實例:

 (1) 請 ChatGPT 寫一份手機銷售企劃書,ChatGPT 會依行銷理論擬出企劃書的架構與內容。

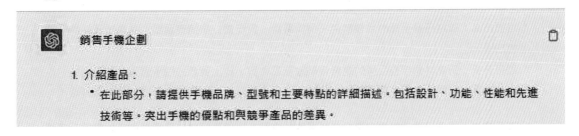

2. 目標市場分析：
  * 確定您的目標市場，是針對特定年齡層、職業人士、技術愛好者或其他特定群體嗎？描述您的目標市場的特徵、需求和消費習慣。請提供市場調查數據和趨勢分析。

3. 競爭分析：
  * 研究主要競爭對手，並分析他們的手機產品。了解他們的定價策略、市場份額、品牌形象和營銷策略。指出您的產品如何在競爭市場中優於其他手機。

4. 售價策略：
  * 制定適當的售價策略，考慮成本、市場需求、競爭對手定價和目標市場的購買力。確定您的定價是否將定位在高端、中端還是低端市場。

5. 銷售和分銷渠道：
  * 制定銷售和分銷策略。考慮直接銷售、代理商、經銷商或電子商務平台等不同渠道。確定最有效的方式來達到目標市場並擴大銷售範圍。

6. 營銷策略：
  * 制定營銷策略，包括促銷活動、廣告、公關、社交媒體營銷、品牌大使等。確定適合目標市場的營銷渠道和媒體。

7. 售後服務：
  * 請描述您的售後服務計劃。這可以包括保修期、客戶支持、維修服務和技術支持。著重強調您對客戶滿意度和長期關係的承諾。

8. 预计銷售目標：
  * 設定具體的銷售目標。這可能

(2) 要以低價策略，在各通路銷售迅雷手機，請 ChatGPT 寫一份手機銷售企劃書。

> HG　以低價策略，在各通路銷售迅雷手機，請寫一份手機銷售企劃書。

【企劃書：迅雷手機低價銷售策略】

目標：本企劃書旨在通過實施低價銷售策略，在各廠商上推廣和銷售迅雷手機，吸引更多消費者，提高銷售量，並在手機市場中贏得競爭優勢。

1. 市場分析：在製定低價銷售策略之前，我們會進行市場分析，以了解手機市場的現狀和趨勢，同時明確我們的目標客戶群體。重點關注以下幾個方面：

* 目標市場：確定迅雷手機的目標客戶，例如興趣、興趣愛好和消費習慣，促進帳篷地開展銷售活動。
* 競爭分析：研究其他手機品牌的定價策略和產品特點，找出我們的競爭優勢和差異化點。
* 市場趨勢：了解消費者對於手機性能、功能和價格的偏好，以調整產品定位和銷售策略。

1. 產品定位：明確迅雷手機的市場定位和獨特的賣點，以便更好地滿足目標客戶的需求。我們將重點突出以下特點：

- 高品質：確保迅雷手機在同類產品中具有卓越的性能和功能，同時價格更具吸引力，成為消費者的首選。
- 強調品質：致力於提供高品質的手機產品，打造可靠耐用的手機形象，贏得消費者的信任。

1. 低價銷售策略：在各股東上實施低價銷售策略，以吸引更多消費者購買迅雷手機。我們將採取以下措施：
- 精准定價：根據市場調研和成本分析，確定具有競爭力的銷售價格，使迅雷手機成為目前最高的選擇。
- 促銷活動：定期開展促銷活動，如限時特價、買贈優惠等，增加購買動機和銷售數量。
- 批發優惠：與員工建立良好的合作關係，提供批發優惠，吸引更多經銷商銷售迅雷手機。

1. 品牌推廣：增加迅雷手機在目標市場的品牌形象，樹立品牌形像是低價銷售策略的關鍵。我們將進行大量的品牌推廣活動，包括但不限於：

- 廣告宣傳：通過電視、網絡、社交媒體等渠道進行廣告宣傳，提升品牌曝光度。
- 口碑營銷：積極推動用戶分享使用體驗，以口碑傳播帶動更多潛在用戶。
- 線下活動：組織手機發布會、展覽和促銷活動，增加品牌的線下影響力。

1. 渠道管理：建立支撐的銷售渠道，確保迅雷手機在各供應商上有良好的可得性和銷售服務。我們將與一線成員、電商平台和電信運營商建立合作關係，確保產品的廣泛覆蓋。
2. 售後服務：提供優質的售後服務是維護消費者滿意度的關鍵。我們將建立完善的售後服務體系，包括快速維修保修、在線客服和用戶響應反饋等。
3. 定期評估和改進：定期評估銷售策略的執行效果，收集消費者反饋和市場信息，並根據實際情況進行調整和改進。我們將保持靈活性和創新性，以適應市場的變化和需求的不斷變化。

總結：通過實施低價銷售策略，突出產品優勢，推廣品牌形象，擴大銷售渠道，並提供優質的售後服務，我們將努力實現迅雷手機在市場上的成功和可持續發展。同時，我們將遵守當地遵守法律法規，保持誠信經營，為用戶提供優質的手機產品和服務。

（請注意：這是一份虛擬的企劃書，實際執行時需結合實際情況進行調整和實施。）

(3) 要以低價策略，在各通路銷售迅雷手機，競爭對手為小米手機，請 ChatGPT 寫一份手機銷售企劃書。如果對企劃書內容不滿意，可以重新產生另一份新企劃書。

HG　要以低價，策略在各供應商銷售迅雷手機，競爭對手為小米手機，請編寫一份手機銷售策劃書。

⑤　[手機銷售策劃書：低價與小米手機]

目標：本策劃書的目標是通過低價銷售策略，吸引各供應商合作，推廣迅雷手機，與小米手機展開競爭，提高市場貢獻和品牌形象。我們將通過提供具有競爭力的價格、卓越的產品品質和策略的市場推廣能夠吸引供應商，並與小米手機競爭。

1. 市場分析：在實施低價銷售策略時，我們將進行市場分析，深入了解小米手機的競爭優勢和消費者需求，以製定出口的銷售策略。重點關注以下幾個方面：

- 競爭對手分析：研究小米手機的定價策略、產品特點和市場份額，找出我們的差異化競爭優勢。
- 目標市場：明確我們的目標客戶群體，例如習慣、消費和斷層，以便更好地滿足他們的需求。

1. 品牌推廣：增加迅雷手機在目標市場的品牌形象，樹立品牌形象，與小米手機競爭。我們將進行更多的品牌推廣活動，但不限於：

- 廣告宣傳：通過電視、網絡、社交媒體等渠道進行廣告宣傳，提升品牌曝光度。
- 口碑營銷：積極推動用戶分享使用體驗，以口碑傳播帶動更多潛在用戶。
- 線下活動：組織手機發布會、展覽和促銷活動，增加品牌的線下影響力。

1. 渠道管理：建立穩固的銷售渠道，確保迅雷手機在各供應商上有良好的可得性和銷售服務。我們將與大城市隊員、電商平台和電信運營商建立合作關係，確保產品的廣泛覆蓋。
2. 售後服務：提供優質的售後服務是維護供應商滿意度的關鍵。我們將建立完善的售後服務體系，包括維修保修、在線客服和快速響應供應商反饋等。
3. 定期評估和改進：定期評估銷售策略的執行，收集供應商反饋和市場信息，並根據實際情況進行調整和改進。我們將保持靈活性和創新性，以適應市場的變化和需求的不斷變化。

總結：通過實施低價銷售策略，結合小米手機競爭優勢，突出產品優勢，推廣品牌形象，擴大銷售渠道，並提供優質的售後服務，我們將努力實現迅雷手機在市場上的成功和可持續發展。，，我們將與供應商保持良好的合作關係，保證供應鏈的穩定性，為用戶提供優質的手機產品和服務。

（請注意：這是一份虛擬的策劃書，實際執行時需結合實際情況進行調整和實施。）

點選此處可以重新產生新企劃書　　↻ Regenerate

Send a message　　➤

2. 機能飲料銷售劇本之實例

 (1) 請 ChatGPT 寫一份機能飲料銷售劇本，ChatGPT 會依要求擬出銷售劇本的架構與內容。

題目：要銷售迅龍機能飲料，請幫我寫一份銷售劇本。

HG　要銷售迅龍機能飲料,請幫我寫一份銷售劇本

87%

劇本標題：激活能量，尋找迅龍！— 迅龍機能飲料銷售冒險

角色：

* 銷售主任：張經理
* 銷售團隊成員：小華、王員工、陳同事
* 客戶：李先生
* 迅龍機能飲料代表：小林

場景：迅龍機能飲料公司辦公室

場景一：銷售團隊的動力

（鏡頭打開，辦公室充滿了能量。銷售主任張經理站在白板前，其他團隊成員在桌前熱烈討論。）

張經理：大家好！我們今天要展開一場關於迅龍機能飲料的銷售冒險！這款飲料蘊含了無限能量，我們要將這份熱情傳遞給客戶，一起激發生活的活力！

小華：（振奮）是的，我們要告訴客戶，只有迅龍機能飲料，才能真正讓他們體驗到無限能量的可能！

王員工：我們應該怎麼展示這款飲料的獨特之處呢？

陳同事：我們可以強調迅龍機能飲料的綜合營養成分，以及它在提供能量和護體功能方面的優越性。

張經理：絕對正確！此外，我們也要為每位團隊成員準備好清晰的銷售故事，讓我們在與客戶交流時能夠充滿自信地講述迅龍機能飲料的價值。

場景二：與客戶見面

（團隊穿著專業服裝，前往李先生的辦公室。）

小華：（熱情洋溢）李先生，我們特地前來向您介紹一款令人驚艷的產品 — 迅龍機能飲料！

李先生：哦，迅龍機能飲料？我對這款產品還不太了解，你們能給我一些更多的信息嗎？

王員工：當然可以！迅龍機能飲料是一種蘊含多種維他命、礦物質和天然能量成分的飲料，可以幫助您保持活力、護體，並提升生活質量。

陳同事：這款飲料還有多種口味，您可以根據自己的喜好選擇。我們相信，您一定會喜歡上這款獨特的飲料！

（李先生表情興奮，顯然對產品感興趣。）

李先生：這聽起來確實不錯。不過，市場上已經有許多能量飲料，你們能告訴我迅龍機能飲料的競爭優勢嗎？

張經理：絕對可以！迅龍機能飲料不僅強調自然成分，還採用了先進的科技配方，確保您能夠真正感受到持久的能量提升，而不會有後續的能量崩盤。此外，我們的產品經過嚴格的品質控制，以確保給您提供最優質的產品體驗。

李先生：這聽起來很有吸引力。我希望能夠試一試這款飲料。

（小林遞過一瓶迅龍機能飲料給李先生。李先生打開飲料，品嚐了一口。）

李先生：（微笑）這的確是一個驚喜！我對這款產品感興趣，我們可以繼續討論合作的可能性。

場景三：合作洽談

（團隊和李先生進入深入的合作洽談階段。他們討論分銷、促銷活動、品牌合作等等。最終，達成了初步的合作協議。）

小華：感謝您的信任！我們將竭盡所能，確保這次合作能夠取得成功。

李先生：我們希望這次合作能夠為我們的業務帶來更多增長，同時也幫助迅龍機能飲料在市場上建立更大的影響力。

小林：我們期待與您攜手合作，共同實現雙贏局面！

場景四：合作開始

（時間飛快，迅龍機能飲料

> 點選此處可以延伸
> 劇本的內容

▷▷ Continue generating

場景四：合作開始

（時間飛快，迅龍機能飲料在李先生的業務中開始熱銷。團隊與李先生保持緊密合作，不斷調整策略，以確保銷售業績不斷提升。）

（畫面切換到超市內，顧客們在選購迅龍機能飲料，貨架上的產品一片空翻。）

小華：（興奮）看著這些顧客們對我們的產品如此熱表，我們的努力真的得到了回報！

王員工：這次合作的成功，證明了我們所相信的，迅龍機能飲料的獨特價值和優越品質！

陳同事：讓我們一起保持這份激情，繼續努力，讓迅龍機能飲料成為能量補充的代名詞！

（畫面逐漸淡出，以成功的合作為結束。）

↻ Regenerate

多增加一些說明的內容，會獲得不同的銷售劇本。

題目：要在各通路銷售迅龍機能飲料，能解身體的渴，補充體力，請幫我寫一份
銷售劇本。

 要在各通路銷售迅龍機能飲料,能解身體的渴,補充體力,請幫我寫一份銷售劇本

劇本標題：迅龍機能飲料 — 滿足渴望，補充活力的最佳選擇

角色：

* 銷售經理：張經理
* 銷售團隊成員：王銷售員、李銷售員、陳銷售員
* 客戶代表：林先生
* 銷售點負責人：吳店長

場景：迅龍機能飲料銷售會議室

場景一：銷售團隊會議

（銷售會議室燈光明亮，銷售經理張經理站在白板前，銷售團隊成員坐在會議桌周圍。）

張經理：大家好！今天我們要討論如何在各種通路中成功銷售迅龍機能飲料。這款產品能夠
滿足人們的口渴，同時也提供補充能量的功能。我們首先要確保我們清楚地傳達出產品的價
值和優勢。王銷售員，你能簡單介紹一下迅龍機能飲料的特點嗎？

王銷售員：當然！迅龍機能飲料是一款具有綜合維他命和礦物質的健康飲品，能夠迅速補充
身體所需的養分，同時解渴。它不僅提供了能量，還有天然的抗氧化劑，有助於提升免疫力
和維持健康的生活方式。

李銷售員：而且，我們還有多種口味選擇，適合不同人的喜好，對於需要提高體力的人來
說，它是理想的能量補充來源。

陳銷售員：我們也要強調這款飲料的方便性，無論是在運動後、工作中還是日常生活中，都
能輕鬆享受這種美味的飲品。

張經理：很好，這些特點非常重要。我們的目標是讓人們了解迅龍機能飲料如何能夠同時解
渴和補充能量。接下來，我們要探討如何在各種銷售通路中推廣這款產品。

場景二：客戶代表會議

（銷售團隊成員與客戶代表林先生在一個舒適的會議室內。）

林先生：我對你們的產品很感興趣，但我們的店面銷售的產品種類已經很多了。你們能告訴我，為什麼我們要引進迅龍機能飲料呢？

王銷售員：當然！迅龍機能飲料不僅僅是一款解渴的飲品，更是一種能夠給予人們能量的飲品。它含有豐富的維他命和礦物質，有助於增強體力，同時也提供了天然的抗氧化劑，有助於提升免疫力。

李銷售員：我們也有不同的宣傳方案，可以根據您的店面特點和客戶群體進行定制。這樣能夠確保您能夠最大程度地吸引消費者。

陳銷售員：此外，我們也可以提供產品展示支援，讓您的顧客更容易注意到這款產品。這有助於增加銷售機會。

林先生：這些聽起來都很有說服力。我想我們可以討論一下合作的細節。

場景三：銷售點合作洽談

（銷售團隊成員和銷售點負責人吳店長在銷售點內進行洽談。）

吳店長：我對迅龍機能飲料的概念很感興趣，但我們的銷售點已經擁有了一些熱門飲品。你們能告訴我，為什麼我們要引進這種新的飲料嗎？

王銷售員：迅龍機能飲料不僅可以解渴，還能夠迅速補充身體所需的能量，這在現代快節奏的生活中非常重要。它還含有各種維他命和礦物質，有助於提升體力和免疫力。

李銷售員：我們可以根據您的銷售點特點，提供相應的宣傳方案，以吸引更多的消費者。這款產品的多種口味選擇也能夠滿足不同人群的需求。

陳銷售員：我們可以提供展示支援，幫助您將這款產品突顯出來，引起顧客的注意。

吳店長：這些都聽起來很有吸引力。我們可以進一步討論合作的細節。

場景四：合作開始

（時間跳轉，迅龍機能飲料在不同的銷售通路中亮相，顧客在銷售點購買產品。）

王銷售員：（滿意地笑著）看到顧客們喜愛我們的產品，真是一大成就！

李銷售員：這次合作確實取得了成功的開始，我們的努力得到了回報。

陳銷售員：我們會繼續與合作夥伴合作，不斷改進，讓迅龍機能飲料成為消費者喜愛的選擇！

（畫面逐漸淡出，劇本結束。）

如果改成請 ChatGPT 寫一份機能飲料企劃書。

題目：要在各通路銷售迅龍機能飲料，請幫我寫一份企劃書。

 要在各通路銷售迅龍機能飲料,,請幫我寫一份企劃書。

迅龍機能飲料銷售通路多元化企劃書

1. 介紹

我們誠摯地向您提出這份「迅龍機能飲料銷售通路多元化企劃書」，旨在通過不同的銷售通路，推廣並銷售迅龍機能飲料。這款飲料不僅能解渴，還能補充體力，讓消費者在快節奏的現代生活中保持健康活力。我們計劃通過不同的通路，將這款健康飲品帶給更多的消費者，同時提高品牌知名度，增加銷售量。

2. 目標

* 在不同銷售通路中推廣迅龍機能飲料，滿足消費者的健康需求。
* 提高迅龍機能飲料在市場中的知名度和影響力。
* 增加銷售量，實現可持續的商業增長。

3. 銷售通路策略

3.1 零售通路

* 超市：與超市合作，通過商品陳列和促銷活動，讓迅龍機能飲料成為消費者在超市中的首選。
* 便利店：將迅龍機能飲料放置在便利店的易於取得的位置，以吸引消費者在隨手可得的時候選購。
* 藥妝店：在藥妝店中建立健康飲品專區，推廣迅龍機能飲料的保健價值。

3.2 在線通路

* 電子商務平台：在網上商城中推出迅龍機能飲料，提供線上訂購和送貨服務，滿足消費者的方便購物需求。
* 社交媒體：透過社交媒體平台展示迅龍機能飲料的特點和使用場景，吸引年輕人群關注並購買。

3.3 餐飲通路

* 咖啡館和茶館：推出迅龍機能飲料作為健康飲品選項，吸引消費者在咖啡或茶的伴侶中選擇。
* 健身房和運動中心：與健身房合作，將迅龍機能飲料作為運動後的補充能量選擇。

4. 宣傳和促銷策略

* 品牌形象塑造：建立迅龍機能飲料作為健康生活方式的代表，進行專業形象宣傳。
* 產品展示：舉辦產品展示活動，讓消費者親身體驗迅龍機能飲料的品味和效果。
* 優惠促銷：提供首次購買、購買多件等促銷活動，吸引消費者嘗試並購買。

5. 合作夥伴關係

* 銷售點合作：建立穩固的合作關係，與各通路的銷售點共同合作，實現共贏。
* 品牌代言人：邀請健康、運動領域的名人成為迅龍機能飲料的代言人，增強品牌認知度。

6. 成效評估

* 銷售量：透過銷售數據，追蹤不同通路的銷售量，評估不同通路的效果。
* 品牌知名度：進行消費者調查，評估品牌知名度的提升程度。
* 客戶反饋：聆聽消費者的反饋，了解產品的滿意度，並進行產品優化。

7. 預算和資源分配

* 產品生產成本：預估生產迅龍機能飲料所需的成本，確保產品質量和供應穩定。
* 宣傳費用：編制宣傳和促銷活動的費用預算，確保有效的宣傳效果。
* 合作夥伴投入：分配資源進行與銷售點和合作夥伴的合作。

8. 總結

通過這份企劃書，我們希望能夠在不同的銷售通路中成功銷售迅龍機能飲料，並為消費者提供健康、美味的選擇。我們相信這種多元化的銷售策略將有助於增加銷售量，提升品牌價值，並實現長期的商業成功。我們期待與您攜手合作，共同實現這個目標。

3.3 應用 ChatGPT 與相關程式製作行銷影片

ChatGPT 可以依照需求，撰寫我們所需要的行銷文案，如果能夠將這些文案，配上適合的影片，變成行銷文宣影片，置放在自己的社群平臺或網站上，那麼無疑地可在行銷上產生加分效果，以下即以 ChatGPT 搭配「一幀秒創」創作軟體，來說明如何製作行銷文宣影片。

行銷文宣影片需要有最基本的 5 個元素，分別為：行銷廣告詞、背景影片、背景音樂、旁白說明、影片字幕。行銷文案可以藉由 ChatGPT 幫忙產生，在 ChatGPT 命令列輸入「要銷售全方位機能飲料，請寫出銷售劇本的廣告詞」，即可產生 6 種不同的廣告詞，再依照自己商品的特色，決定使用哪一組廣告詞。

HG   要銷售全方位機能飲料銷,請寫出銷售劇本的廣告詞

當然，以下是一些可能的廣告詞範例，可以用來銷售全方位機能飲料：

1. 「活出全方位，喝出活力！」
   提升您的生活品質，每一口都是活力的滋味。我們的全方位機能飲料，為您帶來能量、營養和健康，讓您每天都能充滿活力地迎接挑戰！

2. 「一瓶，多重滋味，無限可能！」
   無論您的日程有多忙碌，我們的全方位機能飲料都能夠滿足您的需求。豐富的口味選擇，多種營養素，讓您在不同場合都能享受健康美味。

3. 「全方位關愛，從健康開始！」
   您的健康是我們的首要關注。我們的全方位機能飲料不僅味美，更是您健康生活的最佳夥伴。從免疫支持到能量補充，我們為您提供全方位的關愛。

4. 「每一刻，都值得最好的呵護！」
   珍惜每一個時刻，您值得最好的照顧，我們的全方位機能飲料，蘊含科學配方，幫助您保持活力，充實每一天。讓您的生活更有品味，更有活力！

5. 「全面支持，無處不在！」
   你的生活需要全方位支持，我們的飲料給予您無處不在的能量、營養和滋味。不論您是工作、運動還是休閒，我們都在您身邊，助您一路前行！

6. 「不止是飲料，是您生活的加油站！」
   我們的全方位機能飲料，不僅是一款飲品，更是您生活的加油站。在您需要能量、活力和支持的時候，我們總在您身邊，為您注入新的動力！

請根據您的目標市場和產品特點，選擇最能體現您品牌價值的廣告詞，並在銷售活動中巧妙地運用它們，以吸引客戶的注意並激發他們的興趣。

1. 先選定標題與廣告內文：

標題：「不止是飲料，是您生活的加油站！」

廣告內文：「提升您的生活品質，每一口都是活力的滋味。我們的全方位機能飲料，為您帶來能量、營養和健康，讓您每天都能充滿活力地迎接挑戰！」

選定標題與廣告內文後，再進入「一幀秒創」網站（網址 https://aigc.yizhentv.com/），依下列步驟來製作行銷影片。

Step1 網站首頁的右上角，可選擇登錄或註冊。

登錄時是以手機號碼來取得驗證碼，區域碼要改為886，手機號碼的第一個0不輸入。

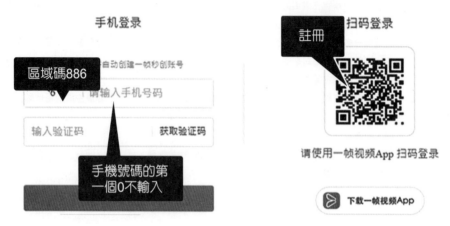

Step2 選擇中間的「圖文轉視頻」。

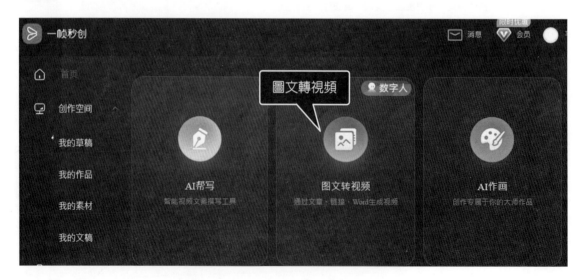

Step3 在「文案輸入」選項，輸入「標題」、「廣告內文」後，點選「下一步」。

系統會將「廣告內文」分解成好幾段句子，點選「下一步」。

Step4 再來會依每段句子，產生相對應的影片和旁白。

Step5 修改背景音樂與旁白聲音。

要修改背景音樂與旁白聲音，可以點選左側的音樂與配音或直接點選影片上方的橫條項目。

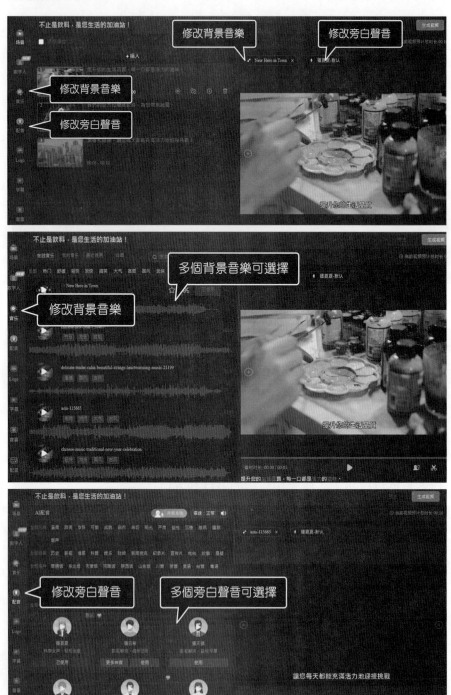

Step6 修改影片字幕。

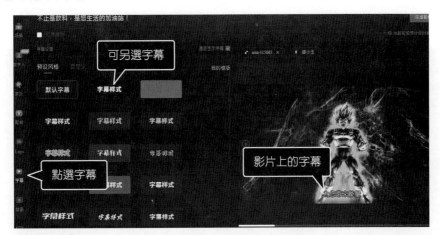

Step7 更改影片內容。

點選「替換素材」可更換影片內容。

影片內容可以使用系統內存的影片，如果沒有適合的影片，可以使用智能搜索的方式，尋找符合需求的影片。

Step8 增加、刪除影片。

如果想要增加影片，可以點選插入，插入又分成插入本文、插入素材二種。

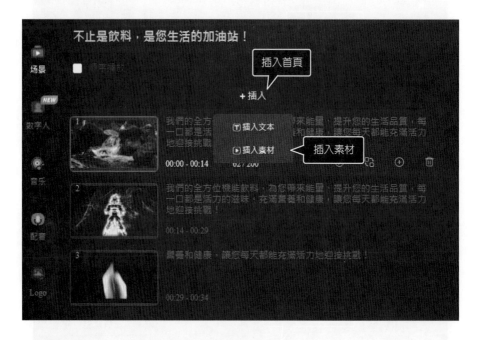

如果選擇插入素材，需再自行補上本文。

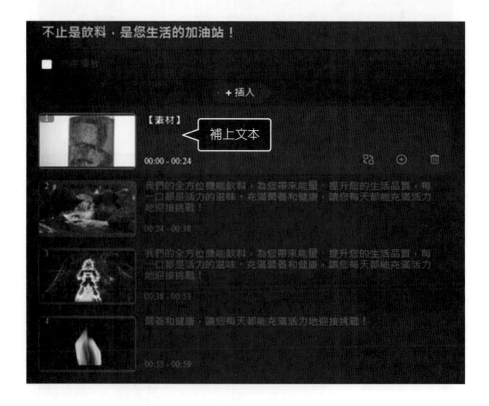

如果選擇插入本文，輸入文字後，系統會自行尋找影片。

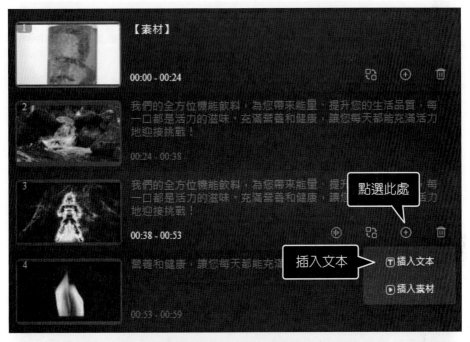

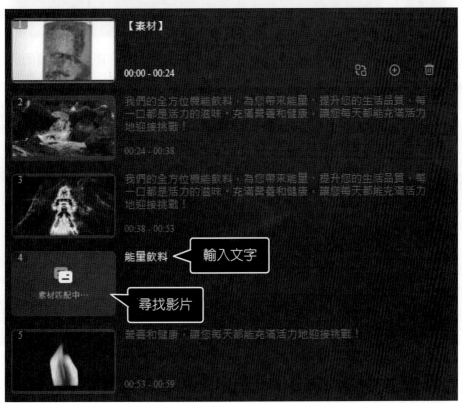

可以選擇刪除一段影片與文字。

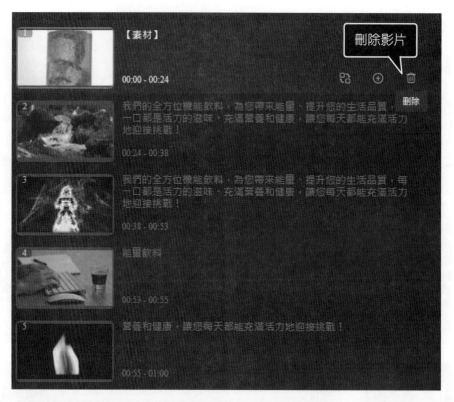

Step9　所有影片都處理完後，可以點選右上方「生成視頻」，產生結合檔的影片。

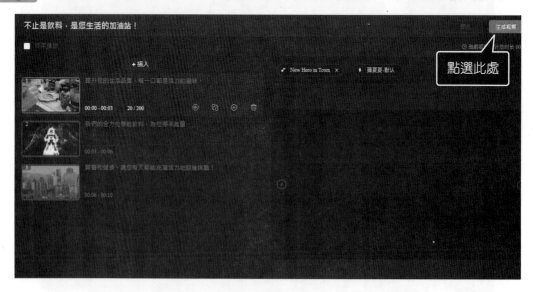

最後完成的影片。

Step10 合併影片或更換成自行拍攝的影片。

如果想要單一形成影片，不想要分段形成影片，可以在文案輸入階段，將分段
的文字合併成同一段，再按生成視頻即可。

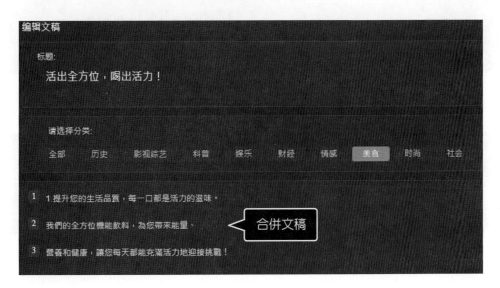

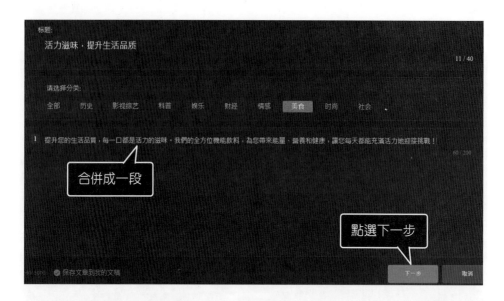

如果要更換成自行拍攝的影片，需先將影片拍攝好後，儲存在電腦裏。

將影片改成自行拍攝的影片。

Q **延伸思考**

　　由於不同的商家，會販賣不同的商品，所以商家都會自行拍攝符合商品特色的影片，而不會使用系統內存的影片，所以當影片拍攝好以後，即可先儲存起來，當系統的原始影本完成後再以替換素材的方式，更換成自行拍攝的影片。

 自我評量

問答題

1. 請自行擬定想銷售的商品後，以 ChatGPT 製作出銷售企劃書、銷售劇本。

2. 請自行擬定想銷售的商品後，以 ChatGPT 和相關軟體製作出銷售影片。

Chapter 4

電子商務

4.1 電子商務概論

傳統的行銷模式中，大部分的企業都會利用實體通路的方式，和消費者以最直接面對面的方式溝通與買賣。但當網路世代來臨時，上網已成爲消費者日常生活中重要的事項之一，以網路作爲通路，將銷售範圍伸展到實體店面無法接觸到的消費者，是科技生活下銷售商品的一種方式；這種沒有時間、地區限制的銷售通路，已逐漸取代傳統通路，成爲消費者購買商品的新選擇。這種將傳統的商業活動移植到新興的網際網路上來進行，亦即利用網際網路加上商務的購買行爲與銷售方式，我們可將其稱爲電子商務（Electric Commerce, EC）。電子商務提供了消費者從網路購買產品和資訊取得的能力，讓消費者有更多的選擇，企業則可經由電子商務管道，增加銷售量並降低營業成本，並提升服務的速度。由上述的說明，可看出電子商務已展現出未來發展的潛力。

電子商務包含電子設備與商務交易活動兩個部分；交易雙方在電子設備（電腦、手機、平板電腦）上，經由網路與電子通訊的方式，來完成有關商品資訊的交換與傳遞，當雙方對商品有意願且進一步完成交易時，後續就會產生訂貨、付款、出貨、售後服務等消費活動，即所謂資訊流、商流、金流、物流等行爲。因此，在傳統行銷理論中提到的行銷組合 4P：產品（Product）、價格（Price）、通路（Place）、促銷（Promotion）；對應到電子商務的領域，可稱之爲電子商務的「四流」：商流、物流、

圖 4-1 電子商務的四流

金流及資訊流。產品與「商流」、通路與「物流」、價格與「金流」、促銷與「資訊流」正好可相對應。以下針對電子商務的「四流」，說明如下：

一、「商流」對應「產品」

「商流」可視爲在網路上執行與管理商品所有權轉移的過程，是屬於買賣交易商品的活動過程，這項過程包括訂單、銷售、進貨、庫存、出貨、售後服務等過程，商品可能由製造商、中間商，再經由物流的配送，將商品所有權轉移到消費者的手上，這種商品所有權轉移的整個流程與環節，即是電子商務中的商流。

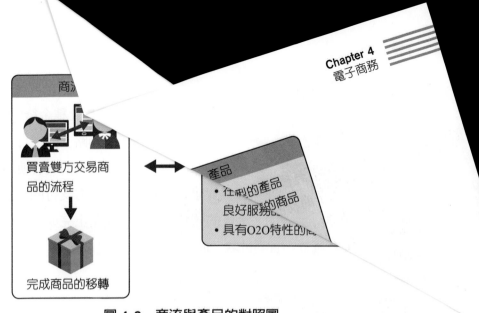

圖 4-2　商流與產品的對照圖

二、「物流」對應「通路」

「物流」代表實體物品的轉移，是指商品從生產廠商先移轉到經銷商手上，再運送到消費者手上的整個流通過程。由於網路行銷的特色是生產廠商可以直接接觸到消費者。所以，有時物流可能是由生產廠商直接將商品遞送給消費者。因此，從消費者或客戶在網路上訂購貨品後，將商品運送到消費者的整個處理過程，包括了對貨品的入庫、包裝、運輸、送貨等流程，都是物流的範圍。

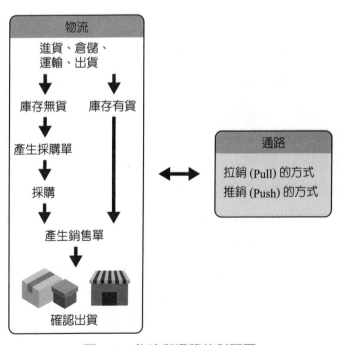

圖 4-3　物流與通路的對照圖

三、「金流」對應

當商品的所……即是金流。電……全交易的思考與背景下，產生了第 3 方支付的機制，有關第 3 方的意願，後面章節會說明。金流的轉移，除了在網路上完成外，還有可能以金融支付……、金融機構匯款、貨到付款、面交付款等方式完成。

金錢或帳務上的轉移，此種金錢或帳務上的轉移，……會在網路上完成轉移，網路上的支付方式，包括信用……提供安全的認證機制，相信能提高消費者使用網路直接付款

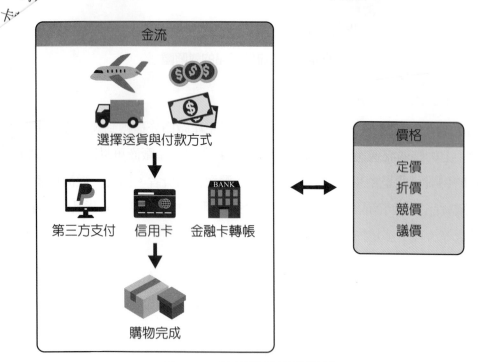

圖 4-4　金流與價格的對照圖

四、「資訊流」對應「促銷」

資訊流可視為資訊的傳遞與交換，此處的資訊指的是上述商流、金流和物流的流動資訊與記錄。例如商品資訊（商品本身說明）、公告資訊傳遞、訂單處理、顧客資料、庫存管理、物流資訊、帳款管理等，都會透過網路平臺，提供相關資訊給消費者，還有會員資料、商品的瀏覽資訊、購物車、結帳系統、留言版等，都是屬於我們經常會使用的資訊流。

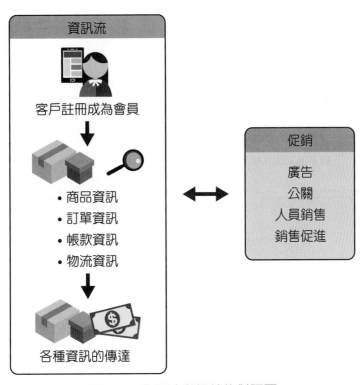

圖 4-5 資訊流與促銷的對照圖

由於電子商務的四流有時是有先後順序，有時是同步發生，所以圖 4-6 是以電子商務四流架構圖，作為四流的說明。

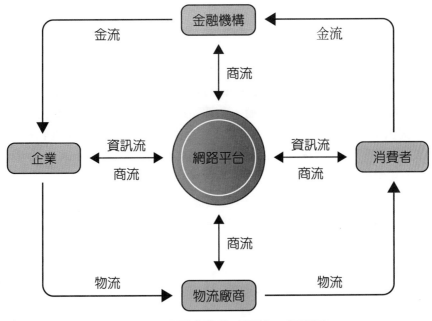

圖 4-6 電子商務的「四流」架構圖

　　物流、金流及資訊流通常是伴隨著商流而發生，圖 4-7 是以電子商務的流程整合圖說明「四流」的流程

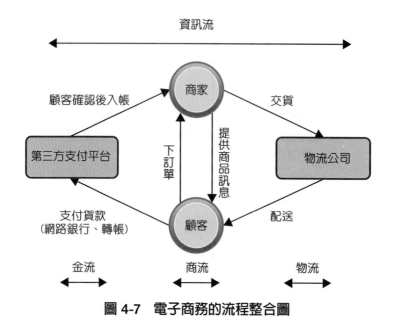

圖 4-7　電子商務的流程整合圖

　　電子商務的「四流」：商流、物流、金流及資訊流。商流是伴隨著物流、金流及資訊流而同時發生，金流牽涉到買賣金額支付與流向的問題，資訊流牽涉到商品訊息的傳遞，在後面的章節會專章介紹金流及資訊流，底下介紹物流的實際案例。

🔍 延伸思考　

　　「快取寶有限公司」成立於西元 2016 年 9 月，其於臺北捷運車站共 108 個點位，設置常溫、冷藏、冷凍三種類型的智慧取物櫃，透過電腦主機遠端監控各式溫層櫃體，整合觸控螢幕購物、提供快取寶購物商城的購物者或其他網路購物者，在臺北捷運車站的智慧取物櫃，自行領取網購商品。但在隔年的 2017 年 3 月底，快取寶有限公司」因欠債有吸金之嫌，已倒閉關門不再營業。

　　雖然「快取寶有限公司」已無法營運，但其提供電子商務的物流取貨模式，有可能是未來電子商務物流的主流方式之一，尤其是在捷運發達的大都市。

1. 電子商務的物流依目前的情況有宅配、面交、超商取貨這 3 種，如果是工作或學業上的問題，無法在家等待宅配的消費者，多半會選擇沒有時間限制的超商取貨，但超商業者兼營網購取貨，收取的物流費用有可能會比較高，透過智慧取物櫃取貨，可以降低物流成本，直接將降價的差額回饋給消費者。

2. 捷運已是大都市民眾主要的交通工具，依購物者訂購的時間以及選擇的到貨時間，業者就能把物品送達到指定捷運站的取物櫃，並傳取物櫃的密碼給消費者，不但可以方便捷運族的行動購物、進出站取貨，也可共同打造捷運新生活圈。這種建立全新的電子商務物流型態，以及 O2O 整合虛實通路的購物模式，只要規劃良好，有可能是未來電子商務物流的主流方式之一。

3. 智慧取物櫃具有常溫、冷藏、冷凍三種溫層，對於忙碌的上班族而言，只要在前一天上網訂購想要的食材，隔天下班後直接在捷運站的取物櫃，拿取低溫保鮮的食材，回到家就可以輕鬆下廚，對於一些忙碌的上班族或職業婦女，可說是非常方便。

　　由上述的說明可知，智慧取物櫃有其不可取代的優勢，尤其是冷藏、冷凍商品的分層保存，對於生鮮食品的購買有其利基點，雖然現在「快取寶有限公司」已無法營運，但其智慧取物櫃的分層物流概念，有其未來性，假以時日，應有相同的物流模式會再度出現。

((⋅)) 4.2 電子商務的種類

一般提到電子商務，大都將其分成四大類：

(1) 企業對企業（Business to Business, B to B / B2B）。

(2) 企業對顧客（Business to Consumer, B to C / B2C）。

(3) 顧客對顧客（Consumer to Consumer, C to C / C2C）。

(4) 顧客對企業（Customer to Business, C to B / C2B）。

但因應環境的變遷與互聯網的發展，電子商務模式除了原有的 B2B、B2C、C2C、C2B 四類型商業模式外，近年來發展出新型的消費模式 O2O，已在市場上快速崛起。

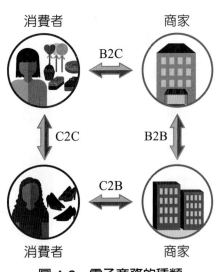

圖 4-8　電子商務的種類

以下先針對傳統四大類電子商務 B2B、B2C、C2B、C2C，說明如下：

一、B2B（Business to Business）

B2B 電商平臺指的是企業與企業之間的交易平臺，企業和企業間的往來關係，是透過電腦網路來進行，可加速企業間資訊的交流、效率的提升，此種交易方式，連結了各企業間的供應鏈關係，讓交易模式變得更簡單、透明、方便，減少了仲介或中間商等程序，廠商間的合作關係更為緊密。所以包括文件的往來、商品的採購、訂單的管理、帳款的收付、商品的庫存與運送等，均可利用具有安全機制的交易系統，透過網路來處理。

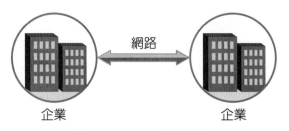

圖 4-9　B2B 電商平臺

很多企業看準 B2B 的商機，在網站上會開特定的專區，服務 B2B 的買家，例如捷元電腦、中華電信，均有提供相關以 B2B 媒合為主的服務。

圖片來源：捷元電腦網站

圖片來源：中華電信網站

二、B2C（Business to Customer）

　　B2C 電商平臺指的是企業與顧客之間的交易平臺，是目前使用最普遍的零售電子商務模式，此模式是由企業直接面對消費者，企業可在 B2C 電商平臺上，提供其商品讓消費者選購，而消費者則可依自己的意願找到所需要的商品，不需再經由中間商的流程，這種模式節省了客戶和企業的時間和精力，可提高交易效率。

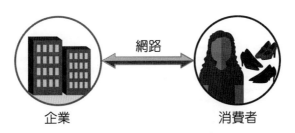

圖 4-10　B2C 電商平臺

　　由於 B2C 的消費模式符合一般人的消費習慣，所以在四大類電子商務中，是屬於熱門交易模式之一，最廣爲人知的 B2C 電商平臺，有 PChome 商城、蝦皮商城。

圖片來源：PChome 商城

　　近年來 B2C 電商平臺，已有不同的經營模式出現，除了提供企業與顧客之間的交易平臺外，有些電商平臺已開始建構自己的倉儲物流中心，對特定商品、在特定的區域提供 12 小時或 24 小時的到貨服務，型態上已從平臺的功能晉升到倉儲的功能，對於消費者而言，能快速取得商品，是一大福音。這種經營模式稱之為 B2B2C，第一個 B 是商品的生產者或供應商，第二個 B 是電子商務平臺，C 則一樣指的是消費者，電子商務平臺將自己當成商品服務中心，直接提供上架、行銷、物流與金流的角色，而不再只扮演平臺的角色，像是 momo 購物臺，近年來就積極朝 B2B2C 的方向發展。

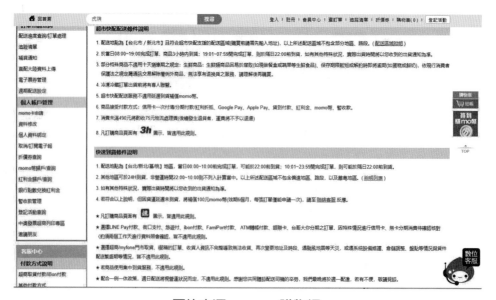

圖片來源：momo 購物網

Q 延伸思考

　　管理中心位於北京的京東商城，採取與淘寶不同的經營模式，除了建構自己的倉儲物流中心外，還進一步提供自營的商品，打出保證正品的訴求，對於消費者有強烈購買商品的吸引力。而類似這種新式的 B2B2C 經營模式，預期未來會有更多商家採用。

圖片來源：京東購物網

三、C2B（Customer to Business）

　　C2B 電商平臺指的是顧客與企業之間的交易平臺，營運的模式是以顧客為主軸，廠商依照顧客的要求，提供顧客所需要的商品，最常見的案例即是「團購」，如果同時有一群人喜歡某件商品，集合大家的力量，一起向廠商進行集體議價，要求較為優惠的價格購買此項商品，即是所謂的團購。較知名的團購網站有 GOMAJI 團購網、17LIFE 團購網。

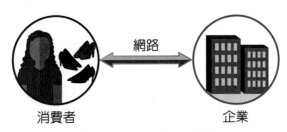

圖 4-11 C2B 電商平臺

圖片來源：GOMAJI 團購網

圖片來源：17LIFE 團購網

　　團購的消費模式，只可視為是 C2B 的基本概念，如果將 C2B 的商業模式進一步延伸，可以解釋成以消費者為核心，經由消費者的參與和建議，為消費者提供客製化的商業模式。阿里巴巴集團創始人馬雲（2009）曾提到：C2B 商業模式是製造業的未來，以消費者為導向，生產與訂製生產的 C2B 商業模式，將會取代傳統製造業大量生產的商業模式。C2B 電商平臺是以消費者為核心，強調每位消費者的重要性，所以 C2B（Customer to Business）中所提到的 to，已不再是「面對」的意思，而必須改定義成「參與」的意思，也就是以消費者為中心，讓消費者參與到廠商生產運作流程的商業模式。這種思考模式，在行銷的角度，已屬於客製化與高價值感受的個人化行銷。最近這幾年大手筆發放年終獎金，時常登上媒體版面的健豪印刷公司，即是屬於客製化的商業模式。

圖片來源：健豪印刷公司官網

🔍 延伸思考

　　總公司位於廣州的「尚品宅配」是真正做到 C2B 客製化的公司。傳統的家具裝潢市場，一般人在購買家具時有 2 種選擇，一種是購買工廠已生產好的標準化式系統家具，價格較便宜，但無法完全符合原本家裡的空間格局，另一種可能是花費較高的金額，訂製符合本身家裡格局的家具。「尚品宅配」則是蒐集上萬筆的房屋平面圖，依其室內格局，將其分門別類出上百筆的臥室與客廳格局後，成立「房型資料庫」，並在網路上成立「新居網」，提供消費者自行上網尋找與自己住家相似的房型，再使用三維虛擬實況技術，讓消費者可以看到家具的擺放效果，就如同試穿服裝般，可明確知道房屋的格局，然後經由免費電話預約後，尚品宅配就會派專人上門免費量房屋、提供免費設計家具、免費配送安裝等服務。

圖片來源：尚品宅配官網

📱 資料來源：商業周刊第 1542 期，P98 ～ P192

四、C2C（Customer to Customer）

C2C 型態的電子商務，是指網站經營者只提供顧客與顧客之間的交易平臺，此平臺提供商品的資訊、評價等制度，但並不參與實際的買賣交易，買賣雙方需自行處理商流、物流與金流的買賣交易，而電商平臺則可透過消費者與消費者之間的成功交易，抽取部分手續費。

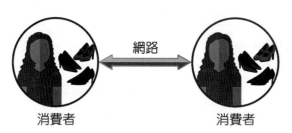

圖 4-12　C2C 電商平臺

此種電子商務形式，可滿足一般人惜物或微型創業的想法，所以是最熱門的電子商務，常見的 C2C 網站有奇摩拍賣、露天拍賣、蝦皮拍賣。

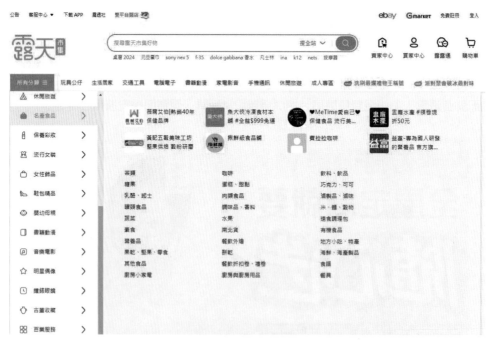

圖片來源：露天拍賣

圖片來源：奇摩拍賣

🔍 延伸思考

臺灣市佔率最高的二家 C2C 平臺－奇摩拍賣與露天拍賣，遭逢強勁的對手，在西元 2015 年 10 月底，境外電商蝦皮拍賣正式在臺灣上線，進入 C2C 市場，在 2017 年 3 月份，蝦皮行動 APP 的下載人數突破 800 萬，成為臺灣最大行動拍賣平臺；在 2017 年 7 月 3 號，蝦皮正式跨足到 B2C 市場，成立蝦皮商城。蝦皮在臺灣從無到有，甚至已威脅到臺灣原有的電商，從整個崛起的過程來看，處處可見網路行銷的手法，由蝦皮的成功，可看出現今的消費市場，處處皆存在著商機，同時可知，行銷的理論不只是紙上談兵，只要具備專業素養，即知如何將理論應用在實務操作。

圖片來源：蝦皮商城

📷 資料來源：商業周刊 1546 期

((•)) 4.3 熱門的電子商務 O2O

▶ 4.3.1 O2O 的意義與說明

O2O（Online to Offline）從字義上來看，指的是消費者先在線上（網路）購買服務或產品後，在線下（實體環境）取得服務或產品，這種消費方式稱之為「線上購買、線下消費」。這種經由網路的力量，將電子商務與實體環境做結合，先在線上尋找到有意願購買服務或產品的消費者，再藉由行銷活動或購買行為將消費者帶至實體通路環境，是近年來很熱門的電子商務活動。

圖 4-13　O2O 電商平臺

以現有電子商務的型態來看，線下消費比例仍比線上消費交易高很多，代表仍有很多的消費行為，必須在實體店面完成，因此 O2O 型態的電子商務消費模式，仍有很大的發展空間；若以現有行業類別與型態來看，服務業已成為熱門工作的選項之一，而服務業即具有必須到店消費或服務的特質，此項特質和 O2O 的特質相吻合，所以在此種時空與背景下，造就出 O2O 型態的電子商務；不過探究 O2O 的本質，其實仍舊是屬於傳統電子商務的一環，只不過是偏向處理服務業型態的行業，這些相關行業有餐廳訂位、住宿訂房、購買演唱會門票、購買遊樂園門票等等，都是 O2O 的消費市場。例如近年來的熱門的 EzTable 線上訂位，消費者在網路上搜尋餐廳資訊並訂位，再到實體的餐廳接受服務；trivago 訂房網，消費者在網路上搜尋租房資訊下訂後，再到實體的飯店入住，都是很典型的 O2O 消費模式。

圖片來源：EzTable 官網

圖片來源：trivago 訂房網

　　由於 O2O 的營運模式，是希望能將消費者由虛擬通路導引到實體通路，在從線上轉換到線下的過程中，存在著消費者可能流失的風險，因此在行銷手法是先強化購買的動機，再創造一個必須到店消費的誘因，最常見的方法就是透過價格促銷、折價卷、商品促銷、服務預訂等手法，將訊息傳達給消費者，以利將線上消費者帶到線下來消費。

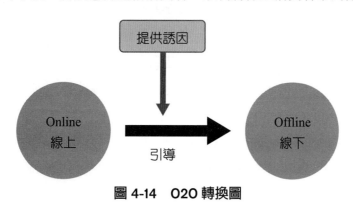

圖 4-14　O2O 轉換圖

圖片來源：KFC 官網

▶ 4.3.2　反向 O2O 的意義與說明

　　O2O 原意是採取「線上購買、線下消費」的方式來從事營業行為，但近年來由於行動裝置（手機、平板電腦）的普及化，有企業已採用反向而行的 O2O 通路模式，稱之為「反向 O2O」，亦即是消費者先透過實體的管道接觸到商品，再利用行動裝置到線上購買商品，這種消費方式稱之為「線下接觸、線上購買」。

　　反向 O2O 要能夠快速成長的關鍵要素有二項：(1) 行動裝置與行動上網的普及性；(2) QR Code 的易用性。反向 O2O 意義為「線下接觸、線上購買」，所以先要有線下接觸商品的動作，才會有後續線上購買的行為，因此當消費者在線下接觸到商品，而有意願購買時，要如何讓消費者取得與並儲存商品的資訊，進而產生實際購買行為，是反向 O2O 能否成功的重要因素！拜科技進步之賜，現在的智慧型手機，可以透過手機鏡頭來讀取商品「QR Code」，再經由 QR Code 直接連結到指定的網址或網站，只要行動裝置上有掃描與讀取 QR Code 的功能，再配合行動上網的功效，就能達到線上購買的目的。這種反其道而行的行銷方式，的確有其市場，例如英國知名連鎖超市集團－特易購（Tesco）在南韓各大地鐵站，將商品圖像結合 QR Code，放置在大型廣告看板上，並排列成為像量販店內的貨架一般，讓有興趣購買的旅客，能夠透過手機直接掃瞄 QR Code 後，下單購買商品。

4.3.3　共享經濟下的 O2O

O2O 電子商務模式是將線上與線下整合，以達成「線上購買、線下消費」的交易方式，所以當消費者在線上（網路），對商品或服務進行交易或付款時，每筆交易與金流均可追蹤。看準此項 O2O 電子商務模式的特性，以分享經濟為口號，而發展出媒合訂房的 Airbnb 及叫車服務的 Uber，已成為最有價值的 O2O 經營模式。

共享經濟的核心理念，是「閒置資源」的再使用。傳統時代對於閒置資源的使用，經常是以文書或口頭承諾出租，但由於互聯網的進步，加上線上支付方式機制的成熟，讓個人或企業能透過網路，將閒置資源出租或共同使用，減少閒置資源的浪費。以共享經濟為名，搭配 O2O 電子商務模式中，最著名的創業範例為大家熟知的 Uber 與 Airbnb。

Uber 顛覆以往對 O2O 的認知，Uber 本身沒有屬於自己公司的資產（車輛），但以提高汽車使用效率為核心思想，發展出閒置資產再利用的嶄新想法，讓閒置資產能再活化起來。Uber 成立於西元 2009 年，總部位於美國舊金山，主要是提供載客車輛租賃及共乘型分享經濟式的服務，叫車的客戶透過手機 APP（應用程式）就能與有閒置車輛的司機連絡，一旦交易成功，Uber 即可從中抽取佣金，Uber 本身透過大數據分析，規劃出城市中的車輛運行狀況、熱門路線、熱門乘車地點與乘客的用車習慣等，以作為調度車輛的依據，希望能提供使用者「即時」、「方便」與「優質」的服務；Airbnb 成立於西元 2008 年，總部位於加利福尼亞州舊金山市，Airbnb 則擅長以故事行銷的方式來包裝品牌形象，包括官網上精緻的排版內容、美麗的攝影圖片、設計精美的使用者介面與美好的消費經驗，同時 Airbnb 會利用 Instagram 社群的方式行銷，以推廣並擴展其事業版圖。

因此，除了經過「O2O 媒合平臺」的功能加乘外，最重要的是，這兩家公司都擅長於發掘線上使用者、架構消費者喜歡的平臺內容、創造用戶美好的體驗。

圖片來源：Airbnb 官網

圖片來源：Uber 官網

(((•))) 4.4 / 跨境電商（Cross-border Electronic Commerce）

　　由於網路間的互聯是沒有國界的分別，加上資料可快速傳輸，所以網路本身具有全球性和即時性的特質；依附於網路架構的電子商務，如果跨越了國界或關境[1]，就形成了跨境電商。跨境電商是指消費者和賣家，分屬不同國界或關境，二者透過電子商務平臺完成交易，同時進行支付與結算的動作後，再經由跨境物流的程序，將商品送到消費者手上，順利完成交易的一種國際商業活動。

　　由於跨境電商買賣商品時，不需要像傳統貿易商買賣時，有進出口報關等繁瑣的耗時程序，所以近年來拜網路的發達所賜，跨境電商日益蓬勃，已形成國際貿易的另一種交易型態。常見的跨境電商的經營模式有兩種：

1. 經由淘寶網、uitox 等跨境電商平臺，藉其架構完成的金流及物流系統，進行跨境電商交易，這種方式可以減少初期投資時，行銷預算的成本，以避開獨立拓展新市場風險；但其缺點是較難取得客戶的資料，無法長期經營會員服務，提升品牌忠誠度較困難，

---

[1] 關境可將其視為是適用不同關稅的區域，有時是以國境作區別，但若一個國家內，有不同的經濟特區，其適用於不同的關稅時，此時亦可視為是不同關境。

且若缺乏品牌印象，要如何從眾多同質性的商品脫穎而出，是一大重要課題。

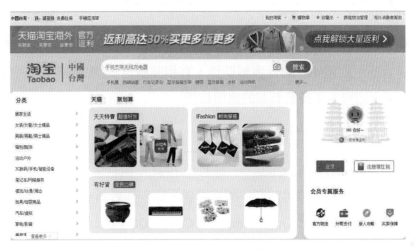

圖片來源：淘寶官網

2. 若不想受限於電商平臺的競爭環境，可選擇自行架設網站。自己的網站平臺得自行規劃金流、物流，品牌知名度要自行塑造，行銷資金也要自己籌措，風險也得自行承擔，但好處是不必忍痛削價、在同類商品中廝殺爭寵，可以經營自己的會員名單，累積品牌價值，客戶黏著度相對偏高。

在傳統國際貿易進出口流程中，均會涉及到國際貨款結算、國際運輸、進出口通關、產品保險等相關事物，同時還有安全性及風險控管等多方面考量，跨境電商不僅突破了國家間的貿易障礙，也將傳統國際貿易推向無國界貿易。對企業來說，可以將商品銷往全世界各地，對於消費者而言，跨境電商可使他們容易獲取其他國家產品的相關信息，再透過跨境電商交易，可購得物美價廉的商品。但跨境電商可能會遇到下列的難題：

(1) 金流：對企業而言，賣商品賺的錢，會有匯率的風險與轉帳匯回臺灣的限制；對於消費者而言，跨國金流的風險，不易掌控。

(2) 物流：對企業而言，從臺灣將商品運到國外耗費多時，物流成本太高，對於消費者而言，需注意物流成本與關稅的問題。

(3) 商品：要銷往國外的商品是否有競爭力？要如何提升知名度，才能夠在眾多商品當中脫穎而出？都考驗著廠商的智慧。對於消費者而言，跨境購買的商品，若有退換貨以及售後服務的問題，要如何處理？都是消費者需要先考慮的重點。

(4) 經驗：跨境電商平臺有其相關規定與操作程序，各國海關有不同的規定、交易收付款方式、物流配送方式，各國消費者的消費習慣與文化，均需要經驗的累積。

((•)) 4.5 電子商務相關軟體之應用

電子商務要能夠快速成長，一定有其關鍵因素，其關鍵因素的其中一環，即是科技的成長，伴隨著應用軟體的易用性與輔助性，有相關應用軟體的幫忙，才能收到事半功倍的效果，以下介紹與電子商務有關的應用軟體。

⊙ 4.5.1　QR Code 之製作與應用

QR Code（Quick Response Code），是西元 1994 年由日本 DENSO WAVE 公司所發明的二維條碼，依字面的解釋可為稱快速反應碼，原創作者希望 QR Code 中所儲存的訊息，能快速地被解碼，故稱之 Quick Response Code。QR Code 原本的用途是用來追蹤汽車零件的物流狀態，但由於 QR Code 的易用性，所以生活周遭的商品、廣告，均已使用 QR Code 作為應用的工具，QR Code 實已徹底融入我們的生活。針對 QR Code 的製作與應用，說明如下：

一、QR Code 的製作

QR Code 在左上、左下、右上三個角落分別有一個類似國字「回」的圖案，其主要用途為定位，無論使用者以任何角度掃描，因為有三個定位點，所以資料仍然可以正確被讀取，再加上 QR Code 本身有不錯的容錯率，如果圖形有部分破損，仍然可以被讀取，所以 QR Code 被廣泛使用在各種不同的行業與領域。

要製作一個 QR Code 並不困難，只要在搜索引擎上輸入「QR Code 產生器」，即會出現很多相關的應用軟體，這些軟體在基本的使用上，大都是免付費的。

QR Code 條碼產生器
qr.calm9.com/tw/ ▼
免費的線上QR code 二線條碼產生器. ... QR Code Generator Ver.2.1 (2014/11/03). 連結; 純文字; 郵件;
電話; 簡訊; 地理座標; WIFI 存取; PayPal 立即購; 聯絡人(西式) ...

QR Code 條碼產生器 - QuickMark
www.quickmark.com.tw/cht/qrcode-datamatrix-generator/default.asp ▼
QuickMark QR Code Reader | Barcode Scanner SDK | QR Code Generator | iPhone, iOS, iPad and
Android Barcode Scanning Tool.

文字 - QuickMark | 製作條碼- QR Code 條碼產生器, Data Matrix 條碼 ...
www.quickmark.com.tw/cht/qrcode-datamatrix-generator/?qrText ▼
QuickMark QR Code Reader | Barcode Scanner SDK | QR Code Generator | iPhone, iOS, iPad and
Android Barcode Scanning Tool. ... QR-Code 條碼產生器.

QR Code產生器: QR-123
qr.ioi.tw/zh-tw/ ▼
免費QR Code, 二維條碼產生器, QR Code產生器, QR generator, 生成器, 產生器, QR 製作, 網址, 名片, 地
圖, 行事曆, Facebook, 打卡, 相容中文.

免費Logo QR Code 產生器- 最方便快速的QR碼製作與生成- 方碼科技
www.funcode-tech.com/QR_Encoder.aspx ▼
提供可生成內嵌Logo 的各種功能型QR Code, 包括UR、vCard 名片、FB、Android/iOS APP 下載、
GPS、LINE QR Code ...

QR Code產生器| 二維條碼產生器 - 線上工具
https://www.ifreesite.com/qrcode/ ▼
二維條碼產生、二維條碼識別、二維碼解碼R Code驗證.

圖片來源：google 搜尋

二、QuickMark 軟體

底下以 QuickMark 為例，說明如何製作黑白色的 QR Code。

（QuickMark 網址：http：//www.quickmark.com.tw/cht/basic/index.asp）

Step1 進入 QuickMark 的首頁畫面，點選左下方的「製作」。

Step2 進入下一層畫面，點選要儲存在 **QR Code** 資訊類別，共有 **5** 大類可以選擇。

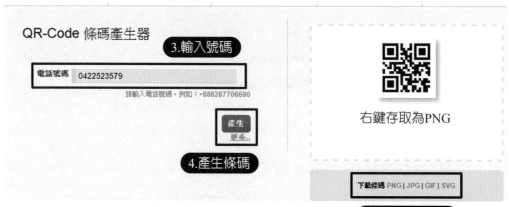

Step3 選擇要儲存在 **QR Code** 的資訊。

Step4 按下方的「產生」。

Step5 選擇要儲存 **QR Code** 的格式共有 **PNG**、**JPG**、**GIF**、**SVG** 等 **4** 種格式可選，
按下載條碼即可產生黑白條碼。

附註：

圖檔容量大小為 SVG ＞JPEG＞PNG＞GIF

1. SVG：可任意縮放向量圖形

   資料採用未壓縮的方式存放，所以圖形不會因為放大或縮小而呈現失真模糊，相較於其他的圖
   形格式，SVG 的檔案會比其他的檔案格式稍大，其優點是容易修改或編輯。

2. JPEG：靜態影像壓縮格式

   資料有經過壓縮，在壓縮過程中，圖像的品質會受到相對的破壞，以致於圖像有失真的現像，
   只可儲存 24 位元的彩色影像，所以 JPEG 不適合於線條繪圖，比較常被用來儲存和傳輸相片。

3. PNG：可攜式網路圖形

   PNG 是屬於無失真壓縮的圖形格式，縮放影像時不會失真，相較於 JPEG 的 24 位元的儲存格
   式，PNG 可儲存 48 位元的彩色影像，像素色彩也有 256 種不同的透明度選擇，顏色的支援比

GIF 齊全，適合在網路環境下流通，但其缺點是不能像 GIF 一樣作為動畫檔的儲存格式。

4. GIF：圖形交換格式

GIF 是點矩陣圖形檔案格式，只支援 8 位元色（256 色）的影像，圖片可以儲存透明背景及動畫效果，適合作為動畫檔的儲存格式，能有效地減少圖檔在網路上傳輸的時間。

三、Unitag 軟體

以下將介紹如何以 Unitag 軟體製作彩色的 QR Code。

首先進入 Unitag 網站（網址：https：//www.unitag.io/qrcode）

Step1 點選左下方綠色 Enter your URL[2]，輸入要連接的網址後再按下方的「**CONFIRM**」鍵。

Step2 進入下方的 Customization（客製化）選項，其選項依序說明如下：

「Templates」：可選擇自己喜歡的樣式。

「Colors」：可選擇自己喜歡的顏色、亮度與對比。

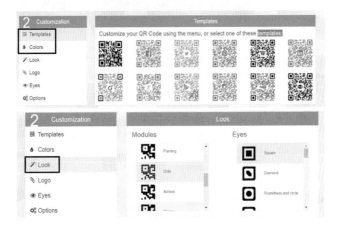

---

[2] URL：資源定位器，俗稱網頁地址，即俗稱的「網址」。

「Look」：可選擇自己喜歡的回字中心圖案與點狀圖形。

「Logo」：選擇自己喜歡的圖案，放置於 QR Code 中心，選好圖檔後按 UPLOAD，即會在 QR Code 中心出現所選的圖檔。若不想放中間，可進入 Placement 選項改變圖檔位置，若是企業本身有 Logo，可選擇放入 QR Code 中心。

「Eyes」：可改變回字中心圖案的顏色與回字邊框顏色。

「Options」：可更改 QR Code 背景的顏色、陰影強度、點狀圖的密集度。

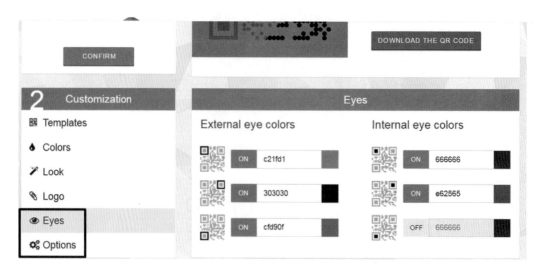

Step3 完成並下載 **QR Code**。

完成 QR Code 後記得點選「DOWNLOAD THE QR CODE」，Unitag 下載圖檔只有 PNG 檔，爲確認是否可以成功讀取，下載後需先行測試、掃描。

Step4 下載 **QR Code** 掃瞄軟體，掃瞄所製作的 **QR Code** 確認是否可被讀取。

綜合上述 QR Code 製作軟體的特性可知，Quickmark 支援多種圖檔，操作介面爲中文模式，使用與製作 QR Code 的方式是淺顯易懂；對於 Unitage 而言，QR Code 只能以 PNG 的方式儲存，版面的是英文介面，相較之下，對英文不熟者，會多花一點時間了解，但其最大的優點是免付費，有相當多樣式可以選擇，設計方面與 Quickmark 走不同風格，與 Quickmark 各有特色，只是由於設計多樣化，容易造成掃描不易，製作 QR Code 時需注意，以免花了心思設計，卻是白忙一場。

🔍 **延伸思考**

在美國 QR Code 是與消費者互動時，首選的行動式行銷管道，有四成消費者在店裡用手機掃瞄 QR Code 後，會購買商品，平常也能夠追蹤使用狀況，掌握掃瞄條碼的人數，以利行銷活動效益評估、產品跟蹤、文件管理等。但是 QR Code 也有可能無法達成預期效益，主要是因爲其內容價值低、連結到無效的內容或網頁。

🔍 **延伸思考**

數位紅包

阿里巴巴在農曆新年推出送紅包給親友的活動。消費者可以自行產生 QR Code，並在社群網站上分享，讓親友直接把紅包匯到戶頭裡。紅包可以存在行動錢包或直接在網購時使用。

圖片來源：https：//www.1688.com/

四、QR Code 的應用與實務

QR Code 的方便性，已廣為民眾讚許與接受，各企業看準 QR Code 的特性，也將其應用到消費者行為與行銷策略上，以下針對 QR Code 的的應用與實作，說明如下：

1. 行動點餐服務系統：丹提咖啡為了改善用餐尖峰時，衍生出的排隊問題，自 2012 年 9 月開始推出手機點餐的服務系統，只要先在手機內下載 Dante Coffee App 後，直接在 App 上點選想購買的餐點，然後將點餐內容、金額及卡號等資料濃縮成一個 QR Code，再將手機攜帶到丹提咖啡門市的快速結帳櫃臺，直接掃描 QR Code，即可完成點餐的動作；可節省原本在現場排隊點餐的漫長時間（丹提咖啡估算出，每位消費者點餐時間平均為 73.8 秒），若配合行動支付的功能，還可以直接掃瞄 QR Code 後付帳，省去帶錢包及卡片的麻煩。

2. 騎乘共享單車：106 年 4 月臺東縣試營運共享單車 OBike，想騎乘單車的民眾，只要先加入會員認證後，下載 OBike 的 APP 應用程式後，掃瞄單車上的 QR Code 後，即可直接解鎖騎乘。

3. 行動支付：現在科技越來越發達，QR Code 的運用也越來越普遍，以「歐付寶行動支付 APP」為例，可以將信用卡與 APP 綁定，付款時只要掃描店家的 QR Code，即可完成結帳手續，可節省找零錢的動作，既快速又節能減碳。以下為歐付寶行動支付的付款程序：

Step1 下載「歐付寶行動支付 APP」。

Step2 註冊 / 登入。

Step3 輸入手機驗證。

Step4 填寫會員資料。

Step5 設定密碼與 E-mail。

Step6 行動支付，分為收款及付款。付款部分有分：信用卡、歐付寶帳戶、銀行快付。

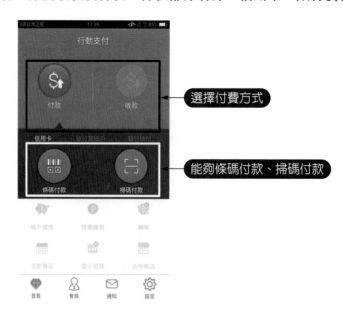

Step7 點選歐付寶帳戶，再選掃碼付款，即可掃描 QR Code 後，以歐付寶帳戶餘額付款。

Step8 掃描付款。

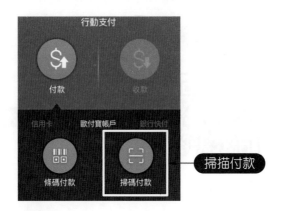

掃描付款

Step9 掃描店家出示繳費條。

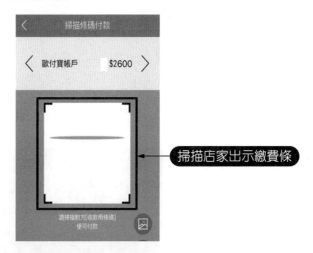

掃描店家出示繳費條

Step10 輸入付款金額確認無誤即完成交易。

輸入付款金額
確認無誤即完成交易

4. 通訊軟體登入：在通訊軟體 LINE 上，也可使用 QR Code 以掃描的方式，讓雙方可立即成為好友，省下打字搜尋的時間，增加了使用效率，這是大家普遍愛用的一個方法。

5. 醫療看診進度單：醫院結合 QR Code 提供便民服務，讓民眾可以掃描單據上的 QR Code 即可查詢看診進度等等的資訊。

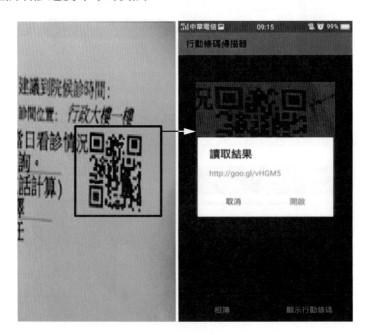

圖片來源：臺中榮民總醫院

6. 交通票券之驗票：大眾運輸工具每天進出的人數眾多，早期均採用人工驗票，費時且需使用到人力；近年來，為了節省旅客通行的時間，許多大眾運輸工具，已漸漸的改用資訊化設備取來代人力驗票，從早期的刷悠遊卡進站，到現在的臺灣高鐵提供的快速通關服務；民眾只要事先上網訂票，到超商繳費取票後，乘高鐵時只要將車票上QR Code 對準掃描機臺，即可快速通過。

QR Code

7. 電視購物票：在電視節目上顯示出購買產品的 QR Code，是近年來常用的置入性行銷手法，在《浙江衛視年中盛典‧反正都精彩》的節目中，由 OPPO 手機廠商贊助播出，在畫面的右下角會出現預購手機的 QR Code，以方便觀看節目的觀眾掃描購買。

8. 娛樂（KTV 點唱系統）：為了節省顧客點歌與找歌的時間，許多 KTV 皆推出了 APP 點歌系統，消費者不需要拿著點歌本搜尋，下面是以好樂迪 KTV 為例。首先掃描 QR Code 後，下載「好樂迪 KTV」APP，點選 APP 點歌後，按程序操作即可完成點歌。

［最強點歌］

手機就是點歌遙控器 下載APP→遙控精靈→輸入包廂驗證碼(點歌電腦上方)
即可用手機點歌哦!

依手機程式下載APP

>> APP Store   >> Android Market

APP封面

威力E卡　　　APP 點歌　　　K NOW　　　優惠訊息設定

獨享消費累積「點數」　手機變身遙控器，　　一指按下　　　　✿→優惠訊息設定
兌換各項超值優惠!　　想唱的歌隨你點，晚到插播也沒問題!　歌手資訊立即呈現

自行設定想要接收的門市優惠，
讓您不會錯過第一手資訊~

進入

. . . .　　　　. . . .　　　　. . . .　　　　. . . .

9. 醫療藥品明細查詢：為了避免民眾錯誤使用藥物，因此醫院提供了一項便民服務，可以直接掃描 QR Code，即可得知藥品服用方式及副作用等資訊。

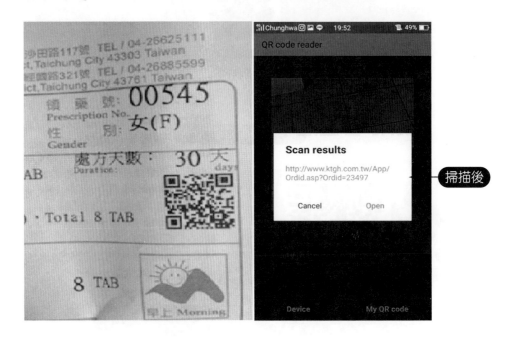

掃描後

完整資料

10. 商品預購單：為了節省訂購流程以及節省紙張的用量，現在許多廠商都會將預購單或者各類宣傳單，使用電子單的方式展示。

掃描之後會出現GOOGLE表

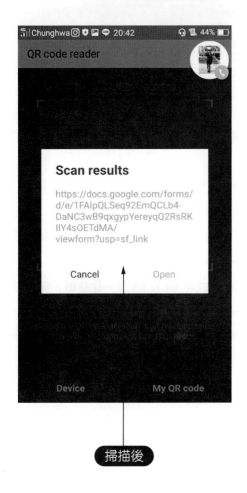

掃描後

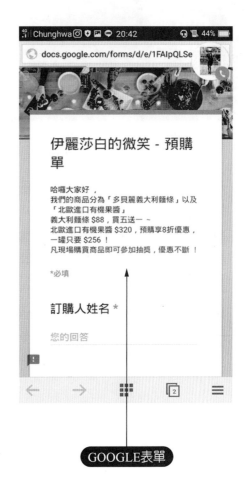

GOOGLE表單

　　QR Code 的應用範圍寬廣，不管是在生活或行銷策略上，均是很好使用的工具，只要瞭解 QR Code 的製作方式，再多參考各行業使用的實例，相信一定能有所心得。以下另舉大陸發生的 QR Code 的應用。

🔍 延伸思考

　　陸媒報導，馬雲出席深圳的「2017 年 IT 領袖峰會」時分享了一個趣聞，他說，前幾天杭州有 2 名搶匪連搶 3 家超市，僅得手 1,800 元人民幣（約新臺幣 8,065 元），因為大家已經習慣使用手機支付；還有一個天橋上的乞丐用二維碼向路人乞討，直言「連乞丐都擁抱互聯網改造就業，所以說，不是互聯網搶走了就業機會，而是無視互聯網、無視新技術才搶走了就業機會」，真正的技術會創造無數新的就業機會。

　　大陸手機支付太普及，乞丐跟上潮流，使用 QR Code 討錢（取自微博）。

| 圖片來源：聯合新聞網
（2017.05.08 聯合報林庭瑤） | 圖片來源：三立新聞（2017 年 4 月 20 日） |

深圳民眾：「你看你這多新穎啊，杯子上貼的這個 QR Code，會有人掃瞄給錢嗎？」

乞討老人：「嗯。」

　　原來這鋼杯上面的 QR Code 是微信支付連結，如果鋼杯不好掃 QR Code，大爺還準備好貼紙讓民眾隨掃隨付，平均一天能賺新臺幣 400 元。

📷資料來源：中時電子報 2017 年 04 月 05 日，徐慈薇／整理報導

網址：http：//www.chinatimes.com/realtimenews/20170405002499-260410

4.5.2　線上報名系統 BeClass

　　BeClass 線上報名系統，是一個非常實用且容易上手的軟體，功能不會因為免費使用而縮減，舉凡活動宣傳、行銷活動報名、滿意度調查、線上訂單等，均可藉由 BeClass 來完成，若有活動宣傳網址（Facebook 粉絲頁、部落格、痞客幫或官方網站），則可以將相關的活動報名表，崁在社群活動網頁上，再經由 BeClass 線上報名系統，提供客戶完成網路報名的程序。以下針對 BeClass 線上報名系統（網址：http://www.beclass.com/）的應用，說明如下：

Step1　點選右上方「註冊」（免費）註冊完後登入系統。

Step2　成功登入後，點選新增活動報名表，開始製作報名表。

Step3 設定報名表的各項資料：

(1) 報名表名稱：輸入您要舉辦的報名表名稱，再點選「設定活動屬性」，此處以「台灣好茶」線上訂購爲範例，活動屬性選擇線上訂購。

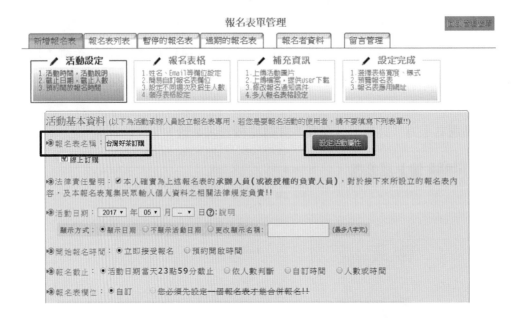

(2) 活動日期：設定活動日期與報名截止日。

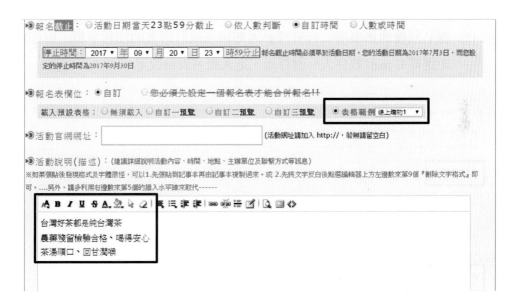

(3) 報名表欄位：可選擇自訂或者是套用表格範例再修改活動說明。

(4) 報名表進階設定：設定活動地點及說明：輸入舉辦活動或門市的確切位置。

(5) 報名回覆通知事項：若有需要通知報名或訂購者的注意事項，可在此輸入並選擇 E-mail 收件人。儲存後，進入報名表格設定。

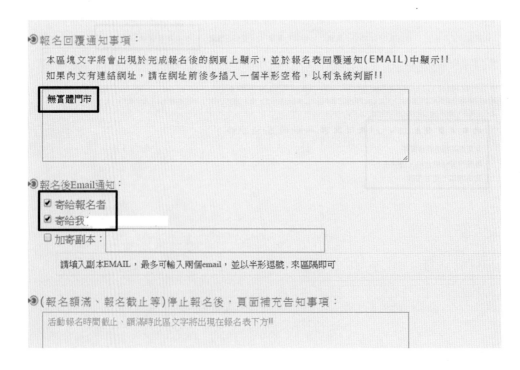

Step4 進入報名表進階設定：

(1) 設定要填寫的欄位，若有缺少的欄位，可至右側參考欄位拖曳至左側。

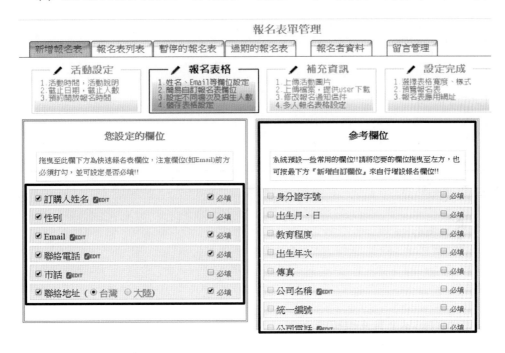

(2) 到自訂欄位修改產品、運費、配送時間、付款方式後按儲存。

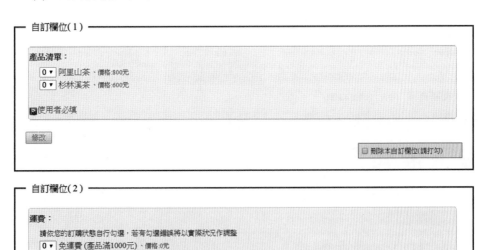

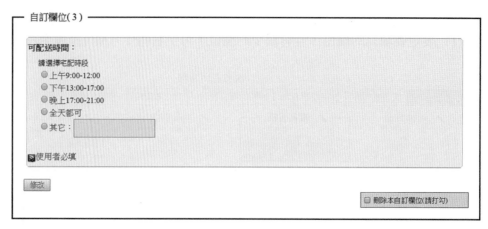

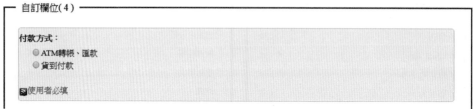

Step5 補充資訊以下有 **4** 項功能：

(1) 上傳活動圖片：可在表格上放上活動之圖片，圖片大小限定 500kb 內，檔案限定 png、jpg、gif，圖檔寬度最大 850px。

(2) 提供地圖資訊。

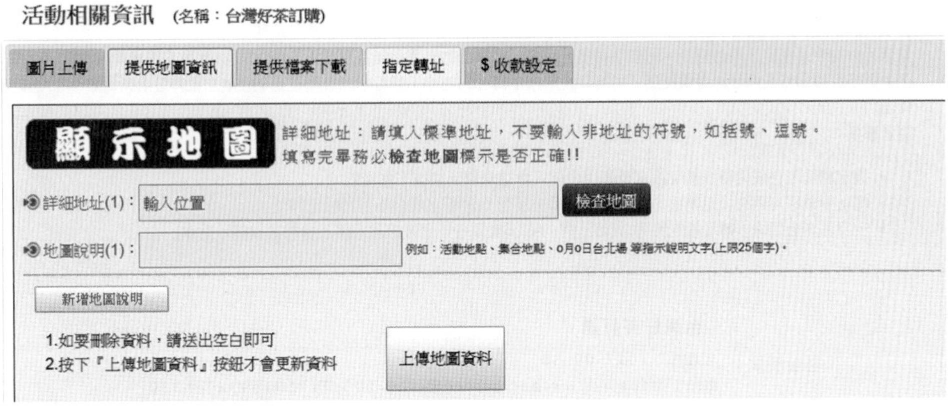
活動相關資訊 (名稱：台灣好茶訂購)
圖片上傳
提供地圖資訊
提供檔案下載
指定轉址
$ 收款設定
顯示地圖
詳細地址：請填入標準地址，不要輸入非地址的符號，如括號、逗號。
填寫完畢務必檢查地圖標示是否正確!!
詳細地址(1)：
輸入位置
檢查地圖
地圖說明(1)：
例如：活動地點、集合地點、0月0日台北場 等指示說明文字(上限25個字)。
新增地圖說明
1.如要刪除資料，請送出空白即可
2.按下『上傳地圖資料』按鈕才會更新資料
上傳地圖資料

(3) 提供檔案下載。

活動相關資訊 (名稱：台灣好茶訂購)
圖片上傳
提供地圖資訊
提供檔案下載
指定轉址
$ 收款設定
檔案上傳
說明：檔案限定：doc,docx,xls,xlsx,pdf,rar,zip,png,jpg,gif，單一檔案大小上限1M以內。
上傳檔案(1)：
選擇檔案 未選擇任何檔案
檔案說明(1)：
上傳檔案(2)：
選擇檔案 未選擇任何檔案
檔案說明(2)：
上傳檔案(3)：
選擇檔案 未選擇任何檔案
檔案說明(3)：
聲明：
上傳檔案

(4) 指定轉址。

(5) 收款設定：BeClass 有提供金流收費的功能，但必須是歐付寶及綠界科技兩家金流系統才行，只要有這兩家的收款帳號，BeClass 可直接連結到付款系統。

Step6 **設定完成：按下設定完成後，可設定表格的寬度以及樣式。**

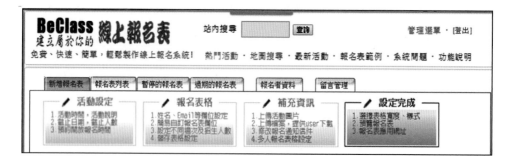

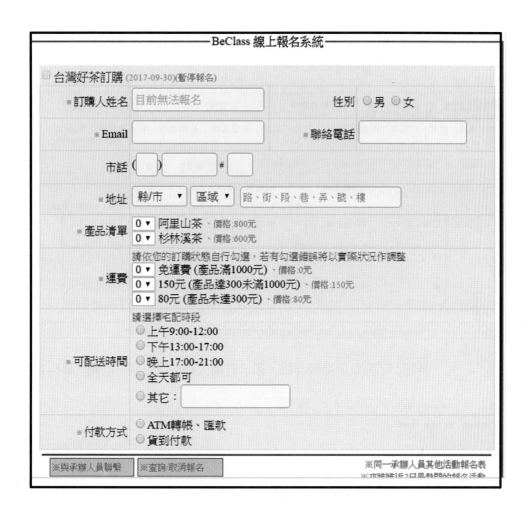

Step7 管理「報名者資料」：

(1) 從上方的「報名者資料」點選後，會出現管理選項，共分成簡列、詳細、產生 Excel 檔三種類型。

a. 簡列：資訊顯示得較簡單，只顯示訂購人姓名、報名時間、報名來源、管理以及管理者註記事項。

b. 詳細：資訊顯示得較詳細，顯示訂購人姓名、性別、信箱、聯絡電話等。

Step8 產生 Excel 檔：能夠直接從系統上，下載整理過後的 Excel 檔。

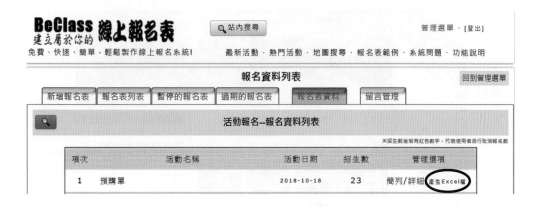

(▶) 4.5.2 Facebook 活動報名系統之建置

以社群行銷的角度而言，Facebook、Blog、Instagram、Twitter 均是現在最熱門的社群行銷工具，若想從事行銷相關的商業活動時，都會有活動刊登的需求，以及給粉絲參與活動的線上報名系統，BeClass 本身有提供類似的功能。社群管理者可以藉由 BeClass 來刊登活動訊息，如果本身已有活動的宣傳網址，只需要報名表的應用功能，也可藉由 BeClass 的報名表功能，將報名表內崁在活動網頁或是部落格上。

以下以 Facebook 為例，說明如何建構「粉絲線上報名系統」。假設在 Facebook 的粉絲專頁中已存在「天然美食蛋糕坊」，如下圖所示：

　　如果想要辦理一項蛋糕實作收費活動，號召粉絲參加並報名，報名表的製作流程
如下：

Step1　BeClass 本身有提供線上報名的應用程式，網址為 **https://apps.facebook.com/ beclass** 進入網站。

Step2　登入 Facebook 後，開啟「新增粉絲專頁」，點選「天然美食蛋糕坊」

Step3 會出現以下的畫面，代表已設定好「粉絲線上報名系統」。

Step4 開啟「天然美食蛋糕坊」粉絲專頁，在左下方已出現「粉絲線上報名系統」。

Step5 點選左下方的「粉絲線上報名系統」，出現「尚未設定報名表」的字樣，點選登入管理介面。

Step6 如果在 BeClass 系統中，已建置好報名表的話，可以直接輸入報名表網址，如果沒有建置報名表，可以直接進入 BeClass 系統中設定報名表。

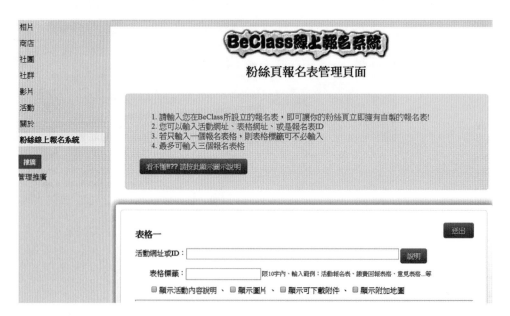

Step7 進入 **BeClass** 系統中，選擇「活動設定」後，填上報名表名稱與活動屬性。

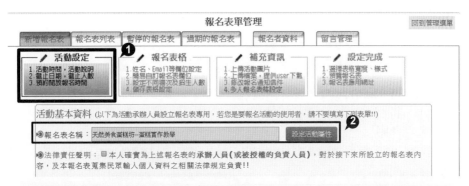

Step8 填入活動日期與報名、截止日與活動說明。

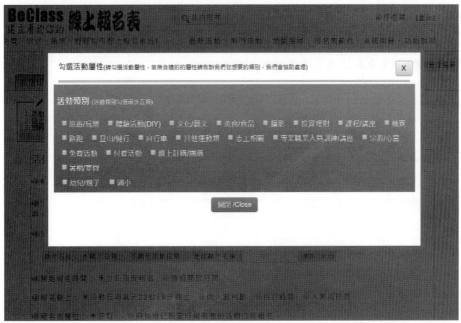

活動日期：2017 ▼ 年 12 ▼ 月 8 ▼ 日⑦：說明

顯示方式：●顯示日期 ○不顯示活動日期 ○更改顯示名稱：＿＿＿＿＿＿ (最多八字元)

開始報名時間：●立即接受報名 ○預約開啟時間

報名截止：○活動日期當天23點59分截止 ○依人數判斷 ●自訂時間 ○人數或時間

停止時間：2017 ▼ 年 12 ▼ 月 5 ▼ 日 23 ▼ 時59分止

報名表欄位：●自訂 ○與其他已設定好報名表的活動合併報名

載入預設表格：●無須載入 ○自訂一預覽 ○自訂二預覽 ○自訂三預覽 ○表格範例 -請選擇- ▼

活動官網網址：若無請留空白＿＿＿＿ (活動網址請加入 http://，若無請留空白)

活動說明(描述)：(建議詳細說明活動內容、時間、地點、主辦單位及聯繫方式等訊息)

※如果張貼後發現格式及字體很怪，可以1.先張貼到記事本再由記事本複製過來。或2.先將文字反白後點選編輯器上方左邊數來第9個『刪除文字格式』即可。.....另外，請多利用右邊數來第5個的插入水平線來取代------

A B I U S A ✎ 🖌 ▲ ⟂ | ▦ ☰ ☰ ☰ | ∞ 🌐 ≡ ☑ | 🔍 ▣ ◇

天然美食蛋糕坊→蛋糕實作教學

每人收費200元(含食材、烘焙)

Step9 報名表格欄位。

Step10 完成報名表格欄位設定後，會出現下列網址與畫面，先行複製網址。

Step11 回到 Facebook 的「粉絲線上報名系統」，將網址貼上即完成。

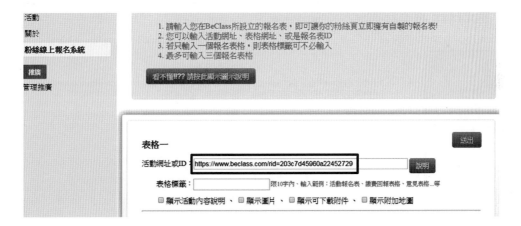

Step12 再回到「天然美食蛋糕坊」粉絲專頁的「粉絲線上報名系統」，會出現如下所示的內崁式的報名表，不用另外點選超連結，可以讓粉絲直接線上報名。

Step13 BeClass 系統本身有提供多項活動的報名表範例，可依個人需求使用。

自我評量

一、選擇題

( ) 1. 電子商務四流中，何者是對應到 4P 中的產品 (A) 金流 (B) 物流 (C) 商流 (D) 資訊流。

( ) 2. 電子商務四流中，何者是對應到 4P 中的價格 (A) 金流 (B) 物流 (C) 商流 (D) 資訊流。

( ) 3. 電子商務四流中，何者是對應到 4P 中的通路 (A) 金流 (B) 物流 (C) 商流 (D) 資訊流。

( ) 4. 電子商務四流中，何者是對應到 4P 中的促銷 (A) 金流 (B) 物流 (C) 商流 (D) 資訊流。

( ) 5. 電子商務簡稱 (A) ETC (B) EC (C) BIS (D) NFC。

( ) 6. B2C 指的是 (A) 企業對企業 (B) 企業對顧客 (C) 顧客對企業 (D) 顧客對顧客。

( ) 7. C2C 指的是 (A) 企業對企業 (B) 企業對顧客 (C) 顧客對企業 (D) 顧客對顧客。

( ) 8. C2B 指的是 (A) 企業對企業 (B) 企業對顧客 (C) 顧客對企業 (D) 顧客對顧客。

( ) 9. B2B2C 中的第二個 B，指的是 (A) 商品生產者 (B) 商品供應商 (C) 電子商務平臺 (D) 企業。

( ) 10. 露天拍賣是屬於 (A) B2C (B) B2B (C) C2B (D) C2C。

( ) 11. O2O 主要是針對何項產業之特性而興起的商業模式 (A) 製造業 (B) 零售業 (C) 服務業 (D) 資訊業。

( ) 12. O2O 全名為 (A) Online to Online (B) Offline to Offline (C) Offline to Online (D) Online to Offline。

( ) 13. 反向 O2O 指的是 (A) 線上接觸，線下購買 (B) 線下接觸，線上購買 (C) 線上接觸，線上購買 (D) 線下接觸，線下購買。

( ) 14. 共享經濟的核心理念是 (A) 閒置資源不浪費 (B) 閒置資源再生 (C) 閒置資源再使用 (D) 閒置資源重造。

（　）15. 跨境電商指的是　(A) 跨越國界　(B) 跨越關境　(C) 跨越國界或關境　(D) 跨越國界且跨越關境。

（　）16. 跨境電商可能會遇到的難題以下何者為非　(A) 資訊流　(B) 金流　(C) 商品　(D) 物流。

（　）17. QR Code 屬於　(A) 一維條碼　(B) 二維條碼　(C) 三維條碼　(D) 四維條碼。

（　）18. 在 QR Code 上有　(A) 一個定位點　(B) 二個定位點　(C) 三個定位點　(D) 四個定位點。

（　）19. 儲存 QR Code 的格式有哪些？(甲)BMP　(乙)PCX　(丙)PNG　(丁)JPG　(戊)EPS　(己)SVG　(庚)DOC　(辛)GIF　(A) 甲乙己辛　(B) 乙丁戊庚　(C) 丙丁己辛　(D) 丁戊己辛。

二、問答題

1. 請說明何謂電子商務的「四流」。
2. 請寫出電子商務的四流與行銷組合 4P 的對應關係。
3. 電子商務，可以分成哪四大類？
4. 境外電商蝦皮拍賣，已威脅到臺灣原有的電商，請嘗試找出蝦皮使用到網路行銷的何種理論與手法？
5. 請說明何謂 O2O（Online to Offline）？
6. 請說明何謂反向 O2O（Online to Offline）？
7. 反向 O2O（Online to Offline）快速成長的關鍵要素有哪二項？
8. 請說明何謂共享經濟下的 O2O（Online to Offline）。
9. 請任舉 2 個實例說明共享經濟下的 O2O（Online to Offline）。
10. Uber 與 Airbnb 的營運模式，主要的獲利來源是何種方式？有沒有我們可以學習的地方？
11. 請說明何謂跨境電商？
12. 請說明跨境電商可能會遇到何種難題？
13. 請說明何謂 QR Code（Quick Response Code）？
14. 請實作一組 QR Code（Quick Response Code）。
15. 請任舉 5 個 QR Code 的實例。
16. 請實作一組 BeClass 線上報名系統。

5 Chapter

支付工具之類型與說明

學習目標

5.1 第三方支付

5.2 電子支付

5.3 行動支付

根據統計數據顯示，臺灣電子商務的產值已逐年提高，電子商務要能夠經營成功，一定要有優良的四流：「商流」、「物流」、「金流」、「資訊流」。「商流」指的是執行商品所有權轉移的過程，訂單、銷售、進貨、庫存、出貨、售後服務等過程，此部分可經由標準化的作業流程來克服。「物流」代表實體物品的轉移，是指商品運送到消費者手上的整個流通過程，包括商品的入庫、包裝、運輸、送貨等流程，可遵循優化流程管理的方式來處理。「資訊流」可視為商品訂單、物流資訊、帳款資訊的傳遞與交換，此部分可經由良好的內部管理，智慧化的網路系統整合，亦可為消費者提供快速與完整的資訊流。

電子商務中的買賣雙方，除了少數交易是面交取貨付款外，大部分都是屬於非直接面對面進行交易，買方需先付款、賣方收到貨款後再寄出商品，付款與交貨動作並非同時進行，由於雙方之間沒有互信的基礎，所以，買方會擔心先付款卻拿不到合意的商品，甚至被欺騙；而賣方，也擔心未收款先出貨，買方收到貨卻不付款，造成損失，如果雙方都不願意先冒險，網路購物將不容易成交。金流要顧慮到的因素較多，牽涉到消費者利益、資金的管理風險，有鑑於上述的問題，若能透過「第三方支付」的代收代付機制的保障，在買賣雙方交易過程中，扮演可信任的「中間平臺」角色，提供相對應的保護措施，以提高網路交易時，買賣雙方對交易過程的信賴度，確保整個交易的過程順利，進而增進網路交易的健全發展。

(((📶))) 5.1 / 第三方支付

第三方支付是針對電子商務金流的問題，所衍生出的保障機制。第三方支付的模式，主要是源自於國際貿易交易時，雙方為確保交易安全，開立信用狀的概念；進口商在買入貨品時，會先將錢託付於銀行，由銀行開立信用狀，擔保出貨商必定能拿到這筆錢，銀行主要扮演第三方公證單位，確保交易安全進行。依據上述的第三方公證單位的處理方式，移轉到電子商務的交易平臺，形成第三方支付交易的金流結構，網路交易的賣家與買家款項之間的收付，由網路平臺業者提供服務，擔任第三方之中介角色，以提高雙方交易之安全性、公正性及可信賴性。

從事電子商務的企業、平臺或是具實力及信用的獨立機構，在買賣雙方之間建立一個中立的支付平臺，在交易過程中，買方購買商品後，可先將貨款撥付到第三方支付平

臺提供的帳戶,再由第三方支付平臺通知賣家貨款已收取,通知賣方出貨,買方在收到貨品並確認無誤後,通知可付款給賣家,第三方再將款項轉至賣家帳戶。這種金流方式可以有效的保障交易的安全,避免交易的衝突,同時依據臺灣的現行法規,第三方支付業者,不一定是金融機構承辦,非金融機構也可以承辦第三方支付,但是不能直接承作金錢儲值型的業務,第三方支付儲值型業務,政府的規定,是不開放給非金融機構承做。

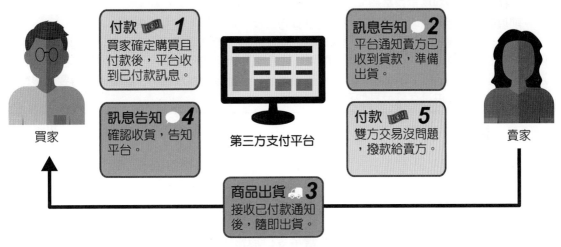

圖 5-1　第三方支付買賣流程圖

在 B2C(企業對顧客)的電子商務模式,很多買方會使用信用卡來付款,這種跨越實體資金的線上金流,可讓買方在進行線上交易時,感覺比較方便;但在 C2C(顧客對顧客)的電子商務模式,賣方可能是個人賣家或中小型的的商家,比較屬於微型創業的型態,本身可能無法接受信用卡交易,有了第三方支付,上述賣家就有便利的金流管道,這對買賣雙方都有保障,可提升交易的安全與流程。

((( ))) 5.2 電子支付

臺灣有不少非銀行業者,積極想投入「第三方支付」業務,有鑑於全世界的趨勢與各企業的需求,政府在民國 104 年 5 月 3 日正式施行「電子支付機構管理條例」,又稱「第三方支付條例」,也讓第三方支付平臺法制化。不過臺灣在管理第三方支付業務時,訂定的法規是「電子支付機構管理條例」,換言之,以法規而言,第三方支付業務是歸屬於電子支付的一環,這項定義,和其他地區或國家是有所不同。

第 3 條：本條例所稱電子支付機構，指經主管機關許可，以網路或電子支付平臺為中介，接受使用者註冊及開立記錄資金移轉與儲值情形之帳戶（以下簡稱電子支付帳戶），並利用電子設備以連線方式傳遞收付訊息，於付款方及收款方間經營下列業務之公司。但僅經營第一款業務，且所保管代理收付款項總餘額未逾一定金額者，不包括之：

一、代理收付實質交易款項。
二、收受儲值款項。
三、電子支付帳戶間款項移轉。
四、其他經主管機關核定之業務。

前項但書所定代理收付款項總餘額之計算方式及一定金額，由主管機關定之。

屬第一項但書者，於所保管代理收付款項總餘額逾主管機關規定一定金額之日起算六個月內，應向主管機關申請電子支付機構之許可。主管機關為查明前項情形，得要求特定之自然人、法人、團體於限期內提供所保管代理收付款項總餘額之相關資料及說明；必要時，得要求銀行及其他金融機構提供其存款及其他有關資料。

📷 資料來源：全國法規資料庫

　　電子支付是指交易的當事人，在已開立可記錄資金移轉與儲值的帳戶下，以網路或電子支付平臺為中介設備，並利用電子設備以連線方式，通過網路進行貨幣支付或資金的流轉。臺灣早期的法令，是將第三方支付、電子支付與電子票證分成了三個不同的運作體系，三者的不同點在轉帳與儲值。由於電子支付與電子票證二者名稱與業務很類似，但分別屬於《電子支付機構管理條例》、《電子票證發行管理條例》兩個不同法規，市場上希望能夠單純化，將電子支付與電子票證管理條例二者合一，以滿足業者擴大業務範圍的需求；所以經修正後，將二者合併為《電子支付機構管理條例》，並於民國 110 年 7 月 1 日起，二者合併後的《電子支付機構管理條例》修正案正式上路，透過擴大電子支付機構的業務範圍，增加民眾支付便利性。未來只要相關的財金公司，建置電子支付跨機構共用平臺後，不同電子支付平臺之間也能相互轉帳，並可進行外幣買賣、國內外小額匯兌、紅利積點整合折抵等多項新業務。也就是說，即使是使用不同的電子支付工具，但只要掃描財金公司共通支付的 QR Code 標準碼，仍能完成購物後付款的行為，另外不同業者之間的電子支付帳戶，也具有類似銀行之間跨行轉帳的概念，可以互相轉帳。

▤ 表 5-1　不同支付型態對照表

項目	轉帳	儲值	法規
第三方支付	不行	不行	電子支付機構管理條例
電子支付	可以	可以	電子支付機構管理條例
電子票證	不行	可以	電子支付機構管理條例

註 1：第三方支付可以代收、代轉
註 2：不同電子支付平臺之間也能相互轉帳

電子支付的交易方式可分為：網路支付、電話支付、行動支付、銷售點終端交易（POS 系統）、自動櫃員機交易（ATM），支付所使用的工具也有金融卡、信用卡、網路銀行、第三方支付平臺。

表 5-2　電子支付交易方式與工具整理表

項目	說明
交易方式	網路支付、電話支付、行動支付、銷售點終端交易（POS 系統）、自動櫃員機交易（ATM）。
支付工具	金融卡、信用卡、網路銀行、第三方支付平臺。

▶ 5.2.1　電子貨幣

國際清算銀行（Bank for International Settlement, BIS）將電子貨幣定義為：「電子貨幣是以電子的形式，將有價貨幣儲存於消費者持有的電子設備，其價值依現行貨幣單位計算其貨幣價值」。依上述的定義，可知將目前使用的「實體金錢」，以數位方式儲存並呈現，以提供消費者作為交易的工具，即是電子貨幣設計的概念。電子貨幣具有儲值的功能，對消費者而言，可以減少攜帶現金與找零的困擾，如果本身又具有**轉帳**功能的話，則可進行網路付款；對商家而言，電子貨幣可減少保管現金的風險以及找零的麻煩，由於電子貨幣有現金無法比擬的優點，所以很多國家已將其放入金流體系的系統運作。

電子貨幣的形式依使用的型態與貨幣本身的結構，可分為實體塑膠貨幣與虛擬線上貨幣二類，分別說明如下：

一、實體塑膠貨幣

實體塑膠貨幣是以數位方式，將資料儲存在內建的儲存裝置內，消費者可直接透過塑膠貨幣付帳、結帳或轉帳。塑膠貨幣依消費者最常使用的功能分類，可分為下列三種：

1. 金融卡：即常見的金融提款卡，持卡人可在自動櫃員機上持卡取款或轉帳，還可以當成電子錢包直接扣款。

2. 信用卡：持卡人透過與銀行間的信用關係，先消費後付款；這是目前使用最普遍的一種塑膠貨幣，除了提供預支的功能外，還可降低攜帶現金的風險。

3. 預付卡：又分成可儲值與不可儲值二種，消費者必須先付款取得內有金額的卡片，在消費時可代替現金使用。若是不可儲值的預付卡，例如：電話卡、影印卡，卡片內金

額用完就必須重新買卡；若是可儲值的預付卡，則可儲值金額後繼續使用，例如：悠遊卡、高捷卡，這類型可以離線作業的預付卡，使用上非常方便，是消費者最喜愛的塑膠貨幣之一。

二、虛擬貨幣

虛擬貨幣又稱數位貨幣，此種型式的貨幣不是政府發行與管控，而是特定機構自行設計出的線上貨幣，虛擬貨幣是以數位訊號代表現金，並儲存在電腦中，通常只能在專屬的網站使用。依貨幣之使用方式可分為三種：

1. 只可以在封閉的虛擬環境中單向兌換使用，例如：網路遊戲點數卡。
2. 可在虛擬和部分實體環境下單向兌換使用，例如：線上購物紅利點數、飛行里程點數、任天堂點數。
3. 可以雙向兌換買進和賣出，跟真實貨幣類似，例如：比特幣。

▶ 5.2.2 電子支付

臺灣在早期即有第三方支付的平臺，只不過限定必須是銀行等金額機構承辦，稱之為銀行代收款，但由於營業時間與法令的限制，大部分的民眾，並沒有感受到第三方支付的實用性。臺灣在民國 104 年 5 月施行《電子支付機構管理條例》後，非金融機構已核准 5 家業者，取得可從事電子支付業務的執照，分別是歐付寶（all pay）、智付寶（Pay2go）、橘子支（GAMA PAY）、國際連（PChome Pay 支付連）、藍新（ezPay）；在民國 107 年時，金管會又核准街口支付為第 6 家電子支付業者，後續有些業者整合，加上有新的業者加入，到了民國 111 年為止，臺灣共有 11 家專營的電子支付機構，包括原有的歐付寶（all pay）、橘子支（GAMA PAY）、國際連（PChome Pay 支付連）、街口支付四家，由智付寶與藍新二家整合成的簡單支付（ezPay），新加入的悠遊付、一卡通 Money（原 LINE Pay Money），愛金卡（icash pay）、HAPPY GO Pay、全盈支付、全支付六家，合計共有 11 家。

相較於其他多家第三方支付業者，這 11 家業者最大的不同處，在於可以從事轉帳的業務，所以這 11 家業者可視為是電子支付業者。如要使用這些電子支付帳號，必須先完成註冊帳號的程序，等同於是在線上開立金融帳戶，線上開戶不需臨櫃辦理，但依法規必須成年人，才能辦理註冊且必須通過完整的實名認證的制度，確認身分的真實性。

由於電子支付是金流的未來趨勢，且電子支付具有轉帳與儲值的功能，所以有不少企業都想投入電子支付業務，因此針對現有 11 家業者的相關業務情況，說明如下：

1. 歐付寶（all pay）

    歐付寶在使用前需要先註冊帳號，填寫個人真實資料後，完成手機簡訊認證，即完成初步程序，付款方式可分成網路付款與實體店面付款。

    (1) 網路付款有五種形式，分別為：歐付寶餘額（使用歐付寶餘額付款時，須先儲值）、信用卡、ATM 櫃員機、網路 ATM、四大超商代碼以及海外支付（財付通）等，其中有關信用卡在網路付款部分，臺灣地區全銀行發行之信用卡皆可使用，只要在網路付款直接輸入卡號即可完成付款。

    (2) 實體店面付款有二種形式，分別為：歐付寶餘額付款與信用卡付款，採用餘額付款時，必須先儲值；信用卡付款目前只能使用在便利商店及超商，而且只能使用下列 8 家銀行的信用卡：永豐、玉山、台新、新光、凱基、遠東、聯邦、國泰，若想使用信用卡付款，需先在會員專區裡的「收付設定」選項，先綁定要使用的信用卡，才能使用信用卡付款，歐付寶本身針對商務客戶，有提供收款的功能，歐付寶在收付款時，均是使用條碼或是 QR Code，因此必須在有無線網路的環境中，才可以使用。由於電子支付業者可以從事轉帳與付款的業務，所以電子支付業者也會提供行動支付的功能，下圖即是歐付寶在超商以 QR Code 付款的流程。

圖片來源：歐付寶官網

2. 橘子支（GAMA PAY）

橘子支是屬於遊戲橘子旗下的電子支付平臺，橘子支將用戶分為四級，分別是青橘、紅橘、金橘以及星橘。用戶只要下載橘子支的 APP 後，以手機門號通過認證，就能成為青橘會員，可接收優惠訊息；若再完成實名認證，就能成為紅橘會員，以銀行 ATM 轉帳儲值金額最高 1 萬元；如果進一步綁定銀行帳戶，就可以升級為金橘會員；如果以自然人憑證完成認證，就可以成為最高階的星橘會員。雙方都是「金橘」以上的會員，才可以相互轉帳，轉帳分成近距離轉帳與遠距離轉帳二種。

(1) 近距離轉帳：收款時先由收款方設定轉帳金額後，出示 QR Code 給付款方掃描。

① 收款方：登入 APP 點選【收款】，進行【金額設定】後出示自己的 QR Code 後，給付款方掃描。

② 付款方：登入 APP 點選【付款】，掃描收款方的 QR Code，確認送出。

(2) 遠距離轉帳

① 收款方：登入 APP 點選【收款】，輸入付款方的資料與金額後，發送付款要求給付款方。

② 付款方：登入 APP 點選【付款】，付款方確認後，轉帳交易成功完成。橘子支的用戶每次要進行付費之前，都需要輸入設定的密碼來進行驗證，完成後才可以順利付款，安全上比較有保障。橘子支收付款時是採用 QR Code 掃瞄的方式，強調不需綁定信用卡，只要透過 APP 程式綁定銀行帳戶儲值，不受手機機型限制就能消費，甚至進行轉帳、繳費等功能，非常適合想要控制預算的小資族。橘子支一樣必須要在有無線網路的環境中，才可以使用。橘子支和歐付寶一樣，有提供以 QR Code 付款的行動支付功能，消費者可以很方便且快速的結帳。

❶ 點選"付款"

❷ 請出示付款QRcode給櫃台店員結帳或掃描付款QR Code

❸ 確認交易資訊無誤後，點選"確認"

圖片來源：橘子支官網

3. PChome Pay 支付連

PChome Pay 支付連是 PChome 集團底下的露天拍賣專屬的第 3 方支付平臺，提供買賣雙方進行線上付款及收款的代收、代付服務，只要是露天買家，無須註冊即可直接使用支付連。買家在露天購物，選擇用支付連付款時，買家完成付款後會自動通知賣方，買家在收到物品前享有支付安全保護措施。賣家只要通過認證即可提領帳戶餘額，可直接將貨款匯到指定的實體銀行帳戶；Pchome Pay 支付連在代收過程中，不必透露銀行帳戶資料，可保護買賣雙方資訊的安全，同時可提供買賣雙方線上交易記錄查詢。PChome Pay 支付連由於是露天拍賣專屬的平臺，是純粹的第 3 方支付平臺，不像其他電子支付業者有跨足到實體商店與行動支付的領域，在區隔與定位上很明確，但使用族群已侷限於露天拍賣的會員，所以如何達到一定的經濟規模，是值得重視的課題！

4. 街口支付

「街口支付」成立於西元 2015 年，原本是屬於第三方支付業者，在西元 2018 年經金管會核准成爲第六家電子支付業者，用戶只要下載街口 APP 應用程式，註冊帳號，以手機門號通過簡訊認證，就可開始設定銀行帳戶與信用卡，完成後會以付款密碼作爲後續付款的安全認證。

「街口支付」規定每人只能開通一個街口帳戶，街口帳戶最多能連結 10 個銀行帳戶與綁定 10 張信用卡，消費者只要透過手機連結銀行帳戶後，就可進行付款、轉帳、提領、儲值等功能。「街口帳戶」除了是電子支付業者外，還積極發展行動支付的業務，其本身是使用掃瞄 QR Code 的方式來傳輸交易資料與帳款，行動支付在未來的消費市場，具有一定的發展潛力，這種便捷的付款方式，勢必會影響到我們的生活。

5. 簡單支付（ezPay）

簡單支付（ezPay）是由智付寶與藍新二家整合而成的電子支付業者，以智付寶作為存續公司，智付寶亦更名為「簡單行動支付股份有限公司」，並打造全新服務品牌「ezPay 簡單付」。

簡單支付（ezPay）主要是以手機為交易工具，用戶只要下載「ezPay 簡單付」應用程式，完成註冊後，再綁定信用卡扣款、銀行帳戶扣款、或儲值帳戶餘額扣款，即可使用。如要付款時，只要出示付款碼或掃瞄店家的 QR Code，即可完成付款。

圖 5-2　ezPay 簡單付使用畫面
圖片來源：ezPay 簡單付官網

6. 悠遊付

悠遊付的母公司就是著名的悠遊卡公司，悠遊卡是大多數消費者，會經常使用的儲值卡，悠遊付則是在民國 109 年 3 月正式啟用。悠遊付一樣是以手機為交易工具，用戶只要下載「Easy Wallet」，並綁定悠遊付指定的銀行帳戶，完成實名認證註冊後，銀行帳戶即可連結「悠遊付錢包」，後續可以使用手動儲值或開啟自動儲值功能；也可

以將悠遊卡加至「Easy Wallet」後，設定「連結錢包自動加值」，以後即可以連動的方式對悠遊卡加值。

根據悠遊付官網資料顯示，「悠遊付」主要有以下四大功能：

（https://www.easycard.com.tw/new?cls=1&id=1576548086）

(1) 可以使用 QR Code 掃碼消費支付、收款、線上付款及轉帳。

(2) 透過「悠遊付」綁定悠遊卡，可透過「悠遊付」自動加值悠遊卡，並管理卡片資訊。

(3) 以「悠遊付」申辦虛擬臺北卡會員身分、繳納臺北市自來水費、臺北市立聯合醫院醫療費及臺北市停車費。

(4) 手機感應搭乘大眾運輸工具。

目前只有 Android 6.0 以上或 iPhone ios11 以上的手機，才能安裝「Easy Wallet」，二種手機均可購物與轉帳，但只有 Android 6.0 以上且具有 NFC 功能的手機，才能取代實體悠遊卡，以 NFC 感應的方式，搭乘大眾運輸工具，iPhone 手機目前是不能使用在搭乘大眾運輸工具，這種 NFC 的感應方式，是目前市面上少有的功能。

圖 5-3　悠遊付使用畫面
圖片來源：悠遊付官網

7. 一卡通 MONEY

一卡通票證公司和悠遊卡公司相同，都是先以儲值卡業務為基礎，後續再多元發展，公司是成立於民國 102 年 12 月 6 日，並於民國 106 年 7 月獲得許可經營電子支付業務後，與 LINE 集團合作經營電子支付業務，並推出「LINE Pay Money」服務，由一卡通公司負責業務營運，LINE Pay 則提供行銷、通路等資源，後續於民國 110 年 12 月 22 日正式改名成「一卡通 MONEY」。

　　一卡通 MONEY 具有的功能和悠遊付很類似，具有提領、轉帳、繳費、一卡通儲值、使用 QR Code「乘車碼」搭乘大眾運輸等功能。

圖 5-4　一卡通 MONEY 註冊畫面
圖片來源：一卡通 MONEY 官網

教學

圖 5-5　一卡通 MONEY 註冊流程
圖片來源：一卡通 MONEY 官網

8. 愛金卡（icash pay）

　　愛金卡股份有限公司是統一集團旗下企業─統一超商股份有限公司 100% 投資的子公司，統一超商原已使用 icash 卡，作為統一超商各門市小額支付的工具，而後在民國 103 年 10 月推出第二代非接觸式感應產品 icash 2.0，但均屬於電子票證式的儲值卡。後續因應社會趨勢，於民國 108 年 11 月起，正式推出電子支付帳戶「icash Pay」，要使用「icash Pay」，必須先註冊為 OPEN POINT 的會員後，再在手機上下載「icash Pay」應用程式或直接經由 OPEN POINT 應用程式的選項進行實名認證，經過身分驗證確認為本人後，就能綁定銀行帳戶或信用卡，完成相關程序後，就能進行實體或線上支付、儲值、轉帳與提領等功能。

圖 5-6 愛金卡（icash pay）註冊程式
圖片來源：愛金卡（icash pay）官網

由於「icash Pay」是隸屬於統一集團旗下企業，所以可以使用的通路，很多是同集團的企業（例如 7-ELEVEN、康是美、統一精工加油站等），並搭配 OPEN POINT 點數累積與超值兌換活動。

9. HAPPY GO Pay

HAPPY GO Pay 是遠東集團旗下的電子支付品牌，要使用「HAPPY GO Pay」，必須在手機上下載「HAPPY GO」應用程式後，再進行實名認證，經過身分驗證確認為本人後，就能綁定信用卡，完成相關程序後，就能進行付款、集點等功能。

由於「HAPPY GO」是隸屬於遠東集團旗下企業，所以可以使用的通路，很多是同集團的企業（例如愛買、遠東百貨、遠傳電信等）。

圖 5-7 HAPPY GO Pay 註冊流程
圖片來源：鼎鼎聯合行銷（股）公司

10.全盈支付

由全家便利店、玉山銀行與拍付國際三家企業合資成立的「全盈支付」,是於民國110年6月獲金管會許可核發,專營電子支付機構業務執照,並推出電子支付帳戶「全盈+PAY」,由於全盈+PAY目前沒有獨立的應用程式,所以必須先註冊為全家會員後,再經由「全家FamilyMart」應用程式進入「全盈+PAY」進行註冊,註冊後需依照實名制以及金融驗證,經過身分驗證確認為本人後,就能綁定銀行帳戶或信用卡,「全盈+PAY」將會員區分為小藍企鵝、皇冠企鵝、國王企鵝3個會員級別,有不同的儲值、付款、收款、轉帳上限,完成相關程序後,就能進行支付、儲值、轉帳與提領等功能。

從全家APP進入 全盈 +PAY	點選註冊	輸入手機號碼	輸入簡訊驗證碼
設定 全盈+PAY 密碼	為確保交易安全	完成註冊	

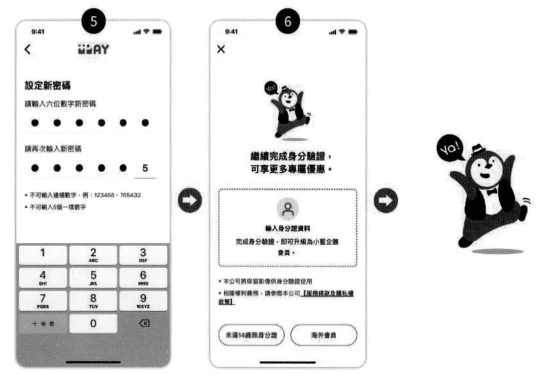

圖 5-8　全盈 +PAY 註冊流程
圖片來源：全盈 +PAY 官網

11.全支付

全支付爲全聯獨資成立的電子支付品牌，於民國 111 年 9 月正式上線，要使用全支付有兩種方式，第一種是直接以全聯原有的 PX Pay 升級爲全支付，第二種則是以手機下載「全支付」應用程式後，通過實名認證並連結銀行帳戶或綁定信用卡，即可使用。

全聯原有的 PX Pay 只能在全聯通路使用，且僅有支付與集點的功能，使用範圍較小，全支付則領有電子支付執照，除了可跨通路付款外，還可以儲值、轉帳、集點，由於是屬於電子支付執照，未來還可以經營外匯、國內外小額匯兌等服務，跨業合作想像空間很大。

圖 5-9　全支付使用畫面
圖片來源：全聯實業股份有限公司官網

 5.3 行動支付

　　金融監督管理委員會（金管會）民國 98 年制訂了《電子票證發行管理條例》其中第 3 條第 1 項有提到，電子票證指的是「以電子、磁力或光學形式儲存金錢價值，並含有資料儲存或計算功能之晶片、卡片、憑證或其他形式之債據，作為多用途支付使用之工具」。後續，《電子票證發行管理條例》在民國 110 年 7 月 1 日開始，被併入《電子支付機構管理條例》，並將電子票證更名為儲值卡，在《電子支付機構管理條例》修正條例的第 3 條第 5 項，將儲值卡定義為：「指具有資料儲存或計算功能之晶片、卡片、憑證等實體或非實體形式發行，並以電子、磁力或光學等技術儲存金錢價值之支付工具」。

　　依照上述的定義，悠遊卡、一卡通或各類型的儲值卡片，都是屬於儲值卡的範疇中，由於行動支付在意的是便利性，儲值卡即具備此項特性，在行動支付的領域，就是將這些實體卡片的資料數位化。

⊛ 5.3.1　支付方式

近年來行動支付發展得非常快速，依照其使用方式，可分成遠端支付和近端支付二種類型，各有其不同的技術平臺支援。

一、遠端支付

遠端支付顧名思義，就是不需將手機或行動裝置靠近任何感應器、讀卡機，在遠距離就可以完成付款的動作；簡單來說，遠端支付就是用電腦、手機、平板或其他工具，在遠距離完成購物以及付款的程序，所以在網路上刷信用卡、金融卡轉帳或是以電子優惠券支付費用，都可算是遠端行動支付的一種，電子商務的線上付款模式即是遠端支付的方式，這種支付方式只需要在線上輸入信用卡或金融卡的資料，再配合授權碼或認證碼的安全措施來進行扣款，對於消費者而言，只要安全無虞，是方便又快速的方式。

二、近端支付

近端支付指的是，需要在近距離靠近感應設備，進行感應的付款動作，以完成交易程序，例如 Visa payWave 信用卡、NFC 手機信用卡、Google Pay、Apple Pay、Samsung Pay 都是近端支付，如果是小金額的款項的話，近年來很熱門、很多店家使用的 QR Code，也是屬於近端支付。現今臺灣比較常使用的感應技術有二種，分別為 RFID、NFC；但近年來，韓國三星為因應舊式的磁條感應的存在，新發明了 MST 感應技術，這三種感應方式，說明如下：

(一) RFID（Radio Frequency Identification）

中文稱為「無線射頻識別系統」。在我們日常生活，經常使用到的悠遊卡，開車上高速公路的電子收費 ETC，寵物身上的植入的寵物晶片，圖書館內的防盜晶片，商店或圖書館內的防盜晶片，學生證、教職員證均是使用 RFID。在信用卡的領域中 Visa 公司發行的感應式信用卡 Visa payWave，內嵌有電波收發功能的線圈，可使用實體接觸式與感應式二種方式，只要信用卡上有五條弧形圖示就可以透過感應的方式付款。

五條弧形圖示

(二) NFC（Near Field Communication）

中文稱為「近場通訊」，現今最熱門的 Apple Pay、Samsung Pay、Google Pay，都是透過手機綁定信用卡後，使用近場通訊（NFC）技術來傳輸卡片訊息，以完成行動支付的付款動作，是信用卡體系中最常用的感應方式，但在結帳端必須要有 NFC 的感應裝置，是其缺點。

(三) MST（Magnetic Secure Transmission）

現在臺灣大多數的信用卡可以使用二種接觸方式：刷磁條或讀取晶片，亦可使用非接觸的感應方式，雖然感應方式是最方便、快速，但現有不少國家仍保留磁條刷卡機，不一定會有感應刷卡的裝置，對於推廣行動支付會有困難之處。韓國三星集團為了克服這個問題，開發了新的 MST（磁條安全感應技術）。MST 使用的技術和 NFC 不同，它主要是因應原磁條式刷卡機而發展出的技術，MST 可透過手機內部的磁力感應裝置，創造出一個模擬信用卡磁條的磁場，當手機放到刷卡機的「磁條讀取部位」2 公分以內的範圍，就可以使用感應的方式，完成刷卡付款的動作。

▶ 5.3.2　後端支付整合系統

要完成一筆行動支付的程序，需要整合發卡機構、電信業者、網路業者三方的業者，發卡機構提供辦卡人資料的審核、帳務的服務與晶片的製作核發，電信業者要提供具有 NFC 功能的手機，網路業者則提供行動網路和安全元件的協定。目前最常使用的後端支付整合系統有 TSM、HCE 二種系統。

一、TSM 平臺（Trusted Service Manager，信託服務管理）

臺灣目前主流的支付方式是使用 TSM 作後端整合平臺，是網路業者、電信業者和發卡機構以外的公正第三方平臺，由於電信業者和發卡機構，分別有自己的安全元件與資料需要控管，當雙方的資料共存在同一張信用卡的晶片內時，需要有平臺扮演公正第三方的角色，TSM 平臺即是扮演這樣的角色來整合與控管資料。如果採用 TSM 行動支付方式，感應晶片可以是內建或是外貼式，中華電信推出的 SWP-SIM 卡，則可以在取得 SIM 卡之後再下載 APP，即可使用感應的方式付款。

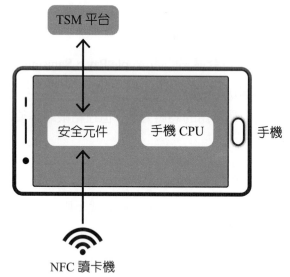

NFC 感應時，會直接和手機內的安全元件核對資料，不會經過手機的 CPU 或應用程式

圖 5-10　TSM 平臺資料處理方式

二、HCE 平臺（Host Card Emulation，主機板模擬）

由於 TSM 平臺需要重新申請信用卡或更換 SIM 卡，相對於有些使用者會覺得不方便，所以衍生出第二種整合系統，稱之為 HCE 整合系統，HCE 是 Google 在西元 2013 年發表的行動支付方案，其作法是先將安全元件放置在雲端，再經由手機連接到雲端，模擬實體晶片應做的事，所以當消費者以此系統感應付款交易時，會由手機發出一組虛擬卡號與金鑰，在雲端經過安全認證等一系列動作，通過金鑰驗證即可完成感應交易，付款完畢後該筆金鑰就消失。目前只要是 Android 5.0（含）版本以上的裝置，而且已內建 NFC 功能的手機，就能支援「HCE」。

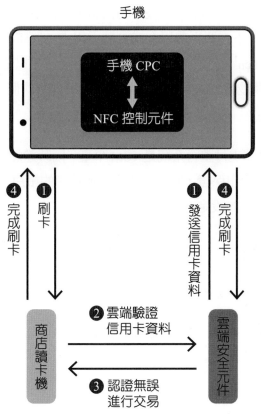

NFC 感應時，會直接和雲端的安全元件核對資料

圖 5-11　HCE 平臺資料處理方式

　　以上述二種後端支付整合系統而言，目前臺灣支付平臺的服務仍以 TSM 為主，TSM 系統需換發晶片卡，對消費者而言相對不方便，但 TSM 系統不需要在有網路的環境即可使用，是其最大的優點；相對而言，HCE 系統的好處是不需要換新信用卡，只要手機有 HCE 功能即可，手續上方便許多，操作流程上比 TSM 方便許多，不過 HCE 系統還是有缺點，那就是對無線上網的高度依賴性，如果長時間無法上網，HCE 系統無法連上雲端認證，行動支付的功能就無法使用。

⊛ 5.3.3　現有的行動支付工具

　　由於行動支付的商機龐大，國際上三大行動支付系統競相登臺，分別為 Apple Pay、Samsung Pay、Google Pay，加上後續的 LINE Pay 和臺灣 Pay，以及最近成立兼具行動支付與電子支付雙重功能的多家廠商，故可視為處於競爭激烈的一級戰區。行動支付最在意的是便利性，所以都是透過手機綁定信用卡或銀行帳戶，完成線上註冊後，持卡人即

能在接受感應式刷卡的商店內，以「手機中的信用卡」消費。使用這些行動支付，可直接利用隨身的手機付款，不需要再帶現金或實體信用卡，同時為確保交易的安全，會使用指紋、密碼、Visa Token[1]（代碼服務技術）等保護程序，以確保交易的安全。以下為五個 Pay 的登錄步驟與購物過程，而街口支付，放在第九章的個案探討中說明。

一、Apple Pay

Apple Pay 使用的後端支付整合系統是 TSM 平臺，同時還加入 Visa Token 代碼服務，因此 Apple Pay 在發表時提出保證，除了不會儲存消費者的帳戶資料外，還能確保交易的安全性。以下為 Apple Pay 的設定方式：

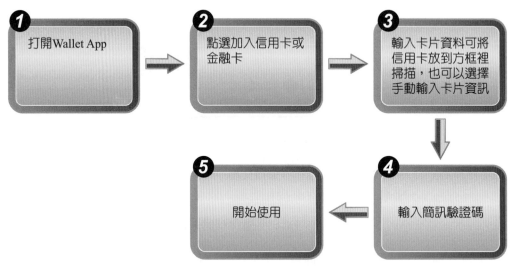

圖 5-12　Apple Pay 設定方式

Apple Pay 在每次交易付款時，都需要輸入密碼，或是透過 Touch ID 指紋解才能支付，在交易過程中，信用卡號會以虛擬代碼出現，因此可以確保信用卡的卡號不外流，每次交易完後都會更換虛擬代碼，以確保交易安全。在實體商店消費時，若想使用 Apple Pay，只需要將 iPhone 靠近讀卡機，並將手指放在 Touch ID 上，通過安全認證即可完成付款。

---

[1] Visa Token 是 Visa 國際信用卡組織，為了降低消費者帳號資料被盜取的風險，將信用卡的卡號轉變成隨機的虛擬「代碼」，當有刷卡動作發生時，刷卡機會先向發卡機構，提出使用者的信用卡代碼授權請求，發卡機構比會對傳送的代碼和信用卡的卡號，相符之後才能完成刷卡結帳的動作，刷卡的店家無法直接取得消費者的卡號資料，卡號將轉由安全性更高的 Token Vault 管理，以代碼取代信用卡上的帳號資訊。Apple Pay 就是使用了 TSM 平臺再結合 Token 的技術，以保障信用卡的資料不外流。

圖 5-13　使用 Apple Pay 購物流程

二、Google Pay

　　Google Pay 使用的後端支付整合系統是 HCE 平臺，需要無線網路作安全認證，所以 Google Pay 會透過虛擬的帳號，保障使用者信用卡資料的安全，若行動裝置遺失，使用者可以透過 Android 的裝置管理員，鎖定行動裝置後，在線上移除個人資料，以保障資料安全。以下為 Google Pay 的設定方式：

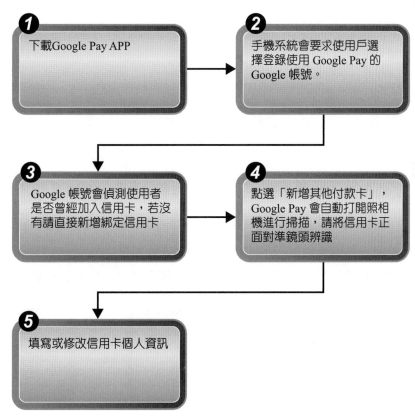

圖 5-14　Google Pay 設定方式

Google Pay 啓用之後，Google Pay 標誌的商家，即可透過 Google Pay 簡單三步驟輕鬆支付：解鎖 Android 裝置、放置在店家的感應式刷卡機、「嗶」一下就付款完成。

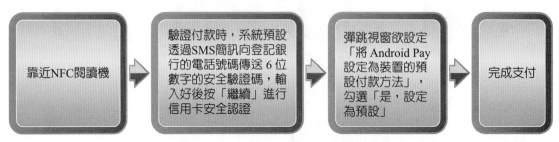

圖 5-15　使用 Google Pay 購物過程

三、Samsung Pay

Samsung Pay 目前只限定於特定的三星手機上使用，其使用的後端支付整合系統是 TSM 平臺，感應的方式有 NFC、MST 二種，安全認證的方式有指紋、虹膜、密碼三種，以下爲 Samsung Pay 的設定方式：

圖 5-16　Samsung Pay 設定方式

若想使用 Samsung Pay 結帳，需先開啓 Samsung Pay 後，選擇想要結帳用的卡片，以指紋、虹膜辨識或密碼進行驗證，即可感應刷卡完成付款。Samsung Pay 的每筆交易，皆會使用一組加密的數位代碼憑證，取代使用者的個人資料，以確保交易的安全無虞。

圖 5-17　使用 Samsung Pay 支付過程

四、LINE Pay

LINE Pay 用戶只要依步驟註冊好帳號及密碼（密碼必須與 LINE 帳號不同，以作為第 2 層驗證，iPhone 使用者可以選擇 Apple Touch ID 指紋辨識來進行身份認證），再綁定信用卡後，就能在和 LINE Pay 配合的網路與實體商店消費，LINE Pay 相容於 iOS 與 Android 雙平臺，對不同手機系統的使用者而言，非常方便。

圖 5-18　LINE Pay 設定方式

LINE Pay 可在網路與實體商店消費，在網路商店消費時，付款方式選擇 LINE Pay後，再輸入 LINE Pay 專屬密碼就付款完成；在實體商店消費時，選擇 LINE Pay 付款後，再輸入專屬密碼或使用 Apple Touch ID 指紋驗證，按【我的條碼】鍵產生條碼，再掃描條碼即可完成付款。

圖 5-19　LINE Pay 支付過程

五、臺灣 Pay

由於行動支付是未來支付的主流趨勢，臺灣本土金融業看準商機，亦急起直追跨入行動支付的市場。由聯合信用卡中心、臺灣票據交換所、財金資訊公司等有金融背景的公司所成立的「臺灣行動支付」（臺灣 Pay）公司也開始營運，臺灣 Pay 是使用 TSM 後端平臺的運作模式，第一代臺灣 Pay 主要的目標族群是非 iPhone 的手機用戶，第二代臺灣 Pay 已將 iPhone 手機用戶，納入服務範圍，其手機必須是具備 NFC 交易功能且系統是 Android4.4（含）以上，手機中的 SIM 卡必須是具有支援臺灣 Pay 的 USIM 卡，若不符合，可至中華電信或台哥大門市更換 SIM 卡，以下為臺灣 Pay 的設定方式：

圖 5-20　中華電信或臺灣大哥大用戶臺灣 Pay 設定方式

　　臺灣 Pay 的付款方式，需先登入 t wallet 應用程式點選付款後，輸入密碼進行驗證，即可感應刷卡完成付款。

圖 5-21　臺灣 Pay 支付過程

　　國內的行動支付使用上，五種行動支付各有其支持者與利基點，底下整理出五種 Pay 的相關資料。

表 5-3　行動支付工具說明表

項目 種類	信用卡感應方式	後端信用卡 整合系統	無線網路
Apple Pay	NFC	TSM	不需要
Android Pay	NFC	HCE	需要
Samsung Pay	NFC MST	TSM	不需要
LINE Pay	條碼或 QR Code	*	需要
臺灣 Pay	NFC	TSM	不需要

🔍 延伸思考

　　臺灣有些夜市會提供以支付寶的方式付款，消費者要付款時，只要打開支付寶錢包，按下「掃條碼」，再對準商家的 QR Code，即會顯示商家的店名，再由消費者輸入消費金額（新臺幣），按下確認支付即可完成交易。

　　臺灣行動支付即將在 2017 年 8 月，推出全新專門為 QR Code 所量身訂作的「臺灣 Pay 收款平臺 APP」，在這個收付平臺上所採用的 QR Code，將由財金公司提供統一規格的「跨行 QR Code」，只要是店家願意從網站上下載該統一版的「跨行 QR Code」，都可以在該 APP 平臺上受理客戶的 QR Code 線上支付。「臺灣 Pay 收款平臺 APP」的技術，採取 HCE 的代碼化技術與 QR Code 兩大技術的結合，後臺是採取 HCE 的代碼化機制，但前端則是用 QR Code 來作為執行的界面，臺灣行動支付總經理潘維忠分析，「臺灣 Pay 收款平臺」將有三大亮點：

1. 可打破手機的規格與型號限制，包括沒有 NFC 功能的手機，以及 iOS 的蘋果手機，都可以透過該平臺完成電子支付。

2. 可以讓目前尚沒有採取感應式收單機的小店家，包括攤販、甚至是街頭藝人等等，都不致因為沒有感應式收單機，而無力作電子支付，換言之，也會使電子支付更趨普及化。

3. 由於財金公司推出了統一規格的「跨行 QR Code」，會使得店家所能接收的 QR Code 規格一致，也不致會發生一個店家牆上貼了好幾種不同的 QR Code，造成被消費者「掃錯」，甚至「偽造」的風險。

　　　　　　　　　　　　📠 資料來源：工商時報，2017 年 7 月 6 日，朱漢崙

🔍 延伸思考

　　數字科技旗下的 8591 寶物交易網，是專門提供電玩遊戲寶物交易的平臺，其買賣方式是，買方必須先以購買點數的方式，在帳戶中儲值 T 幣，8591 寶物交易網在買賣完成後，再將 T 幣代付給賣家，以確保買賣雙方交易的安全。

　　8591 網站提供虛擬寶物買賣交易代收代付服務，被檢方調查後起訴，起訴原因是未依電子票證發行管理條例向金管會申請，數字科技認為 8591 寶物交易網是屬於第三方支付服務，與電子票證管理條例無關，金管會則認定，需依電子票證管理條例提出申請，在國內也引起法律落後，阻礙創新的議題討論。

　　　　　　　　　　　　📠 資料來源：iThome 網站新聞

自我評量

一、選擇題

( ) 1. 第三方支付是針對電子商務中四流中何項問題，所衍生出的保障機制　(A) 商流　(B) 物流　(C) 金流　(D) 資訊流。

( ) 2. 電子支付　(A) 可以轉帳，不可以儲值　(B) 可以轉帳，可以儲值　(C) 不可以轉帳，不可以儲值　(D) 不可以轉帳，可以儲值。

( ) 3. 電子票證　(A) 可以轉帳，不可以儲值　(B) 可以轉帳，可以儲值　(C) 不可以轉帳，不可以儲值　(D) 不可以轉帳，可以儲值。

( ) 4. 學生證通常使用何種感應系統　(A) HCE　(B) MST　(C) RFID　(D) TSM。

( ) 5. 何種系統需要高度依賴無線上網功能　(A) HCE　(B) MST　(C) RFID　(D) TSM。

( ) 6. TSM 指的是　(A) 信託服務管理　(B) 主機板模擬系統　(C) 代碼服務技術　(D) 後端整合系統。

( ) 7. HCE 指的是　(A) 信託服務管理　(B) 主機板模擬系統　(C) 代碼服務技術　(D) 後端整合系統。

( ) 8. NFC 指的是　(A) 近場通訊　(B) 無線射頻識別系統　(C) 代碼服務技術　(D) 後端整合系統。

( ) 9. RFID 指的是　(A) 近場通訊　(B) 無線射頻識別系統　(C) 代碼服務技術　(D) 後端整合系統。

( ) 10. MST 指的是　(A) 近場通訊　(B) 無線射頻識別系統　(C) 磁條安全感應技術　(D) 後端整合系統。

( ) 11. 臺灣 Pay 後端整合系統是使用　(A) HCE　(B) MST　(C) RFID　(D) TSM。

( ) 12. 韓國三星為了解決磁條刷卡機無法感應的問題發明了何項感應技術　(A) HCE　(B) MST　(C) RFID　(D) TSM。

( ) 13. 第三方支付遵行的法規是　(A) 第三方支付管理條例　(B) 電子支付機構管理條例　(C) 電子票證發行管理條例　(D) 電子支付整合條例。

( ) 14. 電子支付遵行的法規是　(A) 第三方支付管理條例　(B) 電子支付機構管理條例　(C) 電子票證發行管理條例　(D) 電子支付整合條例。

( ) 15. 電子票證遵行的法規是 (A) 電子票證支付管理條例 (B) 電子票證機構管理條例 (C) 電子票證發行管理條例 (D) 電子支付機構管理條例。

( ) 16. 目前臺灣電子支付業務執照共有 (A) 5 家 (B) 6 家 (C) 7 家 (D) 11 家。

( ) 17. 下列何者不屬於實體塑膠貨幣 (A) 金額卡 (B) 信用卡 (C) 預付卡 (D) 遊戲點數卡。

( ) 18. 電子支付交易方式以下何者為非 (A) 電話支付 (B) 網路支付 (C) 銷售點終端交易 (D) 現金支付。

( ) 19. 下列何者不是電子支付工具 (A) 金融卡 (B) 信用卡 (C) 遊戲點數卡 (D) 網路銀行。

( ) 20. 下列何者為近端支付 (A) Google Pay (B) Apple Pay (C) NFC 手機信用卡 (D) 以上皆是。

二、問答題

1. 請說明何謂第三方支付。

2. 請說明何謂電子支付。

3. 第三方支付、電子支付與電子票證在轉帳與儲值上，有何不同？

4. 請任舉 3 種較常見的實體塑膠貨幣。

5. 請任舉 3 種較常見的虛擬貨幣。

6. 臺灣現有的電子支付有哪 11 家？

7. 請說明何謂行動支付。

8. 行動支付有哪二種類型？

9. 近端支付有哪三種感應方式？

10. 請說明何謂 RFID。

11. 請說明何謂 NFC。

12. 請說明何謂 MST。

13. 最常使用的後端支付整合系統哪二種系統？

14. 請說明何謂 TSM 後端整合平臺？

15. 請說明何謂 HCE 整合系統？

16. 臺灣有哪五種行動支付工具？

17. 請說明何謂 Visa Token 代碼服務？

Chapter 6
網路媒體與 網路廣告

學習目標

6.1 網路媒體

6.2 網路廣告

　　網路科技的進步，提升了傳輸的速度，也促進了電子商務的快速成長，如何在低成本且高效率的情況下，能夠讓企業擁有更多客戶和訂單，這就是「網路廣告」所能帶來的效益之一。但是「網路廣告」並不等於「網路行銷」，而買「網路廣告」不代表一定有「訂單」，網路行銷是一個整體性透過網路所從事的行銷策略，從一開始的「目標」設定，待目標確定後，要採用什麼樣的「策略」吸引消費者參與，有策略後再思考使用何種廣告媒體，若需要採取網路廣告傳遞訊息給消費者，則再考量使用何種網路媒體與廣告，以促使消費者完成購買行為。

((( ))) 6.1 / 網路媒體

　　楊志弘（2001）提到網路科技是整合資訊、電信和媒體等三種產業，並將資訊通道（一般大眾使用的傳播媒體－報紙、廣播、電視）、行銷通道（商業的行銷廣告訊息，可能放在廣播、電視、報紙）、商業通道（便利商店、量販店、百貨公司商場），三者合而為一，建構出網路媒體，所以我們在網路上可以看到電子報、網路廣播、網路影片，而架構在網路媒體上的網路廣告與商業交易行為，也隨著網路科技的盛行，迅速發展成為熱門的主題。因此，所謂的網路媒體，不單只是將傳統媒體的內容，原封不動的放在網路上，還必須要同時整合、規劃行銷策略，建立出商業交易模式，這種運用數位科技的特性，才是真正的網路媒體。最常見的網路媒體有：入口網站（Yahoo奇摩、yam 蕃薯藤）、搜尋引擎（Google、Yahoo! 奇摩、百度）、社群（Facebook、Twitter）、部落格（痞客邦 PIXNET、Xuite 日誌）、論壇（Mobile 01、伊莉討論區）、電子商務型網站（591 租屋網、露天拍賣、PChome 商店街、奇摩拍賣）、娛樂型影音網站（YouTube、17 直播），可說是百家爭鳴、目不暇給、多元多樣化。

　　從有關網路媒體的文獻來看，王端之（1997）比較網路新媒體與傳統媒體後，指出兩者的差異為：1. 即時性；2. 方便性；3. 互動性；4. 多媒體。楊志弘（2001）則認為網路媒體和傳統媒體有七項不同的特性，分別為：「互動性」、「個人性」、「立即性」、「全球性」、「多媒體」、「超連結」與「資料搜尋」。而這七大特性，彼此還可以多層次的重疊組合，建構出更豐富的多樣功能。Lister et al.（2008）在 New Media：A Critical Introduction 的書中有提到，新媒體特性有六項特性，分別為：數位化（Digital）、互動性（Interactive）、超文字（Hypertexual）、虛擬性（Virtual）、網路化（Networked）、類比性（Simulated）。

綜合上述的說明，底下選取網路媒體較重要的五項特性，說明如下：

一、互動性

互動性是網路媒體特性中，大家公認最重要的特性，是其他媒體比較少有的特性，互動性可以分成三種層次（楊志弘，2001）：

1. 人與人之間的互動：透過網路，人與人之間產生一種似近又似遠的互動，從一般的聊天、訊息交流到圖片的傳遞等，例如：論壇、聊天室、Facebook。

2. 人與機器的互動：人透過網路與企業的資料庫或系統互動，這種互動的方式，可能是需要得到系統內的資料或傳送資料到系統，例如：訂閱個人電子報、搜尋公司財報資料、網路問卷調查。

3. 機器與機器的互動：電腦或系統彼此之間的互動與連繫，類似物聯網的結構，在沒有人為介入的情況下，讓具有人工智慧的機器，或具有偵測系統的裝置，能隨時隨地獲取想要的資訊，並透過網路傳輸的功能儲存至伺服器，成為一筆大資料庫，再針對不同的目的，進行資料分析。一般生活上最常見到的智能電網、居家監控都屬於此類型，在行銷上的應用，已有企業使用智能鏡頭，追蹤消費者在賣場內的消費行為，以了解商品擺放位置對銷售績效的影響。

二、個人化

電腦本身可提供資料的儲存，經由網路可建立個人資訊、發表個人的想法或雲端儲存檔案等等。個人化這項特質，透過網路的連接，可以打造出個人的特色，進而傳達個人訊息。社群媒體即經常透過社群分享訊息、傳播資訊與想法。

Facebook、PIXNET、Instagram 等社群媒體，即具備個人化的特質，不少名人經由社群發表個人的想法，也有不少公司經由社群的幫忙，提升了產品的銷售業績。

三、即時性

網路媒體沒有傳統媒體截稿時間的問題，也沒有時空的限制，隨時可以透過網路，直接上網公佈資料、更新內容、尋找資訊、詢問事情或即時線上對談。經由網路平臺發展出的即時通訊軟體 LINE，讓群組內的成員更可以即時互通訊息，不會產生時間差，臺灣有許多企業組織成員或媒體工作者，為了掌握時效，都會以 LINE 作為發佈消息或連絡平臺。

四、多媒體

網路媒體可以整合文字、聲音、影像與圖片，形成數位式的「多媒體」特性，故在傳遞資訊與傳播行銷訊息時，會有極佳的影音效果。隨著寬頻時代的來臨，5G 通訊系統的發展，多媒體影音廣告，將會是未來網路上的主流媒體之一。例如：大家耳熟能詳的 YouTube 影音網站，現在最熱門的 17 直播，網路直播拍賣平臺，均具有多媒體的特性。

五、搜尋便利化

在網路不盛行的時代，搜尋資料、尋找訊息，只能侷限於傳統的媒體、人際關係、實體的資料庫，在網路成熟的背景下，就可以很方便、快速地連接到世界各地的資料庫，找尋相關的資料。若是想了解產品的資訊、廠商的評價，則可以輕鬆地從網路上獲取相關的背景資料，所有一些網路口碑、論壇的議題、社群的言論，均成爲另一類型的網路媒體。

🔍 延伸思考

在 2014 年 11 月臺北市長選舉的戰役中，無黨籍的台大醫生柯文哲順利當選市長，許多政治評論家都認為是網路改變了這一場選戰，柯文哲應用網路媒體當選舉工具，打了一場漂亮的非典型選戰，柯文哲使用的網路媒體工具是 Facebook、LINE、YouTube 等社群工具，配合網軍的幫忙，才能以政治素人的身份打贏這場選戰。若將臺北市長侯選人柯文哲當成商品行銷，以網路行銷的手法包裝與促銷，最終獲得勝利，順利當選臺北市長的結果來思考，可看出網路媒體傳播力量的威力。

((ᵢ)) 6.2 網路廣告

網路廣告指的是將文字、圖片、多媒體影音等資訊，利用網站上的文字連結、廣告篇幅、多媒體播放等方法，透過網路的媒介所進行的傳播活動，所以只要是個人或廠商，將他們產品或服務的訊息，經由網路媒體傳達給消費者，都可視爲是網路廣告的一種。

網路廣告依照呈現方式或投放方式的不同，有不同的分類方式。唐廉智（2006）在其論文中將網路廣告的型態大致分成：關鍵字搜尋、展現式、分類目錄、導引轉介、電子郵件、置入性行銷等六大類型；張耿益（2009）則認爲網路廣告種類，依操作方法的

不同，至少超過 20 種以上，以下是其中較常見的網路廣告：文字型廣告、展示型廣告、多媒體型廣告、電子郵件型廣告、電子報型廣告、許可式行銷、關鍵字搜尋廣告、頻道贊助廣告、部落格廣告、遊戲置入廣告、置入式廣告、仲介式行銷；劉文良（2012）依照不同網路廣告的類型，提出以下幾種常見的網路廣告投放形式：橫幅式廣告、按鈕式廣告、電子郵件式廣告、推廣式廣告、插頁式廣告；若以紀香（2015）分類方式則可分成：關鍵字廣告、廣告聯播網、獎勵式廣告或任務型廣告、聯盟型廣告；若以廣告聯播網最常使用的廣告格式來分類，則又可分成：橫幅廣告、按鈕廣告、電子郵件廣告、純文字廣告、跳出式廣告、大幅尺寸廣告、浮水印廣告、捲軸廣告、多媒體動畫廣告、分類廣告、離線廣告、推播廣告。由上述的說明可知，網路廣告的類型五花八門、莫衷一是，所以底下介紹一些比較常見的網路廣告，分別說明如下：

一、橫幅廣告（Banner Advertisement）

橫幅廣告又稱為旗幟廣告，是最常見且一直高居點選率榜首的網路廣告類型，是網路廣告的始祖之一，橫幅廣告通常會以 Flash、GIF、JPG 等格式定位在網頁中，有時還會使用 Java 程式使其產生較佳的效果，在網站的整體畫面裏，通常會將最上方、右側、中下方的位置，規劃為橫條型的橫幅廣告區域，當上網者點擊橫幅廣告後，就會連結到該廣告服務商，藉由此項連結，將點選者引導到目標網站，此種型態的廣告，已被證實為最有效的網路廣告形式。

橫幅廣告依其呈現方式，可以區分為「固定版面位置」與「動態輪替式」兩種類型，固定版面位置的橫幅廣告，是依照月或週的計價方式，並提供採固定的版面位置播放廣告，另一種則是網站經營者，為了讓這些區域達能到更高的廣告利潤效益，於是發展出了「動態輪替式」的方法，廣告版面的內容是以輪替的方式出現，亦即在同一廣告版面上，可在不同時間呈現不同的廣告內容，進而產生廣告輪替的效果。

圖片來源：奇摩網站首頁

　　橫幅廣告之所以受到歡迎的原因，有下列四點：

1. 橫幅廣告放置的位置顯眼，所以當網頁畫面出現時，橫幅廣告會跟著明顯的呈現，廣告效果良好。

2. 橫幅廣告的位置，不會干擾原網頁主畫面的呈現，所以不會影響使用者的觀看，比較不會擾人。

3. 橫幅廣告的位置，通常在主畫面附近，可以保有廣告的特色，但消費者有選擇看或不看的權利，不會讓人有強迫觀看的不舒服感。

4. 橫幅廣告的位置，多半位於搜尋引擎輸入搜尋字串的附近，消費者在等待搜尋結果時，有時可能會順便觀看，所以橫幅廣告對潛在消費者，可能會有不錯的行銷效果。

二、按鈕廣告（Botton Advertisement）

　　按鈕廣告指的是面積較小，形狀類似按鈕的廣告，其是從橫幅廣告演變過來的另一種形式，可稱之為小型的橫幅廣告，按鈕廣告最早是瀏覽器網景（Netscape）公司用來提供使用者下載軟體之用，後來演變成按鈕廣告，進而形成網路廣告的一種規格。

　　按鈕廣告能提供簡單明確的資訊，是一種與橫幅廣告類似，但是面積比較小，而且有不同的大小與版面位置可以選擇，這種形式的廣告會被開發出來的主要原因有兩個，

第一個原因是可以經由減小面積來降低購買成本，讓小預算的廣告主能夠有能力進行購買；第二個原因是網頁中比較小面積的零散空白位，可以充分利用，提高網站的收益。根據美國網路廣告組織 IAB（Internet Activities Board, IAB）的標準，一般常見的按鈕廣告有 125×125，120×90，120×60，88×31（單位 pixels：畫像元素）四種尺寸，最常見的格式爲有 JPEG、GIF、Flash 三種。

圖片來源：奇摩網站首頁

按鈕廣告可放置在網頁的任何位置，因面積不大只能呈現少數圖形或文字，通常廣告主會用來宣傳其商標或品牌等特定標誌，所以有時只有一個公司或品牌的商標（Logo），當網友對該按鈕廣告有興趣時，可點選該按鈕進入瀏覽較詳細的內容，雖然按鈕廣告是一個圖形超連結，但特別的地方在於其提供了簡單明確的訊息，幫助業者建立消費者的品牌知覺，以達到品牌知覺的行銷效果。廣告主在購買按鈕廣告的時候，也可以購買連續位置的幾個按鈕廣告，組成雙按鈕廣告、三按鈕廣告，以加強宣傳效果。

按鈕廣告受歡迎的程度，不輸橫幅廣告的最主要原因，是其所佔面積不大，擾人性極低，不致影響讀取網頁的速度，購買成本也比橫幅廣告低，對於能夠以一兩句廣告詞吸引網友的廣告，或者是只打算建立品牌知覺行銷者，很適合採用按鈕廣告。

三、浮動型廣告（Floating Advertisement）

浮動型廣告，當網頁上下移動時，廣告會隨著頁面捲軸的移動而移動，讓廣告畫面與網頁如影相隨，吸引瀏覽者的注意，屬動態型廣告。浮動型廣告可分成二種類型：

1. 浮水印廣告

   浮水印廣告與按鈕形式的廣告類似，但其面積很小，可以點選進入觀看詳細廣告內容，且廣告會隨著頁面捲軸的移動而移動，故名浮水印，浮水印廣告不實際佔到畫面的空間，因此不會排擠其他要放在網頁上的主題。

圖片來源：飛肯設計學苑網頁

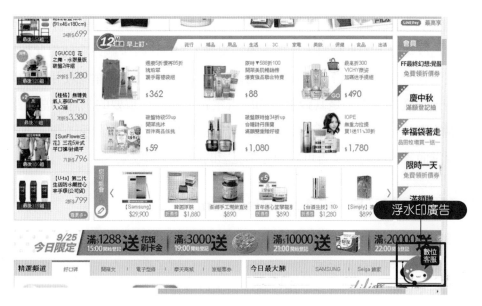

圖片來源：momo 購物網

2. 捲軸廣告

捲軸廣告可以說是按鈕廣告和浮水印廣告的綜合體，設計理念是希望達到如影隨形的效果，當頁面捲軸移動時，捲軸廣告的位置會定著於原本的位置，所以網友捲到網頁的任何地方，都一定還是可以看到捲軸廣告，當消費者對捲軸廣告有興趣，只要點選它就可進入相關廣告網頁瀏覽詳細內容

圖片來源：花旗銀行官網

浮動型廣告如果是採取漂浮式的，對於不習慣的網路使用者而言，會感覺阻礙到正常的閱讀並造成視覺上的不舒服，有被干擾的感覺，所以比較少網站會使用此類型廣告，如果採取定著式的浮動型廣告，感覺上會比較不擾人，所以比較多網站使用此類型廣告。浮動型廣告最主要的優點，是其跟著走的廣告主題，通常是重要的訊息，當網路使用者對網站相關的資訊有興趣時，可直接點選跟著走的浮動型廣告，以達到立即的行銷效果，對於某些行業而言，浮動型廣告可收到立竿見影的廣告行銷效果。

四、電子郵件廣告（Email Advertisement）

電子郵件廣告即是俗稱的 EDM（E-mail Direct Mail，直效性電子郵件），這種行銷手法是以電子郵件做為傳送廣告的媒介，將廣告以電子郵件的方式，直接寄到消費者的電子信箱內，此種廣告的方式，如果沒有規劃好寄送的名單，發送給對廣告內容沒興趣的接收者，很容易造成高比例的無效廣告；所以在發送廣告時，要謹慎規劃寄送名單與內容。一般最常見發送 EDM 的流程，是先蒐集大量的 E-mail 名單，以大量的方式將EDM 直接發送到這些信箱裡，希望以高曝光量的方式，來吸引部分比例的人購買，不過這種方式通常會有高比例的無效廣告。所以應該是要使用行銷學上的 STP 理論，區隔出適合的目標客戶群，再經由電子郵件廣告的管道，吸引潛在的客戶，使其成為商品的購買者，例如銀行業者在推廣信用貸款、房屋貸款等業務時，若想要尋找保守穩健型的貸款人，則以行業別的方式，可以區隔出是偏軍公教體系的人員，此時即可以軍公教人員為 EDM 的發送名單；另現行較常用發送 EDM 的方法，是以會員為名單，將購物訊息以「會員電子報」的方式發送，由於已加入的會員，代表是屬於潛在的有望客戶，發送EDM 可望有較高的購物比例，例如 PChome 線上購物、udn 買東西購物中、小三美日等，經常會寄「會員電子報」給會員。

由於電子郵件廣告沒有時間與地區的限制，而且具有迅速、省時、省錢等功效，所以不少企業仍然會將電子郵件廣告，視為網路行銷的方法之一。如果是自行寄送電子郵件廣告，會比較省成本但耗時，尤其當客戶數量較多，或者是對此類型電子郵件廣告較不熟悉時，可以委託專業的行銷公司代為發放電子郵件廣告，或使用市面上專門發放電子郵件廣告的軟體，亦是另一種不錯的選擇。

圖片來源：台新銀行官方網站

五、純文字廣告（Text Advertisement）

　　純文字廣告由於沒圖形不佔空間，所以也不影響連線速度，是網路廣告中最單純的一種，因此擾人性低。對於瀏覽頁面的網路消費者而言，有好看的圖片會比單純的文字更具吸引力，因此，目前純文字廣告在入口網路已越來越少見，通常是出現在搜尋結果的頁面上。

　　文字廣告顯示內容包含廣告標題、內容說明、網址三部分，廣告標題是上網者首先注意到的文字，所以純文字廣告，若想在效果上取得先機，應該以廣告標題為主要元素，因此，在投放廣告時，不妨考慮在標題中加入精準的廣告字彙，再以內容說明來說明商品或服務的細節，讓有興趣購買者，能經由網址連接到網站。

> 逢甲夜市推薦美食2018.9月更新．逢甲必吃．懶人包整理 ... - 商妮吃喝遊樂
> https://sunnylife.tw/2017-04-10-1126/ ▾
> 2017年5月1日 - 相信很多人來到逢甲夜市除了逛街之外，常常決定不下要吃那些餐廳或小吃. 商妮以自身、兒子、女兒、好姊妹吃過的經驗，整理出懶人包. 希望對想要 ...
> 台中高CP值早午餐。創意廚房。 ．逢甲排隊銅板美食。Dody Duke ... 阿貴姑。
>
> 【台中西屯】逢甲夜市好吃美食推薦@攻略篇~食尚玩家推薦必吃懶人包 ...
> mei30530.pixnet.net/.../259276886-【台中西屯】逢甲夜市好吃美食推薦%40攻略篇... ▾
> 許多人都有到過台中「逢甲夜市」的經驗吧！逢甲夜市好玩、好買、好逛又超多美食也成到台中必逛的觀光夜市啦！尤其是外地人，買夜市裡的小吃，一定常常踩到地雷！
>
> 逢甲夜市美食懶人包：25間最新最夯最熱門的小吃一次全收錄 ... - 規小孫
> enlife.pixnet.net/blog/.../116571884-逢甲夜市美食懶人包.18間最新最夯最熱門的小 ▾
> 身為台中人怎麼能錯過把「逢甲夜市」的美食分享給大家！但這個全台屬一屬二有名的逢甲夜市，小店輪替的速度有時候真的快得嚇人～ 也或許因為如此，這裡的創意 ...
>
> 逢甲夜市美食 台中西屯 - 飛天璇的口袋
> flyblog.cc/blog/post/48000693-逢甲夜市美食｜台中西屯：一次給你10間個人 ▾
> 2018年7月1日 - 台中逢甲夜市: 逢甲必吃美食這天臨時出門當地陪，帶著日本人到逢甲夜市逛逛，其實我也很久沒來逢甲了… 這一次為了讓日本人可以好好體驗 ...
>
> 2018逢甲夜市必吃美食懶人包，推薦小吃飲料餐廳玩樂總整理攻略 ...
> mercury0314.pixnet.net/blog/post/444877298-fengjia-nightmarket ▾
> 2016年6月9日 - 逢甲夜市美食攻略懶人包逢甲夜市是水星人最熟悉、最常逛的夜市， 曾經是許多台灣新創小吃的起源地，也是我們一致認同最有料的夜市。外縣市 ...

圖片來源：奇摩網站

六、彈出式廣告（Pop-up Advertisement）

　　又稱為跳出式廣告或是插撥式廣告，就是在瀏覽網頁畫面時，會自動另外跳出來的廣告，廣告出現的方式，大致有二種類型，一種是直接出現在瀏覽器的主視窗，另一種

是新開一個小視窗。彈出式廣告有時會要求上網者，先看固定秒數或看完廣告之後，才能進入想要看的網頁內容，這種廣告方式擾人性非常高，一般上網者排斥性比較高，有些影音型網站，在上網者瀏覽影片時，經常會出現此類型廣告，瀏覽影片者有時可直接按跳過（Skip）後，觀看影片，有時需看固定秒數或看完廣告之後，才可觀看影片。

圖片來源：LiTV 線上影視網站

圖片來源：YouTube

七、多媒體廣告（Multimedia Advertisement）

依據研究報告指出，傳遞到大腦的資訊有 90% 都是以視覺傳遞，多媒體廣告即是所有媒體廣告中，最具視覺效果與吸引力，如想經由感動人心的故事作為行銷手法，以藉此塑造品牌形象或加深商品印象，多媒體廣告就是很理想的工具。多媒體廣告可定義成，藉由聲音、影像或一些可以與消費者互動的項目，透過多媒體的播放，可以讓網路廣告表現得如同電視廣告一般，又可以有互動的效果，是具有很好宣傳效果的廣告。

早期在一般影音型網站，經常會出現此類型廣告，影音型網站本身即是以影音播放為主，在影片內置入多媒體廣告是常見的方法，以 YouTube 影音播放平臺為例，在影片前端置入多媒體廣告，早已行之有年，Facebook 在開放全民直播後，將相關的影音廣告的熱潮推上另一波高峰，除了 Facebook 開放直播影片插入影音廣告，有些小型商家也開始以直播的方式來銷售本身的商品。

多媒體廣告由於檔案比較大，需要較大的網路頻寬，但隨著網路科技的發展，影像壓縮、影音串流（Streaming）技術的成熟，加上寬頻網路的普及進步，多媒體廣告已逐步轉移到入口網站原本橫幅廣告的位置，以精彩的聲光效果來吸引消費者。

圖片來源：奇摩首頁

圖片來源：奇摩首頁

八、任務獎勵式廣告（Reward-Based Advertisement）

　　只要有上網習慣的消費者，都會發現網路廣告幾乎無所不在，充斥在周遭生活環境中，久而久之都會有厭倦感，日本、美國近年來常以任務獎勵式廣告，吸引消費者主動點擊廣告。此類型廣告，是在尊重消費者感受的前提下，所開發出來的廣告，希望用戶先不排斥廣告，進而能觀看廣告，此種吸引用戶主動點擊的方式，不但降低消費者的反感，還能用獎勵道具，增加消費者的黏著度，也為開發者帶來更優的收入。

　　根據行動廣告使用相關數據調查顯示，大多數手機使用者除了通話功能外，都是著重在社群及娛樂遊戲上，而且手機已是現代人最親密的工具，不限時間、地點，甚至在行進間和移動中，也是機不離身，可視為最接近消費者的媒體工具。手機行動應用程式（Mobile Application, APP）開發業者，看準手機對消費者的黏著度，積極開發相關APP，將任務獎勵式廣告，以類似置入性行銷的方式和消費者的手機連接。

　　任務獎勵式廣告是希望使用者主動有意願的接觸廣告，除了希望能提高點擊率外，而且希望使用者能夠回到原本的 APP，以增加黏著度，而不是短暫停留。所以在獲得獎勵前，會要求先完成一項遊戲或任務。

　　任務獎勵式廣告最重要的一個元素就是獎勵，獎勵贈品可能是實際的贈品，虛擬點數或獎品均有可能。遊戲型任務是想要擺脫傳統的留言送贈品的模式，希望規劃一個遊

戲，讓消費者感受到活動的娛樂性，甚至闖關的成就感，若消費者已盡情投入遊戲中，有時獎品已不是最重要的目的，而是在過程中產生互動效果時，可以有效的將產品的特色或品牌的價值傳遞給消費者。

🔍 延伸思考

小豬出任務 APP 是一個遊戲獎勵平臺，上網者可以透過邀請好友、解任務、看影片、投票等四種方式來獲得豬幣，豬幣可以兌換商城內的東西。

獲得豬幣方式有四種：

1. 邀請好友：凡是有使用智慧手機的消費者，都可以邀請成好友，只要邀請成功並下載同款小豬出任務 App，下載時輸入你的邀請碼，雙方就都可以獲得豬幣。

2. 解任務：解任務可以獲得較高的豬幣，因此這項任務並不常出現，而且都有人數的限制，而要解的任務都很簡單，有時就只是下載其他遊戲，玩個 10-20 分鐘便可以獲得高額的豬幣。

3. 看影片：看影片通常是觀看產品廣告，只要利用短暫的 30 秒觀看廣告，觀看完畢後就可以獲得豬幣，因為簡單，所以獲得的豬幣很少，但可以每天都觀看。

4. 投票：投票活動出現的機率比解任務機率還低，獲得的豬幣也不一定。

得到豬幣後可以到小豬商城內，用豬幣兌換商品，比較最常見的是兌換 LINE 的專用代幣，還有一些現金券可兌換，例如：7-11 超商現金券或是全家便利商店的商品兌換券，有時可以兌換遊戲點數。

圖片來源：小豬出任務臉書專頁

圖片來源：小豬出任務網站

　　透過遊戲獎勵的方式，消費者只要做簡單的下載動作，依照設定好的步驟完成，就能獲得原本要花錢買的遊戲幣或點數，廣告主可以置入 APP 程式，獲取相對的廣告效果，這種搭配 APP 程式的廣告模式，可以使用 CPI（Cost Per Install, CPI）來衡量。

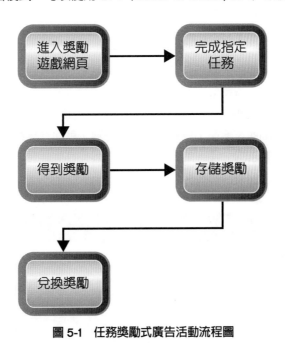

圖 5-1　任務獎勵式廣告活動流程圖

另一類型的任務獎勵式廣告，任務比較簡單，通常是以加入好友為條件，再以點數或貼圖作為獎勵，這類型的廣告，最常出現在 LINE 網站，廠商會將加入好友的消費者，視成潛在的有望客戶，經常發送廣告或促銷訊給這批人。

任務執行大多是點擊連結進入到頁面後，參與其要求的活動（加入好友、下載、註冊、分享），再回到原網站平臺，確認得到獎勵。

延伸思考

臺南市政府每年均會舉辦「臺南金讚・百家好店徵選活動」只要登錄會員後，即可投票選出喜歡的商家，除了有主辦單位提供網路投票抽手機的獎品外，有些商家還自行提供電子優惠折扣或贈品兌換券，只要到提供電子兌換券的商家，即可出示電子兌換券進行兌換。此種以官方單位主辦，民間商家參與，只要參與投票任務，就可得到相對應獎勵的行銷手法，也可視為是任務獎勵式廣告的一種。

圖片來源：臺南市政府網站

▌呷點心 金讚百家好店票選

呷點心提供的電子優惠券

優惠折扣/贈品:
消費就送咖啡豆小罐乙罐
已被領取94 (份)

圖片來源:臺南市政府百家好店徵選網站

我的優惠券

目前共有5筆資料 ＜第一頁＞＜上一頁＞ 第 1▼ 頁 ＜下一頁＞ ＜最後一頁＞ 共3頁

度小月擔仔麵 原始店本舖 提供

優惠折扣/贈品:
民眾凡投票支持度小月原始店參選臺南市金讚百家好店,即可兌換『價值450元的野生烏魚子』乙份,大方好禮不容錯過喔!優惠僅適用於位於民生綠園台文館對面、近消防局與林百貨,地址為台南市中西區中正路16號之度小月原始店本舖。
使用截止日:2017-08-04
已被兌換了80 (份)
已完成兌換

呷點心 提供

優惠折扣/贈品:
消費就送咖啡豆小罐乙罐
使用截止日:2017-08-04
已被兌換了5 (份)
已完成兌換

圖片來源:臺南市政府百家好店徵選網站

九、推播廣告（Push Advertisement）

推播廣告指的是利用已發展多年的推播（PUSH）技術，將網路廣告以「送到家」的方式，主動推播給網友。推播技術早期曾紅極一時，但因當時行動裝置尚未普及，所以並未達到預期效果，近年來，由於智慧型手機的普及，推播廣告又開始廣泛被運用且發展得更成熟。

現在推播廣告的型態已與以往不同，都是以行動裝置為主要的廣告對象，如果消費者對特定的 APP 有興趣，只要下載並安裝成功，安裝好的 APP 即會傳送推播訊息或廣告到行動裝置，例如：只要安裝中央氣象局地震測報，即可收到推播訊息。

圖片來源：中央氣象局網站

另一類型的推播廣告則是在沒有開啟相關的 APP，或沒有用戶手機號碼的情形下，也可以發送到用戶的手機上，但這種隨機推播的方式，有時效果不會很好，所以有些廣告業者會搭配「適地性服務」（Location Based Service, LBS），選擇特定的地理位置或區域投放廣告，以便能精準有效地與目標客戶產生互動，希望經由推播廣告與當地目標群眾互動，並能引導其入店消費。這種推播廣告的適地性服務可分成特定城市投放（臺北市、臺中市⋯⋯）、特定區域型放（士林夜市、逢甲商圈⋯⋯）、多點投放（所有連

鎖商店的地址），由於有 LBS 的輔助可以縮小客戶群，所以推播廣告平均點擊率比傳統網路廣告及 APP 行動廣告高出 10 倍以上，這種推播的方式，可以將人潮從線上引導到線下，創造出虛實門市的整合，是實現 O2O（Online to Offline, O2O）最好的廣告手法。

勝義科技營運長林宏儒，另外提出了 LBS 的可能的新發展方向，他指出過去 LBS 需要與 GPS 定位系統，或與電信業者的個人資料連結，會牽涉到隱私權，如果改用混合式定位平臺和位置資料庫，當消費者走進指定的範圍內，系統就會針對智慧型手機，投遞推播廣告及促銷訊息，以提高購買意願。

圖片來源：瘋狂賣客手機推播廣告

十、關鍵字廣告（Keyword Advertisement）

關鍵字廣告意指廠商本身在網路上有相關的網站或商品資訊，想要經由某些特定的商品詞彙或行銷詞句，將消費者引導到廠商的商品頁面或網站，此時廠商會先向各大搜尋引擎業者購買關鍵字，搜尋引擎的業者會依照出價的高低決定廣告排序，因此當消費者透過關鍵字來搜尋資料時，就可以看到相關的資料。由於關鍵字廣告是近年來網路行銷熱門的手法之一，所以在後續的章節會再詳細說明。

自我評量

一、選擇題

(　　) 1. 論壇、聊天室、Facebook 是屬於互動性中的　(A) 人與人之間的互動　(B) 人與機器的互動　(C) 機器的與人的互動　(D) 機器與機器的互動。

(　　) 2. 智能電網、居家監控、智能鏡頭是屬於互動性中的　(A) 人與人之間的互動　(B) 人與機器的互動　(C) 機器的與人的互動　(D) 機器與機器的互動。

(　　) 3. (甲)方便性　(乙)互動性　(丙)可行性　(丁)個人化　(戊)多媒體　(己)即時性　(庚)可靠性　(辛)搜尋便利化，上述何者是網路媒體最重要的五項特性　(A) 甲乙丙丁戊　(B) 乙丙己庚辛　(C) 乙丁戊己辛　(D) 丁戊己庚辛。

(　　) 4. 下列何者並非橫幅廣告定位在網頁中的格式　(A) JPEG　(B) JPG　(C) Flash　(D) GIF。

(　　) 5. 按鈕廣告是由什麼廣告演變而形成的形式　(A) 浮動型廣告　(B) 電子郵件廣告　(C) 橫幅廣告　(D) 彈出式廣告。

(　　) 6. 捲軸廣告可以說是哪兩種廣告的綜合體　(A) 按鈕廣告 / 浮水印廣告　(B) 橫幅廣告 / 浮水印廣告　(C) 彈出式廣告 / 按鈕廣告　(D) 按鈕廣告 / 純文字廣告。

(　　) 7. 下列何種廣告方式擾人性非常高，一般上網者排斥性比較高　(A) 純文字廣　(B) 橫幅廣告　(C) 電子郵件廣告　(D) 彈出式廣告。

(　　) 8. 下列何種廣告是希望使用者主動有意願接觸廣告，以提高點擊率，增加黏著度，並在獲得獎勵前會要求先完成一項遊戲或任務　(A) 多媒體廣告　(B) 推播廣告　(C) 關鍵字廣告　(D) 任務獎勵式廣告。

(　　) 9. 下列何種廣告是實現 O2O 最好的廣告手法　(A) 純文字廣告　(B) 電子郵件廣告　(C) 推播廣告　(D) 橫幅廣告。

(　　) 10. EDM 指的是　(A)純文字廣告　(B)電子郵件廣告　(C)推播廣告　(D)橫幅廣告。

(　　) 11. YouTube 影音播放平臺是屬於　(A) 純文字廣告　(B) 電子郵件廣告　(C) 推播廣　(D) 多媒體廣告。

(　　) 12. 推播廣告是以何項裝置作為主要的廣告對象　(A) 桌上電腦　(B) 平面電視　(C) 電視牆　(D) 行動裝置。

( ) 13. LBS 的中文名稱為　(A) 適時性服務　(B) 適地性服務 (C) 適人性服務　(D) 適區性服務。

( ) 14. 對於已有會員名單的購物商城或賣場，比較適合用何類型廣告　(A) 純文字廣告　(B) 電子郵件廣告　(C) 彈出式廣告　(D) 橫幅廣告。

( ) 15. 當網路使用者對網站相關的資訊有興趣時，可直接點選，以達到立即的行銷效果，比較適合用何類型廣告　(A) 多媒體廣告　(B) 推播廣告　(C) 浮動型廣告 (D) 多媒體廣告。

二、問答題

1. 請說明何謂網路媒體。

2. 請任舉 5 種較常見的網路媒體。

3. 網路媒體有哪五項特性？

4. 請說明何謂網路廣告。

5. 請任舉 5 種較常見的網路廣告

6. 請說明何謂橫幅廣告。

7. 請說明何謂按鈕廣告。

8. 請說明何謂浮動型廣告。

9. 請說明何謂電子郵件廣告。

10. 請說明何謂跳出式廣告。

11. 請說明何謂多媒體廣告。

12. 請說明何謂任務獎勵式廣告。

13. 請說明何謂推播廣告。

14. 請說明何謂推播廣告的「適地性服務」（Location Based Service, LBS）。

NOTE

Chapter 7 關鍵字搜尋與廣告

學習目標

7.1 關鍵字搜尋之說明與搜尋方式

7.2 關鍵字廣告之說明

7.3 關鍵字的選擇與設定

7.4 關鍵字廣告的比對方式與需求客戶的類型

7.5 關鍵字廣告的計費方式與效果評估

7.6 製作第一個關鍵字廣告

((( ))) 7.1 / 關鍵字搜尋之說明與搜尋方式

當上網已成為現代人生活的一部分時，利用網路特色與資源尋找資料或商品資訊，是大家習以為常的事，此時關鍵字即扮演搜尋的最好幫手。關鍵字搜尋是針對想尋找的資料、商品或服務，直接在搜尋引擎輸入想尋找相關資料的字詞或片語後，再由搜尋引擎尋找出相關的網站、資料或報告。

Google 與 Yahoo 奇摩是目前使用最頻繁的搜尋引擎，不管是學生做報告、從業人員找資料、學術研究人員找論文等，幾乎每個行業都會使用搜尋引擎來找尋想要的資料。以 Google 為例，很少人注意到 Google 提供了很多進階的搜尋功能，如果能夠了解並善用這些功能，可以讓搜尋動作更有效率，甚至可以有意想不到的額外收穫，以下即介紹 Google 的進階搜尋功能。

一、善用 Google 搜尋列下方的小型標籤頁

當在 Google 搜尋列輸入關鍵字找尋資料時，在此列下方與搜尋結果的上方，會有一些小型標籤頁的選項，包含「地圖」、「圖片」、「影片」、「網頁」等選項，依目的可選擇連接到網站或觀看相關的圖片、影片等，此種方式可以幫助我們尋找到需要的資料。

圖片來源：Google 網站

二、使用精準的方式搜尋

如果本身已經很明確知道，想要搜尋的主題與關鍵字的內容，可以將特定的關鍵字，使用雙引號括起來，此時 Google 會很明確知道你想要搜尋的主題，在搜尋時只會針對雙引號內的關鍵字，以明確的方式搜尋出與關鍵字相關的資料，不會尋找出模糊或類似的結果。

舉例來說，若想搜尋「逢甲美食」這個特定的關鍵字主題，如果直接在 Google 搜尋中輸入「逢甲美食」來搜尋，此時只要相關資料或網頁上有「逢甲美食」、「逢甲」、「美食」等字眼，均會出現在搜尋結果中，是屬於一般性的搜尋，而如果在「逢甲美食」

二側括上雙引號搜尋的話，Google 就會很精準的列出只含有「逢甲美食」四個字連在一起的資料或網頁。

圖片來源：Google 網站

圖片來源：Google 網站

以雙引號的方式搜尋關鍵字時，允許使用二組以上的精準字彙，作更明確的搜尋，縮小搜尋的結果。以精準搜尋的方式，可以排除類似但相近度偏低的資訊，為搜尋者節省再度篩選結果的麻煩，但如果搜尋者本身不是很明確知道主題關鍵字的話，就不適合使用這樣的方式。

圖片來源：Google 網站

三、使用減號排除關鍵字

使用 Google 引擎搜尋時，有時候不同的主題會有相同的關鍵字，當搜尋結果出來，所有跟這個關鍵字相關的主題都會出現，但如果我們只對其中一個關鍵字有興趣，這種時候就可以利用減號（-）排除其他不需要的關鍵字。例如以「逢甲美食」搜尋的時候，可能會同時找到逢甲的美食、住宿與交通等資訊，如果只想要看美食的資訊，那麼你就可以使用「逢甲美食－住宿」來排除一些住宿的搜尋結果，但需注意使用減號時，前面關鍵字與減號之間一定留空格，減號與後面緊接著的關鍵字不可以有空格。另外，減號不限定一個關鍵詞，可以同時使用多個減號，比如說搜尋「逢甲美食－住宿－交通」，這樣加入更多排除條件的搜尋方式，可減少與主題無關的搜尋結果。

圖片來源：Google 網站

四、使用星號 (*) 代替未知的關鍵字

　　使用Google引擎搜尋時，如果有些關鍵字不是很確定的時候，那些不確定的關鍵字，就可以使用星號 (*) 來取代，例如想找逢甲住宿的地方，若以「逢甲 * 宿」搜尋的時候，會出現「逢甲」、「逢甲 * 宿」二種可能的結果。

圖片來源：Google 網站

　　但如果星號 (*) 與雙引號 (") 合併用來搜尋時，結果會比較符合預期，例如輸入「" 逢甲 * 宿 "」，結果就只會出現「" 逢甲美宿 "」、「" 逢甲民宿 "」、「" 逢甲住宿 "」等比較符合預期的結果。如果以英文搜尋時，同樣可以使用星號 (*) 來取代拼不出來的英文單字。

圖片來源：Google 網站

五、使用 site: 來搜尋特定網站的內容或入口

　　若已知某個網站的網址，但對於網站內某項業務不知如何尋找時，可以使用「site:」來指定網站內的關鍵字，例如想查詢車輛報廢的程序，進入行政院環境保護署時，如果找不到車輛報廢的相關資料，可以使用「site: 行政院環境保護署網址車輛報廢」，即「site:www.epa.gov.tw/mp.asp?mp=epa 車輛報廢」來尋找網站內相關的資料，再直接點選進相關網站即可。

圖片來源：Google 網站

圖片來源：行政院環境保護署網站

六、使用 related: 來找尋相關網站

　　如果對於某些特定類型的網站有興趣，想藉由經常瀏覽的網站找尋相類似的網站，則可以使用「related:」這個功能，找出網路上許多相似的網站，尤其是對於某些特定領域的發燒友（例如：音響迷、攝影愛好者等），可藉此功能發掘出相關專業的網站。例如想找與「yam 蕃薯藤」相類似的網站，可以使用「related:www.yam.com」來找尋相類型的網站。

圖片來源：Google 網站

七、使用 link: 找尋反向連結的網站

　　Google 除了可以直接搜尋外，也可以使用「link:」來搜尋有反向連結的網站，亦即只要使用「link: 網址」這項功能，就可以知道有多少網站連結到現有的網址上。例如想查詢國立公共資訊圖書館有多少反向連結的網站，只要在搜尋框輸入「link:nlpi.edu.tw」就可以查到網站反向連結的網站。

圖片來源：Google 網站

八、搜尋特定數字範圍內的資料

　　若想搜尋問題的答案，是和數字有關的資料，例如日期、價格等，可以使用兩個句點 (..) 來分隔要查詢的數字，即可搜尋到包含該範圍數字的資料。例如「電動機車 NT20000..NT50000」就會搜尋 2 萬新臺幣到 5 萬新臺幣之間的電動機車。

圖片來源：Google 網站

　　例如想要找出 2015 年到 2017 年全球的重大災害，可以直接在搜尋引擎中輸入「全球重大災害 2015..2017」，即可搜尋出想要的結果。

圖片來源：Google 網站

九、使用「filetype:」搜尋特定的檔案類型

如果想要搜尋特定的檔案類型，例如 PDF 檔或 PPT 檔，可以使用「filetype:」來指定想要搜尋的檔案類型，例如想找尋行動上網相關的 PDF 檔，就可以使用「行動上網 filetype:pdf」來搜尋。

圖片來源：Google 網站

十、使用「以圖找圖」功能

Google 本身有提供圖片搜尋的功能（網址 http://images.google.com），亦即「以圖找圖」的功能，如果看到一張圖片，由於沒有關鍵字可供搜尋，此時即可使用「以圖找圖」的功能，找到一些相似的圖。「以圖找圖」的功能，會在網路上尋找類似的圖片，所以有以下的功用：

1. 看到一張風景照，想知道地點。
2. 看到一幅畫作，想知道名稱或作者。
3. 看到一張人像，想知道人名或資料。
4. 對於現有的圖片，想找到類似的圖片或出處。

由於「以圖找圖」的功能，是在網路上尋找類似的圖片，其前提是必須有類似的圖片，曾經出現在網路上，所以如果不是著名的景點、知名的畫作、或有名的人物，有時還是不容易找到相關資料。

🔍 延伸思考

　　圖片為一漂亮的風景區，有看到相關的建築物但不知地名，此時可先進入 http:// images.google.com，可以看到照相機的圖片。

照相機圖片
點進去

圖片來源：Google 網站

可以直接貼上圖片的網址或上傳圖片。

將上面的風景圖上傳，經由 Google 搜尋之後，除了可以找出格局、色調與圖片內容接近的相似圖片外，跟這張圖片有關的網頁，或有使用這張圖片的其他網頁都會列出來。經搜尋之後，結果顯示此圖片是日本的朝日啤酒大廈、東京市政府墨田區役所、東京晴空塔。

2013-06-09 富士伊豆行Day5 墨田水族館-隅田川水上巴士@ sultt。旅行 ...

sultt.pixnet.net/.../28627282-2013-06-09-富士伊豆行day5-墨田水族館-... ▼
800 × 532 - 2013年7月11日 - 今天在行程表上是半天自由活動，我覺得這樣也挺好的。 爸媽之前有跟我說以後出國想要自助看看，正好來試試水溫。 本來我的計畫是這樣：飯店 ...

漫步东京_南方侠_新浪博客

blog.sina.com.cn/s/blog_4b91608a0102wm28.html ▼ 轉為繁體網頁
690 × 458 - 2016年10月24日 - 东京的历史可追溯到400多年前的日本德川幕府时代，当时称江户，是日本自德川幕府时代以来的主要都市之一。1603年，德川家康在这里建立德川 ...

圖片來源：Google 網站

((·)) 7.2 / 關鍵字廣告之說明

▶ 7.2.1　何謂關鍵字廣告行銷

　　一般而言，當我們想了解商品資訊或有尋找資料的需求時，通常會上網在搜尋引擎輸入想要尋找對象的關鍵字，此時搜尋引擎會依輸入的關鍵字，提供二種搜尋結果，在搜尋結果的最上面，是廣告主透過付費購買的「關鍵字廣告欄位」，排序在付費關鍵字廣告後面，是不須付費的自然搜索結果，免付費的排序是經由搜尋引擎最佳化 SEO（Search Engine Optimization, SEO）後，呈現出來的結果。這種透過搜尋引擎行銷 SEM（Search Engine Marketing, SEM）的方式，讓網站與商品內容能快速及大量曝光的行銷策略，可稱之為關鍵字廣告行銷。

　　對廠商而言，經由關鍵字廣告，將消費者引導到廠商的商品頁面或網站，進而達到銷售商品的目的，是廠商最在意的事情；所以如何讓關鍵字廣告達到最好效果？如何找到目標客戶群？是使用關鍵字廣告行銷時最主要的目標。

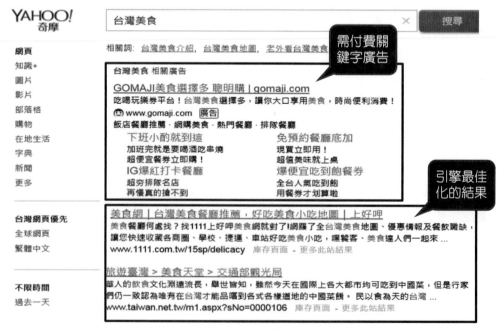

圖片來源：奇摩網站

⊳ 7.2.2　影響關鍵字廣告搜尋排名結果的因素

　　在關鍵字廣告的領域中，有所謂金三角理論，亦即搜尋結果呈現後，一般消費者的視線，會從上往下、從左往右依序觀看，所以如果希望提高廣告點擊率，廣告最好是出現在左上角。同時由相關的研究指出，第一頁的點擊率是最高的，依序點擊率會呈現遞減的狀況，不過有時候排在第二頁前面的廣告，會比第一頁後面的廣告，點擊率還要高。以下針對二種關鍵字廣告的運作模式，說明如下：

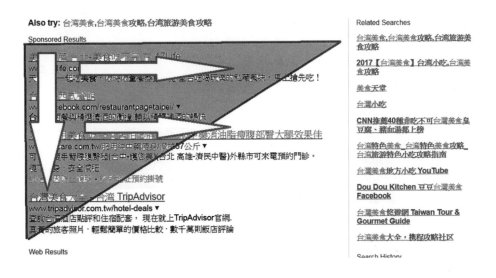

一、付費式「關鍵字廣告」

　　當廠商付費購買「關鍵字廣告」時，其搜尋結果會出現在 Google 系統最上面，Yahoo 則會出現在最上面或右側，關鍵字廣告是依照實際被點擊的次數來收費，所以符合廣告費便宜又有效的特色，而每點擊一次需付的金額 CPC（Cost Per Click），以及廣告在網頁上的位置與順序，則是由購買廣告的廠商經過廣告品質（又稱為廣告評級）的計算後決定。廣告品質是由出價、品質分數與廣告額外資訊效果三項因素來決定；其中品質分數是由下列三項要件所構成：

1. 點擊率（Click-Through Rate, CTR）：點擊率指的是當消費者看到曝光的廣告後，點擊此廣告的比率。

　　　　　點擊率＝廣告點擊次數／廣告曝光次數

2. 廣告文字關聯性：標題與內文中必須要有相關的關鍵字出現，才符合廣告與商品之間的關聯性。

3. 到達網頁的品質：網頁中需要有與關鍵字相關的文字與內容，若以當下熱門話題或與網頁內容無關的字詞作為關鍵字，將消費者引導到自己的網站，此種引導型的手法，品質較差，分數會較低。

在關鍵字廣告搜索到相關廠商時，除了出現相關的廣告外，還有下方會出現「廣告額外資訊」，此部分的點擊率也會計入品質分數。廣告額外資訊這項功能，會在原廣告的下方顯示商家的其他資訊，例如優惠活動、地址、電話號碼。

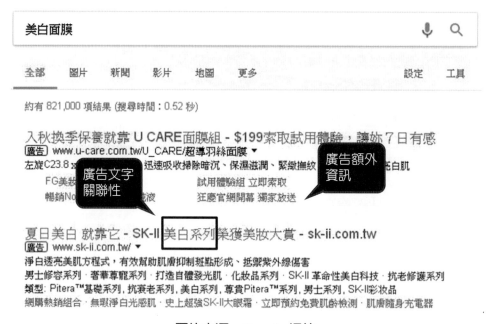

圖片來源：Google 網站

當廣告主購買關鍵字廣告時，系統會根據廣告品質決定關鍵字廣告的版面位置，由於廣告品質的評級，是屬於動態式的改變，若有其他對手出高價，或新購買的廣告主具有較佳廣告品質時，系統就會重新計算廣告品質；因此每次當您的廣告，有機會顯示在付費購買的關鍵字廣告欄位時，系統就會依據當時的廣告競爭程度，決定廣告的排名與版面位置，而且每次可能都會變動。

由於只要購買關鍵字廣告後，通常會有立即明顯的效果，並且可以設定每日或每月的預算，讓廠商能有效地控制廣告成本，再加上可靈活替換多組關鍵字，所以一直是熱門的網路行銷手法。但依照臺灣的現況，主要的關鍵字廣告平臺有 Google 與 Yahoo 二家業主，彼此之間是獨立的關鍵字廣告單位，所以如果想要在這二家搜尋引擎都出現排名，那就要花費二倍的廣告費用，其他還有同業惡性點選，造成預算的消耗，關鍵字也會因

為競爭廠商的加入，造成價格變貴等缺點，然而，綜合上述的優缺點，關鍵字廣告仍有其不可取代的角色。

圖片來源：Google 網站

圖片來源：奇摩網站

二、搜尋引擎最佳化（SEO）

若不想付費購買關鍵字廣告，另一種方法是使用「搜尋引擎最佳化」SEO（Search Engine Optimization, SEO）的方式，就是讓廣告主的網站，透過搜尋引擎的演算法則，在自然搜尋的情況下，能夠有較前面的排名。此方法和廣告主的網頁程式設計編碼有關，其影響的主要因素，大致上可以分為內部的網頁的內容與外部網站的連接狀況二種。

(一) 內部的網頁內容

網頁的標題、描述說明、內容（包含文字、圖片、超連結等），與關鍵字的相關度越高，優化的品質會越好。依據 HTML 網頁設計的基本架構，分成二大區塊，從 <html> 標籤往下會有 head tag（標頭標籤）與 body tag（內容標籤）二部分，最後以 </html> 作為結束，以下分別針對 headtag 與 body tag 作說明。

1. head tag 部分是以 <head> 做為開始，以 </head> 做為結尾，在這二者之間至少會有 title tag（標題標籤）與 meta tag 二種標籤。

   (1) title tag：網頁的標題會寫在此標籤內，標題儘量選用適當與關鍵字有相關性的文字，避免使用太平凡或太深奧的文字來當標題。標題會直接影響關鍵字搜尋的排名，因此，如已有想要的關鍵字，不妨巧妙地置入標題裡，這樣可以有效提升關鍵字搜尋的排名。

(2) meta tag：meta tag 是提供搜尋引擎關於網頁的基本資訊，其有些內容並不會直接顯示在網頁上，必須要透過檢視原始碼才能看到，meta tag 的內容常用的是 keywords 與 description 這兩項主旨，分別用來標註網頁的關鍵字以及網站的內容簡介，以下是 meta tag 的實際範例。

```
<head>
<title> 歡迎光臨臺灣美食網站 </title>
<meta name ＝ "description" content ＝ " 本站會介紹臺灣各地的美食 ">
<meta name ＝ "keywords" content ＝ " 臺灣美食 ">
</head>
```

上述的程式語法，即會在網站出現「歡迎光臨臺灣美食網站」的標題，網站的簡介「本站會介紹臺灣各地的美食」，以及關鍵字「臺灣美食」。

2. body tag（內容標籤）

在 head tag 的下方是 body tag，是 HTML 網頁架構的主要呈現內容，在網頁上呈現的 Logo、文字、表格、圖片、影片等內容程式碼，均是在此區域撰寫。

```
<html>
<head>
<title>網頁標題</title>
</head>
<body>
網頁內容
</body>
</html>
```

body tag 的位置

網頁設計時，其內容除了文字外，還可能會有動畫與圖片，由於搜尋引擎只會分析「文字」，不會分析「動畫」與「圖片」，所以如果想要優化搜尋引擎的話，要儘量避免有動畫效果的網頁，至於圖片部分，一般是建議不要大量使用圖片來建構網站，如果網頁上有圖片時，可以使用 alt tag（圖片描述標籤）加強搜尋引擎對於圖片的解釋，也就是讓搜尋引擎可以找到你的圖片。若在網頁設計時有用到圖片，而且此張圖片有使用 alt tag，則當圖片因故無法顯示時，會取而代之顯示 alt tag 的文字，alt tag 在 html 語法是如下所示：

<img src=" 圖片路徑 " alt=" 圖片的文字描述 ">

如果圖片可以正常顯示，alt tag 感覺上就沒有什麼作用，但對於搜尋引擎優化而言，圖片有使用 alt tag，可以增加其優化的評級；另外需注意的是圖片標題（title），標題是用來標示圖片的說明文字，當滑鼠移到圖片上，就會自動顯示出來的提示文字，alt 則是圖片的替代文字，只有在圖片失效的時候，才會顯示出來的文字，如果圖片可以正常顯示，alt 是不會有任何的功能。圖片標題（title）在 html 語法是如下所示：

<img src = " 圖片路徑 " title = " 臺灣美食 ">

網頁設計時除了主網頁外，還可能會有子網頁或路徑，因為每一部分都會有不同的主題，所以需要有不同的 <title>，因此對於子網頁或路徑的描述，也可以適當的加入關鍵字，以達到提升搜尋引擎最佳化的效果。

(二) 外部網站的連接狀況

建立連結的目的，除了希望從其他網站導引到自己的網站外，當一個網頁連結到另一個網頁時，通常可以視為是一種推薦的效果，代表連接的網頁有不錯的資訊，搜尋引擎也會透過連結，找出外部網站與原網站連結的相關性與適當性，而且還會檢查從外部網站指向該網站頁面的連結數量，以及這些外部網站的品質，只要連結所在的網站其內容相關性越高，網頁內容品質越好，搜尋結果中的排名就越高。有些網站會提供推薦的網站或友站連接，或由內文轉貼或分享文章，這類的社交訊息亦可視為是外部連接的一種，同樣有加分效果。因此，搜尋引擎會看好一個獲得很多良好外部鏈結的網頁，此項因素對於 SEO 和網站排名有很大的關聯性。

然而，建立外部連結並不是胡亂地為了增加而增加，因為搜尋引擎為了避免濫用連結，會根據連結的相關性與適切性，將濫用的連結判定為垃圾訊息；其他如失效的連結、不恰當的連結，均會降低網站搜尋的排名，因此，唯有真正有效地建立良好的外部聯結，才能提升網站排名，達到優化網站的目的！

其他有關搜尋引擎最佳化的研究中，有提到其他影響自然搜尋排名的因素，有流量（瀏覽之人數）、網站設立的時間、社群的影響等，但內部的網頁內容與外部的網站連接，可視為是搜尋引擎最佳化最重要的二大因素，應先完成此二項因素後，再針對個別的狀況逐步處理。

((()) 7.3 / 關鍵字的選擇與設定

▶ 7.3.1 如何選擇有效的關鍵字

若想使用關鍵字廣告行銷，首要的任務就是選擇有效與良好的關鍵字，一個好的關鍵字，應以能夠提高搜尋度與點閱量為目標來設定，應該如何幫商品選擇有效的關鍵字呢？

一、站在市場與消費者角度思考，會用什麼關鍵字來尋找商品

關鍵字廣告行銷的目的，就是要有一定數量的消費者搜尋，才能達到行銷的目的，如果選擇到點閱率太少的關鍵字，即使排序在前面也無法達到行銷的功能。因此不要選擇太冷門的關鍵字，應回歸到市場機制，以消費者角度來設定關鍵字。

二、選擇適合自己商品的關鍵字

關鍵字要和自己的商品和網站有高度的相關性，不要追逐熱門的關鍵字，高點閱率的關鍵字，競爭性太強且價格偏高，不一定符合自己的需求，低點閱率的關鍵字，競爭程度低且成本較低，但有可能效果不好，所以一定要選擇最適合自己商品的關鍵字，才能將點閱率轉化成購買率。

三、使用關鍵字研究工具，幫忙選擇

Google 本身有提供 Ads 軟體，幫助廣告主了解關鍵字廣告的現況，除了關鍵字的熱門程度、使用情況與出價狀況外，若本身沒有關鍵字的靈感時，也可以使用這個工具，看看有什麼符合自己商品的關鍵字。Google Ads 的使用方式如下：（以下畫面皆來自於關鍵字廣告網站，網址：https://ads.google.com/intl/zh_TW/home/）

Step1 以 Google 帳號登入後，點選「資源」，再點選「瞭解廣告工具」。（若想直接進入「關鍵字規劃工具」頁面，可以點選下列短網址 https://reurl.cc/ObWdMR）

Google Ads　　總覽　　運作方式　　費用　　常見問題　　**資源**　　聯絡方式　　📞 0800-233-002*　　登入

探索我們的
進階功能

點選此處　　■ 探索廣告活動類型
　　　　　　🔘 瞭解廣告工具

Step2　　進入「關鍵字規劃工具」頁面。

Google Ads　　總覽　　運作方式　　費用　　常見問題　　**資源**　　聯絡方式　　📞 0800-233-002*　　登入

瞭解廣告工具

看看有哪些額外工具可用來進一步提高 Google Ads 策略的
效果。

選擇最適合您廣告的關鍵字　　　　　　　關鍵字規劃工具 →

🔧 關鍵字規劃工具

選擇合適的
關鍵字

採用適當的關鍵字，才能向理想客群放送廣告，
而 Google Ads 關鍵字規劃工具正是您的得力助
手。

前往關鍵字規劃工具

夏季服飾　　　　　　　　　取得提案

☑ 涼鞋

■ 泳裝

■ 牛仔短褲

Step3 點選「尋找新的關鍵字」頁面。

Step4 輸入與產品或服務有相關的關鍵字後，再點選「取得結果」。

Step5 輸入「臺中美食」後,畫面除了會顯示搜尋的關鍵字以及其他有關聯性的關鍵字外,還會顯示「平均每月搜尋量」、「競爭程度」、「高低價範圍」等欄位,可由這些訊息看出相關的搜尋量與價格的參考數字,對於關鍵字的選擇與設定有很大的幫助。

Step6 若想增加搜尋的字彙,可在「擴大搜尋」欄位尋找合適的關鍵字。

Step7 若想修改顯示的欄位，可點選右上方的「欄」，進入「修改欄」作修改。

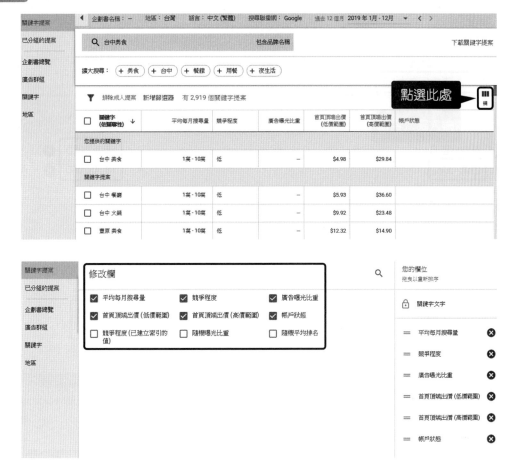

Step8 若想修改關鍵字預測的地區，可點選左上方的「地區」，再進入「指定地區」修改。

> **Step9** 在指定地區欄位，可輸入想指定或觀察的區域或城市。

⊛ 7.3.2 關鍵字的選字技巧與類型

　　如何選出好又有效的關鍵字，作為行銷的廣告策略，是關鍵字廣告能否成功最重要的因素之一，以下將關鍵字選字的技巧與類型，分門別類後說明如下：

一、產業關鍵字

　　每個產業均有其專有的行業名詞，若使用本身的產業，作為搜尋用的關鍵字，首先應該考慮選擇所屬行業中，搜尋量最大的「行業名稱」，作為目標關鍵字。由於同一產業，理論上會有很多同行或類似的業者，所以其搜尋出來的網站，會偏向是廣泛的結果，比較無法彰顯商品的特色。如果產業是屬於較特殊或寡佔型的產業，則產業關鍵字容易得到不錯的效果，若從事的是不具有前面特色的產業，則建議除了產業關鍵字外，再多加一些形容商品特色的關鍵字。

【例】「飾品批發」、「服飾批發」均可視爲是產業關鍵字

【例】機票 ⟶ 產業關鍵字

日本廉價機票 ⟶ 增加商品特色形容詞

二、公司名稱或品牌關鍵字

當公司本身具有相當的知名度或品牌具有一定的強度時，可以將公司或品牌當作關鍵字廣告的一部份，以便讓使用關鍵字搜尋的消費者，能夠經由關鍵字廣告連接到公司（產品）相關網站。通常國內外知名企業，大家耳熟能詳的商品，均可採用此類型的關鍵字廣告。

三、產品／服務關鍵字

以消費者的角度而言，當使用產品／服務關鍵字搜尋後，發現搜尋出來的結果非常多，這種型態是屬於廣泛式的搜尋，如果消費者本身對產品／服務有所知悉或想法，這時候可能會增加產品／服務特色的關鍵字，來縮小搜尋範圍。

【例】機能衣 ⟶ 產品關鍵字

排汗機能衣 ⟶ 增加商品特色的形容詞

運動機能衣 ⟶ 增加商品特色的形容詞

【例】蛋捲 ⟶ 產品關鍵字

手工蛋捲 ⟶ 增加商品特色的形容詞

天然食材手工蛋捲 ⟶ 更明確的商品特色的形容詞

所以此類型的關鍵字，可以先以最大的分類範圍開始，找出商品的特色後再慢慢縮小，最後挑選出不要過度廣泛、或是過度小眾的詞彙，以確保商品名稱能夠符合絕大多數人的搜尋邏輯。

四、針對特定節日的「節慶或活動關鍵字」

遇到一些節日、慶典、活動時，例如情人節、母親節、除夕、花博、世大運等，相對應會有一些應景的商品或服務，此時即可使用相關的關鍵字來促銷。

【例】每年除夕時，餐廳可以買關鍵字「年菜」、「圍爐」、「年夜飯」，情人節則可以購買關鍵字「情人節禮物」、「玫瑰花」、「情人節巧克力」，以提高購買率。

五、地區／產地關鍵字

有些商品具有地方特色與地域性，如能在商品前面冠上地區或產地名稱，並以此作為主要關鍵字，有時會有不錯的加分效果。

【例】阿里山烏龍茶、臺中太陽餅、臺南牛肉湯。

六、長尾關鍵字

「長尾關鍵字」跟「較長的關鍵字」很容易讓人混淆，長尾關鍵字指的是由長尾理論的角度來思考，點閱率較低的關鍵字，因為有特定的消費族群，會使用此類關鍵字搜尋商品，所以此類型訪客經由關鍵字進入網站的機率很高，即長尾關鍵字具有高轉換率相對競爭性較低，但點閱率較少的特色。

通常使用廣義關鍵字搜尋的消費者，代表消費意願還不明確，雖然可能有較多人搜尋，但化為真正客戶的機率比較低；但相反的，若是訪客使用相當精準且明確的關鍵字搜尋，代表消費者通常已經具備了較完整的商品資訊，可能已進入比價或尋找商品的階段，所以即使搜尋或點閱率較少，但理論上成功率會比較高。

🔍 **延伸思考**　　　　　　　　　　　　　　　　　

若以「臺中餐廳」為關鍵字，搜尋出來的結果如下：

Google ｜ 台中餐廳

10 大台中市最佳美食餐廳- TripAdvisor
https://www.tripadvisor.com.tw/Restaurants-g297910-Taichung.html ▾
台中市美食餐廳：查看TripAdvisor 上關於台灣台中市美食餐廳的客觀公正評論、美食經驗和真實照片。
頂餐廳- 台中亞緻大飯店 · Soluna-All Day Dining 饗樂 ... · 赤鬼炙燒牛排 · 清真菜

台中美食餐廳推薦2017.07.25更新。總整理懶人包最新情報! @ sunny ...
piliapp-mapping.sunnylife.tw/.../143502748-台中美食餐廳推薦2017.07.25更新。總... ▾
2017年7月25日 - 請點這裡繼續讀(工具邦技術提供) 我搬家了！請點這裡繼續讀(這裡只有摘要) 閱讀全文➜ 台中美食餐廳推薦2017.04.24 更新。總整理懶人包最新情報!

[懶人包]肥肥人妻的台中餐廳總分類整理@ 人妻拋爾！趙耶曲 Heidi ...
heidichao.pixnet.net/.../48402020-%5B懶人包%5D肥肥人妻的台中餐廳總分類整理 ▾
[懶人包]肥肥人妻的台中餐廳總分類整理. 趙耶曲 這篇比較懶惰不會一一的把店家寫出來，而是直接用分類的方式貼上我寫過的店家文章，不過好處是比較清楚明暸歐 ...

圖片來源：Google 網站

改以「臺中餐廳 wifi」為關鍵字，搜尋出來的結果有所不同

圖片來源：Google 網站

改以「臺中餐廳 wifi 寵物」為關鍵字，此種搜尋方式，代表消費者想找寵物可進入的餐廳，且本身想悠閒吃飯上網，相對競爭性較低，即是所謂的長尾關鍵字。

【懶人包】尋找台中有咖啡wifi插座就是要找咖啡館拎著電腦找咖啡（持…
https://papacat.xyz/521-【懶人包】尋找台中有咖啡-wifi-插座-平價-拎著電腦找/
目前星巴克也是全面提供免費wifi，插座就要自己找了，台中有咖啡wifi插座的咖啡廳在?? 尋找台中 …
【台中北區】HomeCafe 幸福好食咖啡寵物認養餐廳！餐點美味有 …

台中咖啡 - Nini and Blue玩樂食記
https://niniandblue.com/blog/post/206880211 ▾
【台中咖啡】好日咖啡，逢甲商圈巷弄小店，店貓作陪好可愛~有插座、wifi、可帶小寵物但要打過預防針，寵物友善餐廳. 2015-12-10 2017-07-20 | by niniblue …

台中咖啡 - Nini and Blue玩樂食記
niniandblue.com/blog/.../206880211-【台中咖啡】好日咖啡，逢甲商圈巷弄小店，▾
2015年12月10日 - 好日咖啡，逢甲商圈巷弄小店，店貓作陪好可愛~有插座、wifi、可帶小寵物但要打過預防針，寵物友善餐廳趁著咖啡萬聖節來認識一些咖啡館，在逢甲 …

〔台中美食〕台中寵物友善餐廳懶人包：台中超過50家寵物友善 … - 熱血…
taiwan17go.com/h1105/ ▾
2015年11月5日 - 台中市專門為毛小孩打造的寵物餐廳不多，不過，歡迎毛小孩進門來的寵物 …. 房子裡有樹的餐廳清爽閒約早午餐全天侯營業環境舒適提供插座和wifi.

【台中咖啡】好日咖啡，逢甲商圈巷弄小店，店貓作陪好可愛~有插座、w…
www.ipeen.com.tw › 美食 › 台中市 › 咖啡、簡餐、茶 › 咖啡專賣 › 好日咖啡 ▾
★★★★☆ 評分：40/50 - 評論者：nini&blue
2015年12月12日 - 【台中咖啡】好日咖啡，逢甲商圈巷弄小店，店貓作陪好可愛~有插座、wifi、可帶小寵物但要打過預防針，寵物友善餐廳. 好日咖啡，逢甲商圈巷弄小店 …

圖片來源：Google 網站

圖片來源：Google 網站

七、較長的關鍵字

「較長的關鍵字」和「長尾關鍵字」是不同的思考邏輯，「較長的關鍵字」通常會將上述所提到的商品特色、款式、特殊需求（手工、限量）、節日、地區等特色，一起併入關鍵字廣告中，所以容易得到比較好的顯示效果，而且被認為可以得到較高的點閱率，這種較長的關鍵字可稱為「複合式關鍵字」，關鍵字可能由"地點＋節日＋特色＋類型＋功能"等複合字組合而成。

【例】阿里山有機烏龍茶

　　　情人節手工珍珠項鍊

八、競爭品牌關鍵字

廣告主如果本身是知名企業或公司，通常會購買公司名稱或品牌關鍵字，但現今關鍵字廣告的操作手法，還有可能會設定競爭對手的品牌名稱做為關鍵字，此即是一般所稱的「競爭品牌關鍵字」。會使用「競爭品牌關鍵字」就是希望消費者在搜尋「競爭品牌關鍵字」時，可以讓自己品牌的關鍵字廣告也同時出現，尤其如果本身是小廠商的話，

除了可經由此種方式提高知名度外，也讓消費者能多一項選擇商品的機會，甚至有可能會引導消費者到自己的網站，提高本身商品成交的機會；同時在查尋競爭者關鍵字的過程，除了可以達到知己知彼的功效外，還有可能得到一些本身商品關鍵字的靈感。

使用競爭品牌關鍵字的行銷手法，由於牽涉到品牌或商標的問題，有時很容易引起競爭廠商的不滿，而引發糾紛。從這幾年發生的競爭品牌關鍵字的風波來看，包括二家電視購物頻道、量販店、健身俱樂部，臺灣的主管機關最後判定沒有侵犯到商標權，是以開罰作收。但從這些案例可看出，若在廣告內容中以比較、對比的方式，隱含貶低競爭對手的意圖；或在商標的使用上，讓消費者有混淆誤認之嫌；或是攀附競爭品牌的商標，從事不公平的競爭狀態，使對手遭受潛在客戶流失的可能等行為，都可能會有相關的法律責任。但如果是本身有提供該品牌或產品的銷售或服務，或是品牌聯合的行銷活動，屬於合作策略下的活動，在網站標示清楚，不會有誤導消費者是該品牌官方網站的前提下，就不會有侵權或違法之疑慮。

如何選擇適當的關鍵字，以提升點閱率與購買率，是廣告主最在意的事情，也是優化網站的要件之一；消費者會使用什麼樣的關鍵字搜尋，有時無法真正得知，所以對於關鍵字廣告，需要有相當的研究與實務經驗，才會找到恰當與有價值的關鍵字。

((( ))) 7.4 / 關鍵字廣告的比對方式與需求客戶的類型

▷ 7.4.1 關鍵字廣告的比對方式

廣告關鍵字在比對字詞是否符合搜尋要求時，有四種比對的類型，分別為「廣泛比對」、「廣泛比對修飾詞」、「詞組比對」、「完全比對」，比對選項涵蓋的範圍從最寬廣的「廣泛比對」，依序縮減到關聯性最高、最精確的「完全比對」，一般來說，關鍵字比對選項涵蓋的範圍越大，關鍵字的曝光率與點擊率就越高，但轉換率就會變低；相對地，比對選項越精準，關鍵字與目標客戶的關聯性就越高，轉換率會比較高。瞭解這些差異後，廣告主就可以依據自己本身的目的，選擇合適的比對選項。四種比對的類型，分述如下：

一、廣泛比對

　　廣告平臺廠商通常會將廣泛比對選項，作爲預定的搜尋方式。使用廣泛比對類型時，搜尋的廣告關鍵字，只要內含關鍵字字詞所用字眼的任何組合，近似變體[1]、同義字、類似或相關變化形式字詞、錯別字都可能會帶出廣告，是屬於大範圍的廣泛搜尋，只要是任何可能相關的潛在客戶，均不想錯過。

　　這樣的比對方式，可以節省建立關鍵字清單的時間，不需要費心爲關鍵字找出所有可能的衍生字；同時可以避免因點擊成效不佳，系統停止對該關鍵字及類似的搜尋字詞顯示廣告。但其缺點除了轉換率會偏低外，如果廣泛比對的關鍵字與其他搜尋字詞相關度太高，可能會導致品質分數下降，影響廣告的顯示位置。

【範例】

廣泛比對關鍵字	可能帶出的搜尋內容
美白面膜	美白面膜
	美白
	面膜
	無齡美肌、極速淨白

二、廣泛比對修飾詞

　　如果使用廣泛比對修飾詞（又稱爲廣泛比對修飾符），作爲廣告關鍵字比對的類型時，同義字（例如「臺南」和「府城」）及相關變化形式字詞（例如「電腦」和「筆電」）不會呈現，只有當搜尋內容與關鍵字達成完全比對，或符合近似變體等條件，且廣泛比對修飾詞可以指定一個或一個以上的關鍵字搜尋，所以當搜尋字內含指定關鍵字（中間可插字）時，才會帶出廣告。

　　修飾詞能提升廣泛比對關鍵字的精確度，提高關鍵字的關聯性，縮小觸發廣告的客戶範圍，雖然曝光率可能會降低，但目標客戶的關聯性較高，相對轉換率會比較高。實務上在操作關鍵字廣告時，會將廣泛比對修飾詞放在另設的廣告群組，以方便和原有的關鍵字廣告做對比與績效評估。若想設定廣泛比對修飾詞，只要在設定的關鍵字前面使用加號 (+) 爲前置字元，且加號 (+) 與關鍵字之間不可以有空格。

---

[1] 近似變體包括錯別字、單複數形式、首字母縮寫、大小寫、詞幹（例如「臺北」和「臺北市」）、字根變化（例如「floor」和「flooring」）、縮寫以及帶有重音符號的字母。

【範例】

廣泛比對修飾詞	可能帶出的搜尋內容
＋手工蛋糕	手工蛋糕
	手工天然蛋糕
	手工好吃蛋糕
	手工好吃天然蛋糕

三、詞組比對

　　詞組比對又稱為片語比對，在詞組比對的模式下，只有當搜尋字詞與預設關鍵字（或近似變體）完全相符時，才會帶出廣告。此種模式可允許在相符的關鍵字前後包含其他字詞，但是不可以在關鍵字中間插入其他字詞。

　　詞組比對的方式比前二種比對方式更加精準，可以避免不必要的曝光，還能針對需要特定產品或服務的客戶顯示所需要的廣告，因此關鍵字的點擊率也較高。若想設定詞組比對，只要在設定的關鍵字前後使用雙括號(" ")括住設定的關鍵字即可。

【範例】

廣泛比對關鍵字	可能帶出的搜尋內容	不會帶出的搜尋內容
" 手工蛋糕 "	手工蛋糕	手工天然蛋糕
	好吃手工蛋糕	手工好吃蛋糕
	手工蛋糕教學	手工好吃天然蛋糕

四、完全比對

　　在完全比對模式下，當搜尋字詞與預設的關鍵字（或近似變體）完全相符，且前後和中間不能夾帶其他字詞，才會帶出廣告。

　　完全比對會減少關鍵字的曝光率，但由於使用者所搜尋的字詞與產品之間，有非常高的相關性，搜尋者極有可能就是在尋找你的產品的消費者，所以理論上點擊率會比較高，如果了解客戶的屬性，而且只想在客戶搜尋某個關鍵字時顯示廣告，就可使用此種比對方式。若想設完全比對，只要在設定的關鍵字前後使用中括號 [ ] 括住設定的關鍵字即可。

【範例】

完全比對關鍵字	可能帶出的搜尋內容
［美白面膜］	美白面膜
	美百面膜

五、排除比對

對於一些和本身設定的關鍵字無關的鄰近字詞，為避免太多無效的搜尋，可以設定為排除比對，當有消費者搜尋到排除關鍵字詞時，廣告就不會被帶出。若想設定排除比對類型，只要在設定的關鍵字前加上一個－（減號）即可。如下例所示，只想販賣手工蛋糕，沒有從事教學活動，則可以設定如下：

【範例】

完全比對關鍵字	可能帶出的搜尋內容	不會帶出的搜尋內容
＋手工蛋糕－教學	手工蛋糕	手工蛋糕教學

要如何為關鍵字選擇適當的比對類型？由於四種比對類型從最寬廣的「廣泛比對」，依序到最精確的「完全比對」，針對的目標客群不完全相同，所以通常會建議採用至少兩種關鍵字的比對類型，接下來必須監控關鍵字的成效，觀看何項效果較佳，同時注意是否有太多無關的關鍵字，帶出本身設定的關鍵字廣告，如有類似的情形，建議可使用排除關鍵字的方式，避免這類無效的廣告影響。當關鍵字廣告累積了一段曝光和點擊次數後，廣告主可使用「搜尋字詞報表」、「關鍵字規劃工具」等輔助工具，瞭解搜尋者實際使用的廣告搜尋字詞，以調整與製作更有效的關鍵字廣告。

⊳ 7.4.2 關鍵字廣告需求客戶的類型

EKB Model 模式是 Engel、Kollat 和 Blackwell 在西元 1968 年所提出有關消費者行為的理論模式，因取其三位學者姓氏之第一字母，故簡稱 EKB 模式，此理論模式經多年來的修改，成為近年來研究消費者行為最常見的模式之一，一般稱之為「消費者購買決策模式」。該理論從購買決策過程去分析消費者的行為後指出，消費者的購買行為涉及了「資訊投入→資訊處理→決策過程」等三個階段；其中，以「決策過程」是整個模式中的最重要的核心因素，EKB 模式將購買決策過程分為 5 步驟，分別為：

Step1 　**需求認知**：當消費者察覺到實際生活中的某些情況與心中企盼的情況有所差異，可能就會產生需求。這種從動機因素，喚起知覺上的需求，所產生的需求認知，是決策過程第一階段，也是購買過程中最基本的誘因。

Step2 　**資訊蒐集**：當消費者產生需求認知後，通常會先從原有的記憶或消費經驗搜索，若記憶或經驗無法解決需求問題時，消費者會轉向外部來源搜尋相關資訊，以全世界目前的現況，搜索引擎是主要尋找資訊的工具，關鍵字則是搜索資訊的主要元素。

Step3 　**方案評估**：當消費者資訊蒐集完成後，即可依照蒐集到的資訊，對可行的方案，進行比較與評估。

Step4 　**購買**：消費者如有意購買商品，則會依照先前的評估方案，選擇最能滿足本身需求的商品購買。

Step5 　**購後結果**：使用商品後如果與預期結果一致，則會形成滿意的結果；反之，如果消費者對於產品未能達成所期望的結果，則會形成決策後失調。

在 EKB 模式的決策過程中，與關鍵字廣告有直接相關的，即是「資訊蒐集」這個步驟。在網路時代的結構下，針對網路的消費者所提出的網路消費者行為模式，稱為「AISDAS」網路消費者行為模式，其順序如下所示：

圖 7-1　AISDAS 網路消費者行為模式

其中的第一個「S」上網搜尋產品，即是關鍵字廣告所訴求的主題。上述二個模式提供的是理論的基礎架構，但由模式來看，以關鍵字上網搜尋產品，幾乎是現代人購買產品必經之路；相對的，使用關鍵字搜尋產品的客戶類型，也會牽涉到關鍵字廣告的購買類型，所以底下將使用關鍵字搜尋產品的客戶，大致分成四種類型：

一、購買型 → 有需求會直接購買的客戶

使用關鍵字廣告行銷的廠商，最喜歡此類型的客戶，會直接購買的客戶，有三種可能：第一種可能是買過同家廠商的類似商品，是品牌忠誠度的愛好者，屬於老客戶類型，此類型的客戶，是行銷理論中行銷成本最低。第二種可能是特定品牌的愛好者，此類型

的購買者，不一定有買過特定品牌的商品，但可能在特定的時空點，會直接購買商品，例如：我們俗稱的粉絲，即是此類型客戶。第三種可能是有急迫購買需求的客戶，因某項原因需緊急購買，只希望商品能夠早點使用。

有需求會直接購買的客戶，搜尋的方式有兩種，第一種是將網站設為我的最愛，直接點選進網站，這種方式稱之為直接流量，另一種是直接在搜尋中使用較明確的關鍵字，找到商品訊息，這種方式稱之為直接搜尋。由於直接購買型的客戶，具有很高的成交率，所以有些廠商會使用前面所說的「競爭品牌關鍵字」，來吸引消費者，如果競爭品牌關鍵字是專有名詞的話，比較容易引起糾紛，建議使用一般通俗型的名詞，較不會起爭執，同時自己本身的廣告或文字說明中，要出現想使用的關鍵字。

> 【名詞說明】新增無痕式視窗
>
> 一般而言，Google 在處理關鍵字排名時，會參考先前的瀏覽紀錄與背景資料來做排序，所以在個人經常使用的電腦上，通常會有 Cookie 紀錄先前瀏覽網頁的資料，若啟動「新增無痕式視窗」，才會最準確知道關鍵字的真實排名。在 Google 的右上角，有一個三個點的符號，點進去後，會看到其中有一項為「新增無痕式視窗」，直接點選即可。

二、評估型 → 蒐集資訊，有購買意願的客戶

有別於有需求會直接購買的客戶，此類型的客戶，是上述模式所提到的處於蒐集資訊階段，是屬於評估型的客戶，本身有購買意願，但沒有強烈的急迫性，還處於比較品牌、價格、功能、服務等階段；因此，關鍵字廣告的標題或內文，都可能影響到最後的購買行為，以關鍵字廣告的操作手法而言，廣告主可以使用「再行銷」的手法，來爭取客戶的青睞。

> 【名詞說明】再行銷
>
> 再行銷（Remarketing），主要目的是希望能吸引曾經造訪過網站的人，能夠再次回訪，引導他們再次進入網站。只要廣告主有購買「再行銷」廣告，定義需要「再行銷」的客群，關鍵字廣告的平臺會依據要求，在符合的客群埋下追蹤碼，會比對客戶的搜尋紀錄，如果客戶未曾購買產品而轉往多媒體廣告聯播網網站，或在 Google 上搜尋符合本身商品、服務的關鍵字詞時，再行銷廣告即會出現於目標客群的瀏覽網頁，引起客戶的注意，最終希望能轉換成購買者。

三、模糊需求型 → 察覺問題，但需求不明確的客戶

EKB 模式購買決策過程中的第一步驟為需求認知（又稱為察覺問題），當客戶有消費需求，但不確定要購買何項產品時，在尋找需要產品的過程，通常會使用關鍵字搜索，此時商品與需求不太明確的客戶，二者之間要使用聯想力的關鍵字來串聯。

【例】西服公司在購買關鍵字廣告時，若想針對察覺問題但需求不太明確的客戶作行銷，應往前推測消費者何時、何地會需要穿西裝，此時應可使用「面試、找工作」類型的關鍵字。

四、瀏覽型 → 打發時間，沒有真正需求的客戶

此類型的客戶在搜尋資訊時，可能無法明確說出想尋找的商品，有可能只是休閒殺時間，所以絕大多數還沒準備好要花錢購物。由於這類型的客戶，事先完全無購買意願，也不會走正常的消費決策過程，所以比較可能是在看到關鍵字廣告的宣傳，例如特價商品、特定限量商品等廣告促銷後，激發一時興起的消費需求慾望，而產生臨時性的購買行為。

行銷理論中有提到最有效的行銷，就是找到正確的顧客，再針對正確的顧客作行銷。由上面客戶的分類來看，不同類型的客戶，會使用不同類型的關鍵字詞彙。瀏覽型、模糊需求型的客戶，偏向於使用廣義型關鍵字詞彙，有購買意願者偏向於會使用精準型關鍵字詞彙，甚至為了避免非目標族群的干擾，還可以使用「排除字彙」的功能，只要能找出本身產品的定位，再找到正確的顧客，相信關鍵字廣告應能收到不錯的行銷效果。

((●)) 7.5 關鍵字廣告的計費方式與效果評估

▶ 7.5.1 關鍵字廣告的計費方式

關鍵字廣告是屬於網路廣告的其中一種類型，只要是網路型態的廣告，其廣告的收費與計價方式均類似，所以本章節所說明關鍵字廣告的計費方式，可適用於其他網路型態的廣告。一般常見的廣告計費方式，有下列 5 種依序說明如下：

一、每次點擊成本 CPC

每次點擊成本（Cost Per Click, CPC，也稱作 Pay Per Click, PPC），一般稱為按點擊計費，亦即每當有人點擊你的廣告時，所需要支付的成本（或費用）。這種計費方式較

不在意廣告的曝光次數，當使用者實際點擊關鍵字廣告，進入廣告主的網站時，才需要支付費用，因此對於預算有限，只在意點擊率的廣告主而言，CPC 是一個比較安全的選項，它以實際點擊成效為目標，對於以銷售為主要目標的關鍵字廣告，是比較好的計費方式。

以 CPC 的計費方式而言，最怕遇到同行惡意點擊、誤擊、點進來沒興趣而離開的情況，另外可能要注意的是，如果你的關鍵字廣告點擊率不高，系統會將逐漸降低廣告曝光度，可能會導致關鍵字廣告，達不到預期的成效；依照前面的說明，關鍵字廣告出現在越前面，點擊率通常會越高，此時就必須以較高的價格購買關鍵字廣告，讓排名能夠往前，但相對地，每次點擊成本會變高。

$$CPC = 總成本 / 廣告點擊次數$$

二、每千次曝光成本 CPM

每千次曝光成本 CPM（Cost Per Millennium, CPM），一般稱為按曝光付費，不管有沒有點擊廣告，只要廣告成功曝光（或展示）給 1,000 人看時，即需要支付的費用，廣告平臺廠商會根據網頁的熱門程度（瀏覽人數），來劃分不同的價格等級，以固定費率的方式收取費用。對於想要大規模地為公司作宣傳，提升知名度，增加曝光度的廣告主，比較適合這種計費方式，所以想要推廣新產品或活動造勢時，就可以選擇使用 CPM 的計費方式。

一般而言，CPC 的點擊率會比 CPM 高，但是 CPM 的點擊的成本會比較便宜；但如果使用 CPM 的計費模式，遇到投放廣告的網站，是熱門且上網人數規模很大，及恰好點擊率不高時，很有可能會付出不少的廣告成本，所以應多測試評估不同版本的關鍵字廣告，找出點擊率最高、成效最好的版本，做為 CPM 計費的主打廣告，以達到降低成本與擴大曝光率的雙重效果。

$$CPM = 價格 / （曝光次數 / 1,000）$$

三、每次的行動成本 CPA

每次的行動成本 CPA（Cost Per Action, CPA）指的是當瀏覽網頁的消費者，一般稱為按效果付費，完成廣告主要求的行為時，才需要對該廣告付費，即消費者每次完成行動時，所需要付出的廣告成本；這裡的行為或行動，指的是廣告主與廣告平臺廠商約定

的一種用戶行為，可能是「購買商品」、「註冊成為會員」、「填寫問卷」、「下載軟體」等，且這種用戶的行為，是可以被監測效果與計算費用。因此，對於一些遊戲廠商、招生型補習班、求職類網站、交友型網站，CPA 算是最合適的廣告付費方式，類似的業者均可將廣告設定為以 CPA 計費，行銷效果會更顯著。

$$CPA = 每次點擊的成本 / 轉換率 = CPC / CVR$$

四、每單位時間成本 CPT

每單位時間成本 CPT（Cost Per Time, CPT）一般稱為按時間計費，在傳統媒體廣告購買的模式，經常是依播放時間的長短來付費，CPT 即是這種依播放時間收費的概念，在其他商品的消費行為中，月租型的固定收費方式，也是屬於此類時間收費的方式；只不過在網路上，除了可以使用包天或包月的方式處理外，廣告主還可以根據自己本身的需求，在特定的時間區段選取特定廣告，進行有針對性的宣傳與播放。

CPT 的收費方式，對於廣告主與廣告平臺廠商而言，是最簡單、最方便且具彈性的收價方式；但對於廣告主來說，廣告平臺廠商掌握了主動權，當有其他競爭者出現時，廣告預算可能會變高，除此之外，廣告的效果與預期的效益，有可能無法真正被有效地衡量出來。

五、每單位銷售成本 CPS

每單位銷售成本 CPS（Cost Per Sales, CPS）指的是以實際銷售產品的數量，來計算廣告費用，一般稱為按購買量計費。每次成功完成一筆交易，廣告平臺廠商即可收取廣告費 (可視為是佣金)；對於廣告主而言，可以規避廣告費用風險，廣告平臺廠商的角色，反而像是廣告主的業務員，還必須承擔風險，所以廣告平臺廠商大都不願意使用此種收費方式。

任何形式的網路廣告（包括關鍵字廣告）要達到成功的效果，需要有以下三個步驟，首先必須讓廣告成功曝光（或展示），其次是消費者要有點擊廣告的動作，最後是完成廣告主的要求的行為（可能是填資料、註冊或消費）。依上述的說明可知：

1. CPT 和 CPM 是屬於廣告展示類型的收費方式，只要在網站上向消費者曝光廣告，就需要付費給廣告平臺廠商。

2. CPC 是屬於第二種類型的收費方式，在消費者完成點擊的動作後，才需要付費給廣告平臺廠商。

3. CPA 和 CPS 則是屬於第三種類型的收費方式，即消費者必須在廣告主的網站上，完成要求的行為後，才需要付費給廣告平臺廠商。

　　從上面的分類方式，我們可以知道 CPM 和 CPT 對廣告平臺廠商有利，CPC 在所有廣告模式中居間，而 CPA、CPS 則對廣告主較有利；由廣告的價格來看，相對而言，CPT 和 CPM 的價格相對較低，CPC 居於中間，CPA 和 CPS 的價格較高；而以目前廣告主常用的計價方式而言，較常使用的是 CPM 和 CPC 這二種計價方式。

　　以防弊的角度來看，廣告平臺廠商對於網站品質的控管，包括不當的點擊、洗流量的作弊行為，會影響到廣告的真正行銷效果，而處理與衡量網站品質的標準，只有廣告平臺廠商本身才知道，因此以上述 5 種計費方式而言，CPT 和 CPM 類型的廣告，需要在一段的時間內，才能察覺廣告效果的真實情況，所以最容易受到不當行為的影響；對於 CPC 類型的廣告，儘管可使用相對的技術措施來防範，但仍不免存在作弊行為；對於 CPA 類型的廣告，若想以假註冊的方式成為假用戶，就必須花費足夠的時間和精神去登錄驗證，當然一樣會有造假的可能；只有 CPS 類型的廣告，幾乎不存在作弊的行為，是 5 種廣告類型中唯一很難造假作弊的廣告型態。

▶ 7.5.2　廣告效果的評估

　　關鍵字廣告是網路行銷中熱門的手法之一，若想以網路作為行銷的平臺，則將廣告經費花在關鍵字廣告上面，是不可避免的趨勢，但如果廣告活動是每天都在運作，長期累計下來，支出費用將會很可觀！所以對於廣告效果的評估，是廣告主很在意的事情。若想要評估廣告效果，必須先知道下列 4 個基本名詞。

一、點擊率 CTR（Click-Through Rate, CTR）

　　點擊率指的是當消費者看到曝光的廣告後，點擊此廣告的比率。廣告平臺廠商在檢視點擊率時，除了確認消費者在進入網站後，至少需瀏覽停留一定時間以上，才能被稱之為「有效的點擊」外，還會參考其他的因素，例如：點擊的次數與頻率、點擊來源 IP、點擊國家別、點擊後立即返回率等，這些都會被列入點擊率的參考，所以點擊率是比較無法以人為操縱的控制因子。

　　經由點擊率的高低，可以幫助廣告主檢視廣告的品質，以及關鍵字的設定是否得宜。當廣告曝光在消費者面前時，一定要先有點擊的動作，才會有後續的消費行為，所以點擊率可視為是觀察成交的先行指標。

　　　　CTR ＝廣告點擊次數 / 廣告曝光次數

二、轉換率 CVR（Conversion Rate, CVR）

「轉換」指的是廣告主希望消費者採取的有價值行為，因此在不同的行業別，會有不同的解釋，例如「購買商品」、「註冊成為會員」、「填寫問卷」、「下載軟體」，只要符合廣告主的要求，均可以稱之為轉換。轉換率可視為是有價值行為的比率，舉例而言，有 100 人是透過廣告點擊進入網站，而商家從中得到了 30 筆有價值的行為，轉換率為 30 / 100 ＝ 30%。

$$CVR ＝ (成功轉換次數 / 廣告點擊次數)×100\%$$

消費者在點擊廣告以後轉換的次數，是廣告主在意的數據，有了好的廣告轉換率，才能讓廣告主將收入持續運用在網路廣告的支出上，再藉由廣告帶來更多的銷售量，如果廣告沒有帶來適當的轉換率（Conversion Rate, CVR），對廣告主來說都不是成功的行銷策略。

三、投資報酬率 ROI（Return On Investment, ROI）

廣告經由點擊、轉換後，最終創造出的實際報酬效益多寡，才是廣告客戶最關心的指標，一般會以投資報酬率作為判斷基準，此處的總成本包括製造成本、管銷費用、廣告成本等費用。

$$ROI ＝〔(廣告收入－總成本) / 總成本〕×100\%$$

假設 ROI 為 20%，代表投入 100 元的總成本，可獲得 20 元的收入。

有些 ROI 的公式會以廣告成本作為計算基準，端看計算時用何種角度衡量。以下為第二種 ROI 公式：

$$ROI ＝〔(廣告收入－廣告成本) / 廣告成本〕×100\%$$

四、廣告投資報酬率 ROAS（Return On Advertising Spending, ROAS）

在網路的環境下，有些廣告是由專業廣告商代為放送、操作，大部分的情況下，可能均不知道原本廣告主的製造、管銷等成本，因此為了能夠更簡單的量化廣告效果，會以廣告投資報酬率（ROAS）來評估。

$$ROAS ＝ (廣告收入 / 廣告支出)×100\%$$

假設 ROAS 為 200%，代表對廣告支出 1 元的費用，可獲得 2 元的收入。

🔍 **延伸思考**

假設每次點擊的價格是 10 元，若廣告 1 個月成功曝光（或展示）給 10,000 人看，1 個月有 1,000 次的點擊次數，而若有 20 個人成功完成購買，這 20 次的消費平均金額是 2,000 元，廣告成本為 10,000 元，總成本（製造成本、管銷費用、廣告成本）為 30,000 元，我們把數據分別算出來如下：

CPC (每次點擊成本) = 10 元

點擊次數 1,000 次的總成本 = 10×1,000 = 10,000 元

CTR (點擊率) = (廣告點擊次數 / 廣告曝光次數)×100%

= (1,000/10,000)×100% = 10%

CVR (轉換率) = (成功轉換次數 / 廣告點擊次數)×100%

= 20 次成功消費 / 1,000 次點擊 = 2%

CPA(每次的行動成本) = (每次點擊的成本 / 轉換率)×100%

= CPC/CVR = 10/2% = 500 元

CPM = (每千次曝光成本) = 價格 / (曝光次數 / 1,000)

= 10/(10,000/1,000) = 1 元

第一種 ROI(總成本角度投資報酬率) = (廣告收入－總成本) / 總成本 ×100%

= ((40,000 － 30,000) / 30,000)×100% = 33.3%

第二種 ROI (廣告成本角度投資報酬率)

= (廣告收入－廣告成本) / 廣告成本 ×100%

= ((40,000 － 10,000)/10,000)×100% = 300%

ROAS (廣告投資報酬率) = (廣告收入 / 廣告支出)×100%

= (40,000/10,000)×100% = 400%

▶ 7.5.3 廣告費用最佳化的說明

只要數據齊全 CPC、CPM、CPA 三項收費方式，是可以彼此換算，而且有經驗的行銷人員，可以計算出何時何地採用 CPC、CPM 或 CPA 的計價方式來投放廣告，才會得到最有效益的廣告效果。

以 CPA 為例，是不是越低越好？依照 CPA 的定義就是「取得一筆訂單的成本」，以廣告主直觀的角度來說，取得成本當然是越低越好？但實際上並非如此，原因就在於關鍵字廣告中，廣告價格和曝光量有關，曝光量又會影響到點擊率與轉換率，如果廣告價格變低，廣告的曝光量可能會下降，曝光量下降會造成點擊率與轉換率減少；相對地，

訂單量可能會明顯下降。同樣的思考邏輯，CPA 也不是越高越好，CPA 越高，雖然點擊率與轉換率增加，但廣告成本相對會變高。

關鍵字廣告平臺，會依據廣告的品質內容以及合理的出價，來決定廣告的曝光度，所以廣告的成本，可能會因為廣告內容、時空環境、地點、氣候等因素而產生變化，有經驗的行銷人員或廣告商會盯著數字變化，適時的改變廣告出價策略，遇到出價太低沒人點的廣告，必須隨時更換出價；如發現轉換率太低，則需注意是否廣告品質有問題、網頁的設計與活動是否無法吸引消費者，行銷人員都必須注意這些數字的變化，相關數據的收集、統計與評估，是可以幫助行銷人員釐清問題，並找出問題點加以改善。

🔍 延伸思考

假設 A 傢俱廠商的傢俱成本為 5,000 元，售價為 10,000 元。

每花 2,000 元廣告費可接到一筆訂單，一個月可接到 20 筆訂單，每月獲利＝ (售價－傢俱成本－廣告成本)× 訂單數，當廣告預算 CPA ＝ $2,000 時，每月總獲利為 ($10,000 － $5,000 － $2,000)×20 ＝ $60,000。

如果廣告主為了節省成本，而將 CPA 降到 $1,000 時，訂單數量會從 20 筆下降到 12 筆，此時每月總獲利下降為 ($10,000 － $5,000 － $1,000)×12 ＝ $48,000。

CPA 廣告成本下降，但獲利不升反降的原因在於關鍵字廣告中，出價金額與轉換率並非呈等比例的結構，出價金額下降也就造成曝光量與訂單量的非等比例的下降，若以 CPA 的不同值與總獲利的變化列表如下：

CPA$1,000：總獲利＝ ($10,000 － $5,000 － $1,000)×12 ＝ $48,000

CPA$2,000：總獲利＝ ($10,000 － $5,000 － $2,000)×20 ＝ $60,000

CPA$3,000：總獲利＝ ($10,000 － $5,000 － $3,000)×28 ＝ $50,000

CPA$4,000：總獲利＝ ($10,000 － $5,000 － $4,000)×38 ＝ $38,000

由上表可知，當 CPA 設在 $2,000 時，可以獲得最高的總獲利。

若想換算成 CPC 和 CPM，則需要知道 CTR（點擊率）與 CVR（轉換率）這二個數值，換算公式如下所示。由於不同的 CPA 價格，會對應到不同的 CTR 與 CVR，所以一般會以 CPA 的變化當作費用最佳化的參考值，有需要時再依據相關數據來做換算。

CPC ＝ CPA×CVR

CPM ＝ CPC×CTR×1,000

CPA 出價的金額與真實訂單數量的連動關係，會因為產業別、產品類型、品牌特色、時空環境、經營策略而產生不同的結果，需要經過不斷的測試與修正，經調整後找出到最佳化的 CPA 價格。此過程通常需要有專業知識的關鍵字操作行銷人員的協助，搭配上經驗的累積，才能快速且精準的找到符合廣告主需求的最佳 CPA 價格。

7.6 製作第一個關鍵字廣告

經由上面的說明後，本章節將開始教導如何製作第一個關鍵字廣告，先進入 Google Ads 首頁網址，操作步驟如下：（以下畫面均截自 Google Ads 網站，網址：https://ads.google.com/intl/zh_TW/home/）

Step1 登入帳號。

若原本已有 Google 帳號，可直接登入；若沒有帳號，則需先註冊完，按繼續後進入下一畫面。

Step2 新增廣告活動。

在【新增廣告活動】頁面，選擇廣告目標後，按下一步。

Step3 輸入商家資料。

輸入商家名稱與網址後，按下一步。

Step4 輸入廣告投放區域。

廣告投放的區域，有二種方式可以選擇，可選商家地址附近或在特定的城市或區域內投放。

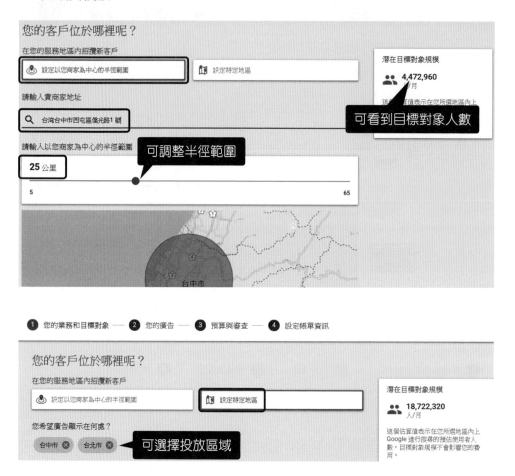

Step5 輸入產品或服務名稱。

輸入產品或服務名稱後，可再依系統的建議，選擇更多的名稱。

Step6 撰寫廣告標題與說明。

在左側欄位撰寫的標題與說明相關文字,可在右側先預覽。

Step7 自訂預算。

除了系統設定的預算外,可以自行訂定預算金額。

Step8 完成後可預覽所有的設定項目。

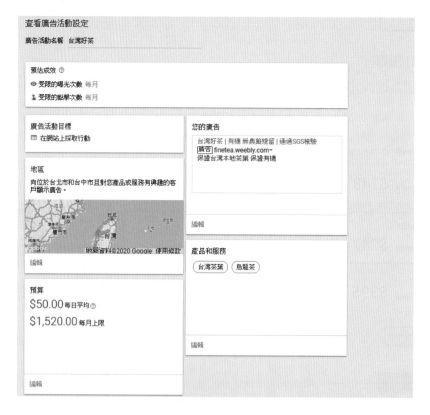

Step9 設定付款的資料。

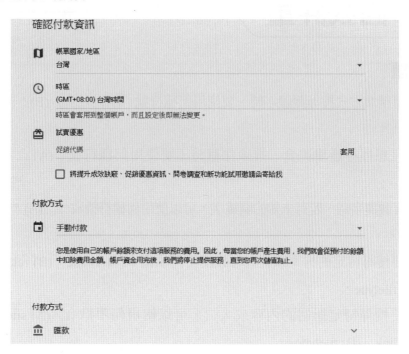

確認付款資訊

帳單國家/地區
台灣

時區
(GMT+08:00) 台灣時間
時區會套用到整個帳戶,而且設定後即無法變更。

試賣優惠
促銷代碼   套用

☐ 將提升成效訣竅、促銷優惠資訊、問卷調查和新功能試用邀請函寄給我

付款方式

手動付款

您是使用自己的帳戶餘額來支付這項服務的費用。因此,每當您的帳戶產生費用,我們就會從預付的餘額中扣除費用金額。帳戶資金用完後,我們將停止提供服務,直到您再次儲值為止。

付款方式

匯款

自我評量

一、選擇題

( ) 1. 要用精準方式搜尋關鍵字時，要使用何種符號　(A)「」　(B)" "　(C)〈 〉
(D) ' '。

( ) 2. 若只想搜尋逢甲美食，排除住宿時，要使用何種符號　(A) \　(B) －　(C) /
(D) ~。

( ) 3. 搜尋關鍵字時，若有未知的關鍵字，可以使用何種符號取代　(A) *　(B) !　(C) ?
(D) ，。

( ) 4. 想要搜尋特定的檔案類型，可以使用何項指令　(A) site　(B) related　(C) link
(D) filetype。

( ) 5. 想要搜尋特定網站的內容或入口，可以使用何項指令　(A) site　(B) related
(C) link　(D) filetype。

( ) 6. 想使用關鍵字來找尋相關網站，可以使用何項指令　(A) site　(B) related
(C) link　(D) filetype。

( ) 7. 想要找尋反向連結的網站，可以使用何項指令　(A) site　(B) related　(C) link
(D) filetype。

( ) 8. 想要搜尋特定數字範圍內的資料，可以使用何種符號　(A) --　(B) ___　(C) ,,
(D) ..。

( ) 9. 搜尋引擎最佳化的英文是　(A) SEP　(B) AEO　(C) SNP　(D) SEO。

( ) 10. 金三角理論指的是搜尋結果呈現後，一般消費者的視線，會　(A) 從左往右、
從上往下　(B) 從右往左、從上往下　(C) 從上往下、從左往右　(D) 從下往上、
從左往右。

( ) 11. CTR 指的是　(A) 點擊率　(B) 曝光率　(C) 轉換率　(D) 報酬率。

( ) 12. 網頁的標題是以何項指令作為開始　(A) <head>　(B) </head>　(C) <body>
(D) </body>。

( ) 13. 網頁的內容是以何項指令作為開始　(A) <head>　(B) </head>　(C) <body>
(D) </body>。

( ) 14. 網頁的標題是以何項指令作爲結束 　(A) <head> 　(B) </head> 　(C) <body> 　(D) </body>。

( ) 15. 網頁的內容是以何項指令作爲結束 　(A) <head> 　(B) </head> 　(C) <body> 　(D) </body>。

( ) 16. alt tag 指的是 　(A) 文字描述標籤 　(B) 檔案描述標籤 　(C) 圖片描述標籤 　(D) 影片描述標籤。

( ) 17. 以「臺中餐廳 wifi 寵物」作爲關鍵字，此種搜尋方式是屬於 　(A) 產業關鍵字 　(B) 產品 / 服務關鍵字 　(C) 長尾關鍵字 　(D) 較長的關鍵字。

( ) 18. 以「日本廉價機票」作爲關鍵字，此種搜尋方式是屬於 　(A) 產業關鍵字 　(B) 產品 / 服務關鍵字 　(C) 長尾關鍵字 　(D) 較長的關鍵字。

( ) 19. 以「運動機能衣」作爲關鍵字，此種搜尋方式是屬於 　(A) 產業關鍵字 　(B) 產品 / 服務關鍵字 　(C) 長尾關鍵字 　(D) 較長的關鍵字。

( ) 20. 輸入美白面膜關鍵字，帶出的搜尋內容爲面膜，是屬於 　(A) 廣泛比對 　(B) 廣泛比對修飾詞 　(C) 詞組比對 　(D) 完全比對。

( ) 21. 輸入 [美白面膜] 關鍵字，帶出的搜尋內容爲美百面膜，是屬於 　(A) 廣泛比對 　(B) 廣泛比對修飾詞 　(C) 詞組比對 　(D) 完全比對。

( ) 22. 輸入 + 手工蛋糕關鍵字，帶出的搜尋內容爲手工好吃蛋糕，是屬於 　(A) 廣泛比對 　(B) 廣泛比對修飾詞 　(C) 詞組比對 　(D) 完全比對。

( ) 23. 輸入 " 手工蛋糕 " 關鍵字，帶出的搜尋內容爲手工蛋糕教學，是屬於 　(A) 廣泛比對 　(B) 廣泛比對修飾詞 　(C) 詞組比對 　(D) 完全比對。

( ) 24. CPM 指的是 　(A) 每次點擊成本 　(B) 每千次曝光成本 　(C) 每次的行動成本 　(D) 每單位時間成本。

( ) 25. CPT 指的是 　(A) 每次點擊成本 　(B) 每千次曝光成本 　(C) 每次的行動成本 　(D) 每單位時間成本。

( ) 26. CPC 指的是 　(A) 每次點擊成本 　(B) 每千次曝光成本 　(C) 每次的行動成本 　(D) 每單位時間成本。

( ) 27. CPA 指的是　(A) 每次點擊成本　(B) 每千次曝光成本　(C) 每次的行動成本　(D) 每單位時間成本。

( ) 28. CPS 指的是　(A) 每次點擊成本　(B) 每單位時間成本　(C) 每單位銷售成本　(D) 每次的行動成本。

( ) 29. CVR 指的是　(A) 點擊率　(B) 轉換率　(C) 投資報酬率　(D) 廣告投資報酬率。

( ) 30. ROAS 指的是　(A) 點擊率　(B) 轉換率　(C) 投資報酬率　(D) 廣告投資報酬率。

二、問答題

1. Google 提供了很多進階的搜尋功能，請實作其進階的搜尋功能。

2. 請說明何謂關鍵字廣告行銷？

3. 請說明何謂關鍵字廣告的金三角理論？

4. 關鍵字廣告的廣告品質是由哪三項因素決定？請寫出並說明。

5. 請說明何謂「搜尋引擎最佳化」SEO（Search Engine Optimization, SEO）？

6. 影響「搜尋引擎最佳化」SEO 的主要因素，大致上有哪二項因？請寫出並說明。

7. 有那三種方法，可以幫助商品選擇有效的關鍵字呢？請寫出並說明。

8. 關鍵字選字的技巧與類型有八種，任寫出五種並說明。

9. 廣告關鍵字在比對字詞是否符合搜尋要求時，有四種比對的類型，請寫出並說明。

10. 請說明何謂關鍵字廣告的排除比對。

11. EKB 模式將購買決策過程分為 5 步驟，請寫出並說明。

12. 關鍵字廣告的購買類型，大致可分成哪四種，請寫出並說明。

13. 新增無痕式視窗有何功用？

14. 一般常見的廣告計費方式，有哪五種，請寫出並說明。

15. 請說明何謂每次點擊成本 CPC（Cost Per Click, CPC）？

16. 請說明何謂每千次曝光成本 CPM（Cost Per Millennium, CPM）？

17. 請說明何謂每次的行動成本 CPA（Cost Per Action, CPA）？

18. 請說明何謂每單位時間成本 CPT（Cost Per Time, CPT）？

19. 請說明何謂每單位銷售成本 CPS（Cost Per Sales, CPS）？

20. 請說明何謂點擊率 CTR（Click-Through Rate, CTR）？

21. 請說明何謂轉換率 CVR（Conversion Rate, CVR）？

22. 請說明何謂投資報酬率 ROI（Return On Investment, ROI）？

23. 請說明何謂廣告投資報酬率 ROAS（Return On Advertising Spending, ROAS）？

24. 請實作第一個關鍵字廣告。

25. 假設每次點擊的價格是 5 元，若廣告 1 個月成功曝光（或展示）給 10,000 人看，1 個月有 1,500 次的點擊次數，而若有 20 個人成功完成購買，這 20 次的消費平均金額是 3,000 元，廣告成本為 10,000 元，總成本（製造成本、管銷費用、廣告成本）為 30,000 元，請分別算出下列數據：CPC、CTR、CPM、CPA、第一種 ROI（總成本角度投資報酬率）、第二種 ROI（廣告成本角度投資報酬率）、ROAS（廣告投資報酬率）。

NOTE

Chapter 8

社群行銷

　　上網對於現代人來說，已是生活中的例行活動之一，當人們經由網路社群媒體連接在一起時，就會產生訊息的傳遞、資訊的交流、口碑的傳播，再經議題的討論與分享，在相互共鳴的情況下，即會有行銷的契機產生，最明顯的實例，即是代購、團購的行為；再進一步，如有足夠的會員（或粉絲）人數，後續的商品代言、廣告業配文，也會應運而生，於是乎社群行銷就在不知不覺中，正式展開行動。

　　這種人際關係的連結，曾有學者提出「小世界現象（Small World Phenomenon）」的假說，意即兩個素不相識的陌生人，中間最多只隔著 5 個人，就可以將兩個陌生人聯繫在一起。美國哈佛大學心理學教授史丹利・米爾格蘭（Stanley Milgram）根據這個假說，在西元 1967 年做了一次連鎖信實驗，證明陌生人之間，建立聯繫的最遠距離是 6 個人，就可以聯繫任何兩個互不相識的美國人，此即是六度分隔理論（Six Degrees of Separation）。亦即在人際的脈絡中，要認識任何一位陌生的朋友，中間最多只要經過五個朋友，就能達到目的。

　　隨著全球網路設備的成熟與升級，網路間人群的互動方式，也呈現出不同的風貌，人與人之間的距離與來往，除了傳統實體環境的接觸外，透過網路社群所產生的虛擬式人際關係，有可能減化六度分隔理論的間隔，拉近陌生人彼此之間的距離，因此網路社群已成為網路行銷中，培養人脈與客群，不可或缺的管道之一。

　　入口網站曾經是廣告業者致力開拓客源、投放廣告的目標之一，入口網站雖然具有流量大的優勢，但以使用者停留的時間長短、接觸網站的內容與點閱率而言，網路社群（Virtual Community，或稱虛擬社群）已凌駕於其上，相對的，亦可彰顯出網路社群上的廣告效益與價值；這種以社群媒體為介質，將實體社會中的群組與共同團體的運作模式，延伸到虛擬的網路環境上，是未來網路行銷的主要方法之一，網路社群提供了一個虛擬的空間，讓有相同興趣與嗜好、關心相同主題的網路使用者，群聚在一起分享資訊、相互討論，在產生良好互動的情況下，藉以讓彼此之間產生情感維繫與黏著度，在人潮即是錢潮的思考邏輯下，社群行銷勢必成為網路行銷中重要的管道之一。

🔍 延伸思考

　　西元 1967 年 5 月，米爾格蘭姆在《今日心理學》雜誌上發表「六度分隔理論」。他從內布拉斯加州和堪薩斯州，招募到一批志願者，從中隨機選出三百多名，請他們郵寄一個信函給一名波士頓的股票經紀人，由於三百多名志願者，幾乎肯定不認識目標，因此就請志願者把信函，發送給他們認為最有可能與目標有聯繫關係的親朋好友，並要求每一個轉寄信函的人，都回寄一個信件給米爾格蘭姆本人，以確認中間經過的人數，最後有六十多封信到達了股票經紀人手中，而信函經過中間人的平均數目只有 5 個，也就是說，陌生人之間建立聯繫的最遠距離是 6 個人。這種現象，表達了一個重要的概念：在全世界任何兩位素不相識的人，經過一定的聯繫方式，會產生必然的聯繫或關係，且隨著聯繫的方式與能力的不同，兩人聯繫在一起的機率，會有不同的差別，此即為六度分隔理論。

((ᵗ•)) 8.1 認識社群行銷

　　當人與人之間因為某些因素相聚在一起，形成特定的實體群聚平臺，即可稱之為社群，也就是平常稱之為社團、會社、商會等各種的組織，這些社群通常會有特定的行業別、地域、宗旨或目標；而在網路上的社群，其跨越實體社群的限制，有更高的包容性，因此，網路社群可視為一個能在網路上群聚網友的平臺或空間。從早期在網路上，提供人與人之間的資訊交換和協同合作的 BBS、論壇，一直演變成以用戶為中心，強調互動性的溝通與交流，趨近於個人化專屬空間的部落格、臉書。

　　網路社群的最大價值，在於建立了人與人之間互信關係的雙向連接，進而形成網路上互動的平臺，網路傳遞訊息的主控權，已不只是企業組織或公司，只要有特色，個人也能擁有網路的發言權，當網路社群經營到一定的人數後，社群的經營者在一定的群眾基礎下，可針對網路社群上的參與者，銷售商品、提供訂閱服務，或由企業主自行付費，在此社群平臺刊登廣告，進而獲得相對的利潤，此即是大眾所稱的社群行銷（Social Media Marketing）。目前全世界常用的網路社群媒體有：臉書（Facebook）、YouTube、痞客邦（PIXNET）、推特（Twitter）、微博（Weibo）、Instagram、噗浪（Plurk），比較熱門的即時通信社群軟體有：LINE、微信（WeChat）。以目前臺灣使用者的比率來看，網路社群媒體以臉書（Facebook）、YouTube 為最大宗，痞客邦（PIXNET）、Instagram 次之，即時通信社群軟體，當然是 LINE 獨佔鰲頭。不同的社群媒體會有不同的特性，若能抓準其特性，了解其使用者的特質，就能發揮社群行銷的最大效益。

8.1.1 社群行銷之特性

在前面的章節有提到，網路媒體較重要的五項特性為：互動性、個人化、即時性、多媒體、搜尋便利化，架構在網路結構下的社群媒體，除了同樣具有上述特性外，還具有分享性、多元性、黏著性、傳染性（吳燦銘，2017）等 4 項特性，同時現今的社群媒體，都已針對上網者的數據資料，採取儲存追蹤與分析的方式處理，所以數據性也可視為社群行銷的特性之一。此五項特性，在社群行銷的應用上，各有其目的與作用，分別說明如下：

圖 8-1　社群行銷之特性

一、分享性（聚集粉絲）

分享與交流是社群行銷特性中，大家公認最重要的特性，現代人雖在實體環境中，會有認識的親朋好友，可做資訊的分享與交流，但基於生活型態的改變與個資法的抬頭，匿名式的交流，已變成大家比較認同的來往方式。在社群網站上，個人可以使用非本名的方式，作意見的發表與訊息的交流，進而架構出虛擬的人際網路，同時在分享交流的過程中，得到認同感與尊重，這種同溫層的人際網路建構，如果達到一定的數量後，其影響力不可小看，這也是社群行銷中，最需具備的群眾基礎，沒有群眾基礎，就沒有後續的行銷活動，所以分享性可視為是社群行銷中，聚集志同道合群眾的重要元素。以「理科太太」為例，原先她是基於與親友分享之目的拍攝影片，但適逢其時搭上社群行銷的商機，以其直率表情和犀利的談吐成為網紅。

二、多元性（吸引粉絲）

多元性可視為社群媒體內容的多元化與社群平臺選擇的多元化兩種，社群媒體的內容五花八門、豐富多元，只要能符合特定消費者的需求，掌握群眾基礎，就能吸引粉絲的目光，達到社群行銷的目的。

另外，目前市場上可選擇的社群媒體很多，多數人在嘗試經營社群時，基於時間與資源的限制，可能僅會選擇其中一個社群專注經營，等到發展成熟與穩定後，再涉入另一個社群媒體，但不同的消費族群，會有自己喜好的社群媒體；所以在操作社群行銷時，應

保持多元性，不要只選擇單一平臺，以吸引不同類型的消費者，也就是應針對各社群媒體的特性，在不同的社群平臺之間互相搭配，以找到合適的共同語言，創造互動的效果。

以目前時下最常使用的五大社群平臺為例，說明其性質如下：

1. Facebook

   Facebook 在臺灣的市佔率是全世界最高的，其是屬於圖文、影音兼具的綜合型社群平臺，Facebook 最主要的特色，是在同一頁面中，可以顯示自己與朋友的所有訊息，類似群組通訊的方式，讓朋友之間能夠看見彼此發佈的訊息，進而能夠回覆與分享資訊，Facebook 的創辦人馬克祖克柏（Mark Zuckerberg）曾形容，Facebook 是讓真實的人際關係延展到網路上。所以 Facebook 會以交叉比對的方式，找出可能互相認識的朋友，推薦給使用者，是具有超強搜尋朋友功能的社交型網站。

2. Instagram

   大多數的 Facebook 使用者，習慣以文字做為主要溝通的方式，而 Instagram 的使用者則是以圖像影音為主要的溝通方式，而且使用族群是以年輕人居多數，這種以視覺化為特色的社群媒體，深受年輕一代所喜愛，也是新崛起且具未來性的社群媒體。

3. YouTube

   YouTube 是成立於西元 2005 年的網路影音分享平臺，也是目前全世界第 2 大的搜索引擎，在西元 2006 年被 Google 收購納入成為旗下子公司，開始邁向成長期。YouTube 的營運方式，是由創作者自行上傳影片，供人觀看、分享及評論影片，影片對現代人來說，正好符合方便、清楚，傳遞效果明確、感覺強烈等特色，所以迅速成為影音網站平臺的翹楚，以及流量龐大的社群平臺。由於 Facebook 是以圖文為主的社群平臺，所以在經營社群行銷時，經常會搭配以影音為主的 YouTube，來吸引不同特性跟喜好的族群。

4. LINE

   LINE 首次進軍臺灣是在西元 2012 年，其所擁有的 LINE 即時通訊軟體功能，可以取代傳統電信語音與多媒體簡訊等服務，很符合臺灣民眾的需求，且開發出溝通式貼圖及虛擬人物等主題，已成為時下流行的溝通方式，加上積極推出的衍生型服務，已涵蓋行動支付、電子商務、影視、遊戲等範疇，形成一個自有的網路行銷生態圈，在臺灣擁有高使用率的情形下，也成為社群行銷中重要的媒體與廣告平臺。

5. 部落格

   雖然 Facebook 是臺灣市佔率最高的社群媒體，但其特性仍屬社交型的網站，對於創

作型的自媒體經營者而言，在 Facebook 粉絲團的發文，會隨著時間而消逝，部落格則不會有這種問題，部落格可以提供有延續性內容的長篇文章，並讓作者可以整理、分類成不同主題，以利後續能搜尋相關內容。所以部落格可視為是針對特定的專業主題與教學，讓閱文者能深入討論溝通的平臺，這種模式可以吸引有興趣的閱文者，進而成為忠實的訂閱者，這是其他社群平臺沒有的特性。以目前臺灣的現況而言，比較出名的部落格有痞客邦（PIXNET）、隨意窩（Xuite），所以有些以 Facebook 為主要社群行銷平臺的經營者，有時仍會搭配部落格，作為另一個不同型態的社群行銷平臺。

綜合上述的說明，不同的社群平臺，各具有其特色與喜愛的族群，所以最好的方式，是選擇一個社群平臺深耕主要目標客群，再依族群特性跟喜好屬性的不同，將內容做不同的規劃和處理，再搭配不同屬性的第二個社群平臺，以增加社群行銷的廣度。

三、黏著性（留住粉絲）

由於社群網站轉換的便利性，降低了使用者的轉換成本，讓使用者能夠方便輕易的瀏覽不同社群網站，因此黏著度可視為是留住粉絲的程度，也是成功經營社群行銷的重要關鍵。黏著度可定義成瀏覽網站的時間、到訪的次數和瀏覽的深度，所以如果能讓使用者，不斷的回來且固定地使用此網站，進而成為網站持續使用的成員，是社群行銷經營者所樂見。

顧客的忠誠度是行銷策略中很重要的因素，在實體通路環境中，忠誠度比較好維持，但在網路的虛擬環境中，忠誠度普遍不高，因此黏著性可視為忠誠度的先行指標，所以如何吸引使用者的關愛，進而持續使用，黏著於社群網站，便成了社群行銷重大的使命。

四、傳播性（口碑行銷）

前面章節有提到網路消費者行為 AISDAS 模式，其中最後的 S 指的是分享（Share），即當消費者完成實際購買行為後，對於商品或服務消費體驗的評價，有可能會再經由網路的傳播，形成口碑。現今臺灣已接近全民皆上網的時代，在對有意購買的商品或服務，不完全熟悉的情況下，有很高的比率，會上網尋找相關的資訊，所以在社群媒體中，如有相關的評論（開箱文、業配文、評論文、感想文），很容易影響閱文者的消費行為，再經由網路上的傳播性，加快訊息的傳播速度，且由於傳播的方式快速且無遠弗屆，所以很多廠商對於網路上的評論與貼文，均會相當重視並積極處理。

五、數據性（資料分析）

網路的世界無限寬廣，各式各樣的人都有，若能區隔出市場，找出目標客群，再針對目標客戶訂定行銷策略，則可達到事半功倍的效果，現有的社群行銷媒體，均有後端資料庫，可分析上網者相關基本的人口統計資料，讓想從事社群行銷的自媒體，可針對符合的目標客群投放廣告，也可利用後端相關平臺了解流量資料、觸及率、轉換率等訊息，有了這些資料幫忙，可讓自媒體的行銷者，了解銷售的相關訊息，以擬定更好的行銷策略。

社群行銷有其特性，且這些特性會有其關聯性，彼此之間環環相扣，形成一個社群行銷的基本步驟，依這些步驟完成整個社群行銷的策略，亦即從「聚集粉絲」作為社群行銷的啓始點，再以多元性的內容與不同性質的社群網站來「吸引粉絲」上網，待有群眾基礎後，再想辦法提高忠誠度來「留住粉絲」，一旦完成交易後，如能獲得良好評價，再經由「口碑行銷」的傳播方式，來提升業績，最後再從後端的「資料分析」來分析消費族群的特性，以作為後續行銷策略的依據。

▶ 8.1.2 社群行銷與自媒體

網路科技的進步，搭配網路頻寬的增加，從早期的 BBS 論壇、部落格到臉書（Facebook）、痞客邦（PIXNET）、推特（Twitter）、微博（Weibo）、Instagram，再延續到以影音內容分享平臺為主的 YouTube，即時通信與傳播訊息為主的 LINE、微信（WeChat），社群媒體的更迭速度，也跟著科技的進步時有所變。傳統媒體訊息的主控權與發言權，已無法再獨自壟斷，原始的訊息接收者，只要能擁有自己的特色與內容，以及擁有一定的群眾力量支持，也能作為訊息的發送者，影響群眾的想法與消費行為，進而將社群媒體與行銷的角色演化成自媒體的型態。

一般的傳播者，藉由電子化或網路的方式，向不特定或特定的個人或群體傳遞信息的新媒體稱之為自媒體（Wemedia），美國專欄作家丹·吉爾默（Dan Gillmor）在其著作：We the Media：Grassroots Journalism by the People, for the People 點出了自媒體的特色為「草根新聞，源於大眾，為了大眾」；自媒體平民化的特質，將

圖 8-2　時代周刊 自媒體
圖片來源：時代周刊官網

原本為訊息接收的「旁觀者」，轉變成為訊息發送的「當事人」，每個人民都可以擁有網路發言權與廣播權。美國時代周刊（TIME）也感受到這股潮流，在西元 2006 年的年度人物評選封面上，出現了一個大大的「You.」和一臺電腦，上面寫著「Yes, you. You control the Information Age, Welcome to your world.」，已說明個人自媒體，有可能未來在媒體訊息傳播上，扮演重要的角色，自媒體的風潮更已席捲全球，成為一股不可忽視的傳播媒體。

上述自媒體的定義，是比較寬鬆的角度，似乎人人皆可成為自媒體，但如果從行銷的理論與社群行銷的角度來思考，消費者的認知行為模式，大致會從認知、情感、態度、行為的順序，先有好的認知得到好的情感，再轉向好的態度，最後以相信的角度來產生行為上的追隨，所以若是真正有影響力的自媒體，應該是先建立個人品牌形象，得到群眾的認同與忠誠度，再塑造意見領袖的影響力，才是自媒體行銷的真正涵義。以臺灣的現況而言，部落客算初階的自媒體，現今的自媒體，大多指的是在網路平臺，擁有一定數量粉絲群的網紅，這些網路平臺包括 Facebook、Youtuber、Instagramer、或直播主等，都是大家耳熟能詳的網路媒體。

圖 8-3　認知行為模式與自媒體之形成

自媒體主要的收入來源大致有 7 種類型，依型態的不同有：業配貼文、廣告收入、銷售或代銷產品、付費訂閱、平臺支薪、打賞贊助、通告活動。

1. 業配貼文

   針對特定產品提供專業的開箱文，或隱含產品介紹的業配文，是社群行銷中，最常見到宣傳產品的手法，若背後有廠商贊助，則可獲得一筆廣告收入。對贊助的廠商而言，只要找對自媒體，產品可以在低成本的情況下，得到大量曝光的機會；對讀者或粉絲而言，從文章中了解產品的相關知識，有需求再去購買，也是一種不錯的選擇。所以業配貼文，可視為是社群行銷中成本比較低，但能達到一定行銷效果的方法之一。

2. 廣告收入

   具有知名度與群眾基礎的自媒體，很容易吸引與自媒體相關性高的廠商，提出側欄廣告的合作邀約，例如旅遊相關自媒體，就會吸引訂房網站，洽談廣告板位與抽成分潤；

Google 與 YouTube 也都有提供廣告抽成拆帳收益的服務，這類型的廣告收入，風險低且穩定，是高流量自媒體重要的經濟來源。

3. 銷售或代言產品

若粉絲群具有相當大的黏著度與信任感，此時自媒體即可能開始銷售自家或代言廠商的產品，一般較常用的銷售，是在粉絲頁或直播時直接介紹產品，再以連結的方式做「導購」的動作。如果產品定位清楚、族群鎖定正確，銷售量不可小覷，而且當銷售量達到一定數量時，原為代言產品的方式，有可能會轉向為自創品牌後，代言自家產品的行銷方式。

4. 付費訂閱

如果自媒體走的是專業知識的路線，有機會吸引到有特定需求的群眾。知識型的群眾只要能學到想要的專業知識，在價格合理的情況下，通常會願意以付費訂閱的方式觀看，頻道訂閱數已超過 200 萬的「阿滴英文」即是屬於此種型式的自媒體。

5. 平臺支薪

有些直播影音平臺會在社群平臺，以搭配廣告的方式，依實際觀看次數或點擊廣告的次數，來支付廣告費；有些直播平臺，在特定條件成立下（簽約或直播達到要求的時數），會支付時薪給直播主，類似這種付費模式，均是屬於由平臺支薪的方式。

6. 打賞贊助

因應直播平臺的興盛而竄起的網紅直播主，其與粉絲互動、聊天，進而獲得粉絲的打賞贊助，是一種新式的收入來源。粉絲可以自行尋找喜歡的直播主，經由直播影音平臺的媒介，再以類似近距離的互動接觸，滿足個人的成就感與夢想，進而贊助、送禮、打賞給自己喜歡的直播主，這也是宅經濟盛行的另一種現象。

7. 通告活動

當自媒體已有廣大的群眾基礎後，在具有號召力的情況下，有時會接到通告活動，躍上媒體前線，尤其是專業性的節目跟活動，會邀請有相關專長的網紅作為現場的特別來賓，希望能藉此提高收視率，旅遊、廚藝、美食、汽車購買維修等類型的節目，均會使用這種操作手法，而對自媒體的網紅而言，除了有通告費外，還可提高知名度，可謂一舉二得。

8.1.3 如何打造有效且優質的自媒體

目前知名的自媒體，各有其特色，有些公眾人物會以偶像型的方式來包裝，有些自媒體，為了要能夠快速成為網紅，常會有搞怪、搞笑或特殊行為，有些則走專業知識路線，不管是搞怪、搞笑型、知識型、專業型、人氣偶像型，各有其擁護者，但以行銷策略的角度來說，找出自己的定位，鎖定目標群眾，走專業化的路線，才不會形成曇花一現式的出現又消失，如要能打造出長久生存、受歡迎的自媒體，則仍可循行銷的理論與方法，按部就班達成目標。

自媒體行銷雖屬虛擬通路的型態，但仍適用實體通路的行銷理論，以下即是以行銷理論來說明，如何打造有效且優質的自媒體。

1. 找出市場定位，建立個人專業品牌形象

在網路上有各式各樣的消費者，消費者的需求愈來愈多樣化，因此如何在廣大的市場中，尋找出符合目標的消費族群，是社群行銷中重要的一環。行銷學大師科特勒在其著作中提到：「有效的行銷方法，是針對正確的顧客，建立正確的關係」，所以必須採取「STP」3 個步驟，以達到所要的行銷目的，其中 S 為市場區隔（Segmentation）、T 為選擇目標市場（Targeting）、P 為市場定位（Positioning）。以下即為 STP 的步驟說明：

(1) 先將市場做區隔（S，Segmentation）

網路上的消費市場，是由多元化的消費者所組合而成，是屬於多重消費需求的群聚體，由於沒有任何企業，能滿足市場上所有消費者的需求，因此，企業應該根據消費者的人口特性、消費習性與行為模式等因素，將市場區隔成為不同的消費族群，此即為市場區隔，亦即要了解：「有哪些不同需求與偏好的購買族群與消費者？」

(2) 選擇目標市場（T，Targeting）

在經過市場區隔後，企業再根據自身的狀況，從區隔後的市場中，選取符合企業規模和發展前景的市場，作為企業的目標市場，把產品或服務鎖定在此目標市場。此即為選擇目標市場：「要經營哪一個或多個市場區隔？」

(3) 定位（P，Positioning）

企業選定目標市場後，先衡量本身產品具有的優勢與特色，再參考競爭產品的特性，最後依照企業本身的經營方針，規劃出本身產品在市場上的定位及角色，最

後經由相關的行銷活動，讓目標消費者清楚知道，此企業想要傳達的定位信息。此即為定位：「如何將商品的獨特利益，傳遞給市場區隔中的顧客？」

依照 STP 的步驟，我們在規劃社群行銷時，根據自己的專長與特色，再依人口特性、消費習性與行為模式等因素，對網路上的消費市場作區隔，例如：美妝保養品，先依年齡作區隔變數，再鎖定年輕女性為目標市場，最後再依本身的專長，定位成小資女美妝諮詢顧問。而在這過程中，必須針對目標客戶，慢慢型塑自己的專業形象，待消費者認同且群眾基礎成熟後，再打造出自己個人的專業品牌形象。

在社群行銷的領域中，如果能夠成功建立個人專業的品牌形象，讓網路上的群眾，成為黏著度高的粉絲群，後續的銷售或代言產品、業配貼文、側欄廣告收入，均可達到水到渠成的效果；如果是屬於專業知識型的自媒體，只要符合 STP 的行銷模式，相信願意付費訂閱的人數，也不在少數。這些自媒體的收入來源，均是在個人專業品牌形象的基礎下，所衍生出來的效益。

Q 延伸思考

「阿滴英文」是近年來竄起的知識型網紅，是臺灣第二個訂閱人數超過 200 萬的 YouTube 頻道，其目標客群是想學習英文，但學不好或不知如何學習的群眾，所以依照目標客群的屬性與想法，將其經營的目標，定位成「分享有趣的英文學習方式」，希望在看影片的同時，能夠學到一些英文知識，進而改變英文的學習方式，而後能自主式的積極學習英文，因此在影片的製作上，是採取技巧性的切入點，來製作新主題，同時開發全新、具有延續性的影片系列，希望在知識與娛樂之間尋找平衡點。

同時，為了提升訂閱人數與拓展財源，「阿滴英文」積極拓展海外華人市場，並增加員工數、設立產品經理，在成功建立個人專業品牌形象後，以商業的模式來經營，讓網路上的群眾成為黏著度高的粉絲群後，再持續發展後續的銷售行為，例如代言產品、業配貼文、廣告收入，此即是名符其實的社群行銷範例。

資料來源：數位時代

---

2. 塑造意見領袖的影響力

埃弗里特・羅傑斯（E.M.Rogers）於西元 1983 年提出創新擴散理論（Innovation Diffusion Theory, IDT），又稱為多步創新流動理論（Multi-StepFlow Theory），此理論主要是闡述在一定的時間內，藉由特定的溝通管道，傳遞某項創新資訊的過程。也

就是說一項創新的科技，其經由資訊的傳遞，使接收資訊者接受並採納此資訊，進而成為創新科技使用者的過程。

創新擴散的過程中，有四大影響元素，分別為新事物、傳播管道、時間、社會體系。Rogers（1995）指出，如果創新擴散者與接受者之間的同質性越高，彼此之間的互屬感與移情能力也會比較高，在這種情況下，創新事物的擴散效果會較佳，而創新擴散的對象，也要能同中求異，也就是對新事物的認知，會有高下不同之區別，由高認知者傳遞給低認知者較為有效。因此，Rogers（1995）將使用者接受創新事物的先後時間點，分為導入、接受、回歸三個階段，以及五種類型的使用者，如下圖所示。

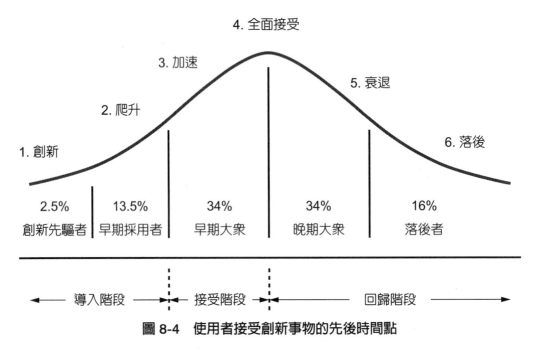

圖 8-4　使用者接受創新事物的先後時間點

有關此五類使用者之特性，說明如下：

(1) 創新先驅者（Innovators）

一項創新產品在剛上市階段，通常知名度不高，消費者接受度不高，會先觀望不前，故此階段的使用者，通常是屬於勇於嘗試新創商品，較具有世界觀、主動積極且富有冒險精神，勇於接受新觀念的消費者，此類型的創新先驅者約佔 2.5%，從創新先驅者的意見以及產品的擴散程度，可以了解消費者的想法，以擬定有效的行銷策略。

(2) 早期採用者（Early Adopters）

當產品的佔有率開始穩定增加，有些知名度時，早期採用者開始使用產品並發表對產品的看法與意見，這群人對特定領域有專業的看法，對議題有相當的掌控能力，同時這群人的看法與意見，會影響追隨者和受眾，此群早期採用者即是俗稱的「意見領袖」，他們是口碑行銷的重要擴散點，網路上通常是以部落客或網紅的型態存在，此類型的早期採用者，較為依賴群體規範及價值觀，對於創新的事物會率先採用，比率值約佔 13.5％。

(3) 早期大眾（Early Majority）

根據創新擴散理論的論述，創新先驅者和早期採用兩者相加的比率值，約在普及率 16％ 的關鍵值時，消費者對產品的信心與信賴感會快速增加，口碑傳播會迅速擴散，市場佔有率有機會擴大，亦即進入早期大眾的階段，此類型的早期大眾，行事較為謹慎，喜好追逐流行，比率值約佔 34％。

(4) 晚期大眾（Late Majority）

晚期大眾是屬於較保守傳統的一群人，習慣於因循守舊，只有當新產品有知名度，佔有率開始穩定增加時，這群後知後覺的晚期大眾，在受到媒體與親朋好友的影響下，會開始接納創新的產品，此類型的晚期大眾，比率值約佔 34％。

(5) 落後者（Laggards）

市場上有一群消費者對於創新產品，多持保留態度，主觀意識比較高，不易接受新事物，屬於守舊、保守型，受傳統觀念的影響較大，此類型的落後者，比率值約佔 16％。

依據創新擴散理論來看，從導入階段進入接受階段的轉換期，是創新產品銷售量，是否能夠打開市場，進入成長期的關鍵，而在導入階段有創新先驅者與早期採用者二群使用者，如以社群行銷的角度來看，開箱文是屬於創新先驅者，以傳播產品訊息的手法；業配文則是早期採用者（即意見領袖），以口碑行銷的方式來推銷產品，而這些社群行銷的效果，必須架構在意見領袖的影響力，影響力則取決於前面所提到個人專業品牌形象的認同與追隨，一旦在意見領袖的推廣下，從導入階段順利進入接受階段，相關產品的銷售量，可望突破性成長，這也是社群行銷中網紅的主要功用，很多企業主深諳此種行銷策略，所以會尋找合適的網紅，當意見領袖，以利推廣產品。

((•)) 8.2 臉書行銷

　　臉書（Facebook，簡稱 FB）是在西元 2004 年，由馬克祖克柏（Mark Zuckerberg）與他的美國哈佛大學室友們所創立，其設立的主要宗旨，是作為社群網路服務的網站。臉書允許用戶免費註冊，只要輸入有效的電子郵件網址都可申請，其使用者可以建立自己的個人資訊、相片集、個人興趣等資料，再設定是自己、朋友、或完全公開這些資訊，也可以傳送文字訊息、圖片、影片、貼圖和聲音媒體訊息給其他使用者，使用者之間，可以進行公開或私下的聊天或留言，同時臉書也可透過地圖功能，分享使用者所在的位置，作地域性的辨識。

　　臉書在臺灣的使用率是全世界最高的，在有人即有流量的的角度下，若有意從事社群行銷的業者，均會將臉書視為投放廣告的首選。一般而言，臉書雖然強調實名制，但在只要有 Email 帳號，即可註冊臉書的情況下，很容易產生假帳號，甚至使用多個帳號，交互運作社群，所以如果被檢舉為假帳號時，就必須出示有照片的證件來證明身份，所以在從事臉書行銷活動時，需注意此項規定。

▶ 8.2.1　臉書的使用說明

　　以 Email 帳號註冊完臉書後，即可先進入個人帳戶頁面，進行修改或編輯個人資料檔案。相關選項的操作方式，說明如下：

1. 活動紀錄與隱私權

(1) 活動紀錄的左側選項，主要是說明最近所從事的活動紀錄。

(2) 活動紀錄的右側選項有二個子選項：檢視角度、動態時報設定。

「檢視角度」指的是目前登入的使用者，其所編輯的資料，對外所呈現出來的畫面。

點選「動態時報設定」後會進入以下畫面，右側的編輯，可以設定動態時報的隱私狀態（所有人、朋友、朋友的朋友……），決定開放的權限。

在同一畫面的左側上方，可以設定帳號的資料與安全性。

在同一畫面的左側下方，可以設定貼文的隱私狀態與通知設定，決定開放的權限。

2. 貼文、打卡與網誌

　　在個人帳戶頁面，可以建立貼文、相片 / 影片、直播，以及管理貼文、標註朋友等。

貼文底下可以按讚、留言、分享。

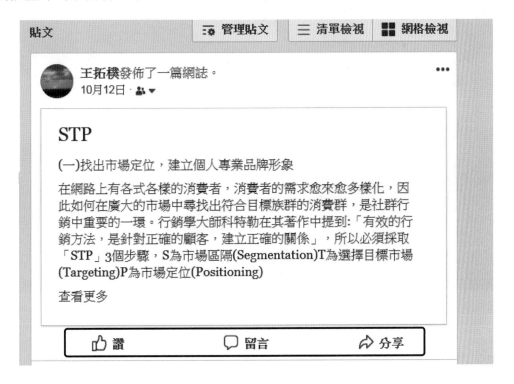

在個人帳戶頁面，可以打卡標示位置與檢視打卡動態。

貼文與網誌的不同點在於，網誌是偏向文章系列，比如分享環島旅遊的經驗、臺灣各地美食；貼文則偏向即時發生的事情或想分享的事物，通常為短文或單篇文章，所以貼文很容易被其他文章蓋到後面的位置。

3. 建立粉絲專頁、社團與活動

　　在從事社群行銷時，拉近與粉絲的距離是行銷的策略之一，所以成立粉絲專頁與社團，並經常辦理活動，是很重要的行銷手法。

8.2.2　臉書的版面說明

　　臉書在其畫面上，會有一些符號與功用要先了解，這樣在使用時，才能更得心應手。臉書對於知名企業或公眾人物，會作認證的動作，只要通過臉書驗證的用戶，在其用戶名稱後面，會多了一個藍色勾勾或灰色勾勾的符號，確定其為用戶本人的帳號。藍色勾勾是確認此名稱為公眾人物、媒體公司或知名品牌，所以必須是網路上的知名人物、熱門的政治人物、演藝圈中的知名藝人或是知名廠商，才能通過臉書驗證；灰色勾勾則是表示其為企業的真實帳號。

1. 藍色驗證標章，表示確認是此公眾人物、媒體公司或品牌的真實粉絲專頁。

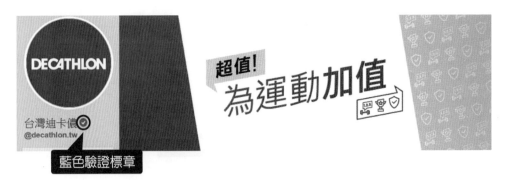

圖片來源：迪卡儂臉書

2. 灰色驗證標章，表示確認是此商家或組織的真實粉絲專頁。

圖片來源：上海商銀臉書

　　「動態消息」的內容會不斷的更新輪替，在用戶名稱下面，如果出現贊助字樣，則是屬於付費刊登的廣告，第一個廣告會出現在第二篇動態消息的位置，後續在間隔六篇左右，會再出現第二個廣告，有興趣的消費者，可以直接點進去或由廣告右下方出現的「來去逛逛」、「瞭解詳情」進到廣告商的頁面，點進去後會離開原頁面，進入廣告主的產品介紹頁面。

圖片來源：KOREA TOURISM ORGANIZATION 官網

▶ 8.2.3 臉書廣告的內容說明

一、臉書廣告的呈現方式

臉書廣告在呈現時，大致上是以圖片為主，文字為輔或以影片作為廣告的內容，可分成下列三種呈現方式：

1. 圖文式廣告

圖文式廣告是最常見的臉書廣告，指的是以圖片配合文字說明，作行銷訴求的廣告，只要能拍攝出美好的圖片，搭配動人的文字語句，效果可望立竿見影，立刻吸引消費者的目光，是目前使用最廣泛的廣告。但臉書希望以圖像為主，故會逐一審查刊登廣告的圖像文字比例，文字比例最好低於 20%。

圖片來源：Google 臉書廣告

2. 輪播式廣告

輪播式廣告指的是在單一頁面或版位上，有多張圖片組合，這些圖片會產生輪流滑動的變換效果，使得整個廣告呈現出變化性、活潑生動的形式，而這些圖片會以多張組合的方式，呈現出連貫性與故事性，使觀看者對廣告產生興趣，進而與廣告產生互動與連結。由於輪播式廣告投放的成效良好，臉書也開始針對行動版的介面，新增輪播式廣告的功能，其他社群網站也因應這股風潮與效果，開始使用輪播式廣告，以利從事社群行銷。

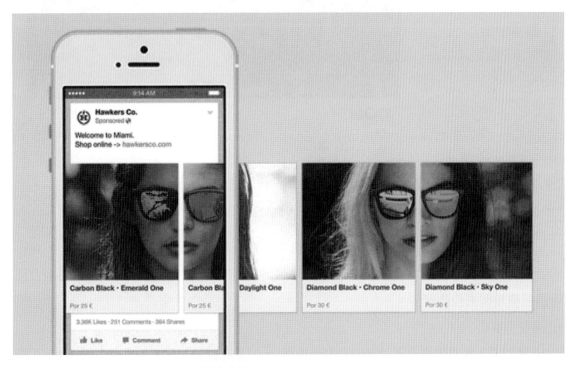

圖片來源：Facebook Business

3. 影片式廣告

影片本身所具有的聲光與多媒體效果，一定會比圖文式廣告或輪播式廣告，更具有實際的感覺，同時還具備簡單、清楚、明白、效果好的優點，對於提升企業的品牌形象，有一定的成效，是社群行銷投放廣告的利器；同時，由於行動裝置會有螢幕比較小的問題，對於純文字廣告，相較不容易閱讀，此時，影片式廣告就具有絕對的行銷優勢。但需注意的是，如果影片的時間太長或內容不具吸引力，有時容易產生反效果。

圖片來源：臉書廣告

二、臉書廣告的類型

　　臉書廣告依其目的，大致上可分成流量型、觸及型及互動型這三種不同類型，在不同版面位置適合不同的廣告類型，以下將說明這三種廣告的差異，以及什麼時候適合使用這三種類型去投放廣告。

1. 流量型廣告

流量型廣告較常出現在動態消息的版面位置，在廣告右下方會出現「來去逛逛」、「瞭解詳情」等字眼，有興趣的消費者，如果點選進去，則會離開原來的頁面，進入廣告主的企業網站或產品的介紹頁面，有些則是會顯示報名參加講座的畫面，這類型的廣告均屬於流量型廣告。

當廣告主擁有自己的網站時，可以投放流量型廣告，以利將流量導入到本身的網站，來增加來客量。電商在初期創業時，最適合利用流量型廣告導入新客戶，再以更精準的方式來篩選有望客戶；另外，對於想辦理活動或講座的廣告主，也可以投放此類型廣告，吸引到有興趣的民眾來參與並匯集人氣。

圖片來源：淘寶臺灣官網

2. 觸及型廣告（觸及人數）

觸及型廣告主要的目的，是要將傳達的廣告訊息作大量的曝光，讓消費者得知訊息，所以不需要直接進入廣告主網站或有互動的回應行為。所以觸及型廣告，適用於新產品上市或新公司開幕需要高曝光率，辦理活動期間，需要吸引人潮參與等情況。如果能夠有目標客戶的相關人口統計資料，則可自訂廣告的受眾對象，讓廣告在符合條件的範圍內，以較低的成本，對這些受眾目標作觸及型廣告的投放。觸及型廣告在投放時會有曝光次數、觸及人數與頻率三個數值，說明如下：

(1) 曝光次數：投放的廣告，曝露在受眾者面前的總次數。

(2) 觸及人數：不重複受眾者看到廣告的人數。

(3) 頻率：廣告讓受眾者平均看到的次數。

　　頻率＝曝光次數除以觸及人數＝曝光次數 / 觸及人數

　　例如：曝光次數 100 次，觸及人數 50 人，頻率 =100 / 50 = 2。

　　頻率代表的是「平均數值」，依目前臉書廣告投放的方式，只能知道平均是 2 次，有些人可能看到 3 次或 1 次，並沒有辦法保證每個受眾者，都會看到廣告 2 次。那廣告出現的頻率在幾次是比較合理或效益最大呢？若是頻率太高，容易引起受眾反感，頻率太低，廣告效益不佳。因為商品種類的不同，出現頻率次數的效果也不同，建議的作法是根據商品的特性和投放廣告的位置，在動態消息出現的頻率，不要超過 3 或 4 次，而在右邊側欄的廣告可以出現比較多次。

圖片來源：臺中市觀光局

3. 互動型廣告

互動型廣告主要的目的，是想知道消費者的動態狀況，而不是只有純粹安靜的欣賞，若能與廣告主有互動的行為，則在社群行銷上，會比較好掌握人數，舉凡貼文互動（留言、分享、按讚）、粉絲專頁按讚、活動回覆、領取優惠券或者是瀏覽相片、影片，亦或是打卡、連結至粉絲頁等行為，均可視為是有所互動。

當我們以付費方式，購買互動型廣告時，若觸及到廣告的消費者，有上述互動的行為時，連帶的這則貼文，也會出現在其朋友的動態欄位上，形成連帶式的觸及，也就是形成付費觸及，進而帶動自然觸及的現象，所以有時為了達到此種連帶效果，廣告主就會提供「留言抽獎」、「回覆送贈品」等獎勵方式，以提高互動型廣告的效果，所以互動型廣告，最適合用來當作推廣粉絲團貼文的利器。

Humans of Taipei 我是台北人 ✔ · 关注
2022年12月15日 · 🌐

\\ #2023台灣燈會在台北 搶先預告🔥 // 留言抽好禮🧧

睽違23年！強勢回歸台北源點！
台灣規模最大的祈福慶典，首創在台北都會密集區舉辦「#城市型燈會」

4 大展區 x 1 座主燈 x 6 座副燈
範圍高達 168 公頃、展出 300+件作品、結合投影AR和VR科技、串連 12 個行政燈區🐰
與你相約在「#光源台北」一同上街歡慶，點亮希望之光走向未來！

試營運｜2023.2.1-2.4
正式營運｜2023.2.5-2.19
▸▸詳情請見官網 https://tw-light.taipei/

🧧留言抽好禮🧧
活動時間：2022.12.15-12.22
活動辦法：留言你最想和誰去看燈會，並tag一位好友即可參加抽獎
得獎公布：2022.12.23 公布於本篇留言處並tag得獎者
獎品：2023台灣燈會好玩卡*20名、感光小夜燈*25名

#光源未來 #2023台灣燈會在台北 #2023台灣燈會
#台北就是未來 #燈場世界

圖片來源：我是台北人

三、臉書廣告的標籤分類說明

臉書本身是屬於社交型媒體，其廣告的互動性是非常的高，且為了要能維持廣告的優質性，臉書用戶對於廣告內容的回饋與觀看廣告的經驗，是臉書管理者在判定廣告相關性與優質性的依據之一，進而會知道將廣告都投放給同一類型的消費者時，何種類型的廣告曝光率相對會變得比較高。

在廣告的右上方有 3 個點的符號，點進去會出現對於廣告的相關處理資訊，若選擇「隱藏廣告」時，臉書就會進一步詢問隱藏廣告的原因，如果選擇「不相關」，表明廣告內容與我無關時，投放廣告的企業主，其相關性分數就會下降，同樣的，若選擇「檢舉廣告」，其相關性分數同樣會下降。

　　若選擇「為什麼我會看到這則廣告」時，則會出現廣告受眾，符合廣告要求之特性或原因，另外，如果在他人的臉書有留言、分享、按讚等互動的行為，或在某廣告頁面停留一段時間，均可能會被臉書廣告系統鎖定，貼上標籤。如果想了解自己被臉書廣告鎖定的類型，可點選「變更廣告設定」，即可看到臉書廣告系統鎖定的類型。

你為何會看到這則廣告

🔒 只有你能看到此內容

你會看到這則廣告，是因為你的資料符合**Made by Google**的廣告要求，但可能還有其他此處未列出的影響因素。**瞭解詳情**

- ⓕ Made by Google想要觸及 Facebook 認為對Chromecast感興趣的用戶。 〉

- ⓕ Made by Google想要觸及 Facebook 認為歸類在以下類別的用戶：使用 Facebook 的管道（行動裝置）：智慧型手機和平板電腦。 〉

- ⓕ Made by Google想要觸及 Facebook 認為歸類在以下類別的用戶：使用 Facebook 的管道（行動裝置）：Android 裝置。 〉

- ⓕ Made by Google想要觸及 Facebook 認為歸類在以下類別的用戶：使用 Facebook 的管道（網路類型）：4G。 〉

- ⓕ Made by Google想要觸及 Facebook 認為歸類在以下類別的用戶：曾經互動的消費者。 〉

顯示更多

你可以採取的動作

- ⓖ 隱藏此廣告商的所有廣告
你將不會看到Made by Google的廣告。 **隱藏**

- ⚙ 變更廣告偏好
調整設定，建立個人化的廣告 　被臉書廣告鎖定的類型 〉

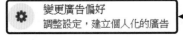

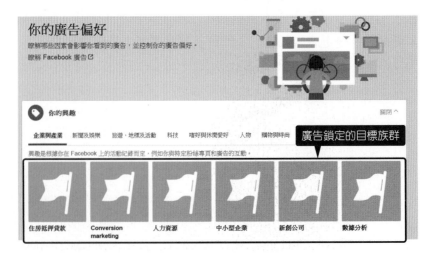

如果想移除某項鎖定的類型，去除被貼上的標籤，可以將游標停留在該類型的圖片上，再點選右上方的刪除符號，將其移除即可。

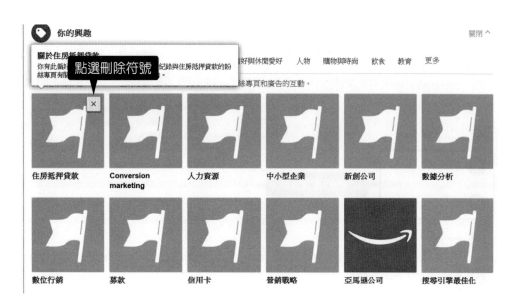

　　另外可以點選右側的向下箭頭，點選「設定」後，再點選「廣告」進入「你的廣告偏好」，即可看到被臉書廣告系統所貼的標籤類型。

你的廣告偏好

瞭解哪些因素會影響你看到的廣告，並控制你的廣告偏好。

瞭解 Facebook 廣告

你的興趣 ── 被貼的標籤類型

廣告主和企業商家

你的資料

廣告設定　　　　　　　　　　　　　　　　　　　　　關閉

🔍 **延伸思考**

在行銷的策略中，有時需要知道競爭對手的行銷策略，以達知己知彼的效果，此時可依前面章節的說明，另設定臉書帳號，並將此帳號形塑成符合對手商品標籤的臉書帳號（按讚、分享、加入粉絲團等），作為接收對手廣告訊息之用，如不確定此帳號被貼標籤的類型，可依本節所敘述的方式，由「你的廣告偏好」選項中，看到被臉書廣告系統所貼的標籤類型。

▶ 8.2.4. 臉書廣告的投放效果說明

臉書的使用人口與貼文數量龐大，在臺灣的市佔率是全世界最高，加上臉書是全球最著名的社群平臺，所以廣告費是臉書不可或缺的主要營收來源。但臉書的廣告系統，是屬於動態式的變化，廣告會因應現況，而改變背後的演算法，所以在一直處於變化的狀態下，相較於其它社群平臺而言，臉書廣告的投放效果，就不是很好掌握與處理，例如臉書上的動態消息、粉絲團、社團等相關項目，是使用者耳熟能詳的名詞；臉書上貼文、PO 照片或按讚、留言、分享是使用者經常做的事情，但做這些動作後，會有什麼樣的廣告效果？臉書背後的演算法，是如何來運作這些系統呢？以下即是相關的說明：

一、臉書廣告的基本運作模式

　　臉書為了要避免一些沒意義、沒營養的廢文，影響網站的流量與運作，以確保文章的品質，所以當我們在「動態消息」發佈一篇貼文時，不會所有的好朋友均看到此篇貼文，只會隨機選取大約1成左右的好朋友，讓這些人先看到這篇文章，如果這1成的朋友，對你的貼文有按讚、留言、分享的動作，此時臉書就會依據動作的數量，來判斷貼文的優劣與品質，隨後就會再讓其他的朋友，看到這篇貼文，以鼓勵好的創作貼文。

　　同樣在粉絲專頁，也會出現類似的情形。早期由於粉絲團少，在大家都積極建立粉絲團的情況下，只要在粉絲專頁貼文，大約 6~7 成的粉絲，都會看得到貼文的內容，但是現在因為廣告營收的問題，系統已將此比率往下修到大約只有 2~3 成或以下的粉絲才會看到，粉絲觸及率已變低，廣告效果也變差，但臉書要求一定要有粉絲團，才可以投放臉書廣告，所以粉絲團已變成投放廣告的要件之一，而非行銷策略主要的經營項目。

二、臉書廣告的版位說明

　　臉書在廣告版位的選擇上，可由廣告主決定由系統幫忙自動編排版位，或自行選擇投放版位，同時由於 Instagram 已屬臉書旗下的公司，所以投放廣告時，可選擇出現在 Instagram 或 Facebook 的社群網站，而比較常選擇的欄位有動態消息、限時動態，桌機的右側廣告欄位，行動廣告聯播網等欄位：

1. Instagram 動態消息、限時動態
2. Facebook 動態消息、限時動態、右側廣告欄位、即時文章
3. Audience Network（行動廣告輪播網）

　　一般而言，右側廣告欄位不是在版面顯眼的地方，所以價格最便宜，但點擊率最低，因此比較適合使用於再行銷的客戶，如果是想要針對新客戶投放廣告，則需投放在較顯眼的動態消息欄位，而行動廣告輪播網（Audience Network）則是投放在行動裝置 APP 的應用程式上的廣告。

圖片來源：臉書

三、臉書再行銷追蹤碼之說明

　　臉書在投放廣告時，為了要能提升行銷的效果，有提供像素（Pixel）的功能，像素實際上就是我們平常所說的追蹤碼，主要的功能是作為再行銷之用。廣告主可以依據消費者完成某項網站動作後，埋藏追蹤碼，鎖定此位消費者，所以即使消費者離開廣告主的網站，亦會追蹤至其瀏覽的網站，而在特定欄位出現再行銷式的廣告訊息，下表即是會觸發追蹤碼的網站動作。

表 8-1　觸發追蹤碼的網站動作

網站動作	說明	標準事件程式碼
新增付款資料	在結帳流程中新增顧客付款資料。例如：用戶點擊能儲存帳單資訊的按鈕。	fbq('track', 'AddPaymentInfo');
加到購物車	將商品加到購物車。例如：點擊網站上的「加到購物車」按鈕。	fbq('track', 'AddToCart');
加到願望清單	將商品加到願望清單。例如：點擊網站上的「加到願望清單」按鈕。	fbq('track', 'AddToWishlist');
完成註冊	顧客提交資訊以換取商家提供的服務。例如：註冊電子郵件訂閱。	fbq('track', 'CompleteRegistration');

網站動作	說明	標準事件程式碼
聯絡	顧客透過電話、簡訊、電子郵件、聊天室或其他聯絡方式與商家聯絡。	fbq('track', 'Contact');
自訂產品	透過商家擁有的設定工具或其他應用程式來自訂商品。	fbq('track', 'CustomizeProduct');
捐款	為企業或公益理念捐贈資金。	fbq('track', 'Donate');
尋找分店地點	用戶為造訪商家而上網尋找實體分店地點。例如：搜尋某項產品並在實體分店找到產品。	fbq('track', 'FindLocation');
開始結帳	開始結帳程序。例如：點擊「結帳」按鈕。	fbq('track', 'InitiateCheckout');
潛在顧客	顧客提交資訊，且暸解商家可能會在未來聯絡自己。例如：提交表單或註冊試用版。	fbq('track', 'Lead');
購買	購買操作完成，這通常代表收到訂單、購買確認函，或是交易收據。例如：進入「感謝您」或確認頁面。	fbq('track', 'Purchase', {value: 0.00, currency: 'USD'});
排程	預約前往分店地點。	fbq('track', 'Schedule');
搜尋	在網站、應用程式或其他方式進行搜尋。例如：產品搜尋或旅遊搜尋。	fbq('track', 'Search');
開始試用	開始免費試用廠商家提供的商品或服務。例如：試用訂閱。	fbq('track', 'StartTrial', {value: '0.00', currency: 'USD', predicted_ltv: '0.00'});
提交申請	針對商家提供的產品、服務或計畫提交申請。例如：信用卡、教育課程或職缺。	fbq('track', 'SubmitApplication');
訂閱	開始付費訂閱商家提供的商品或服務。	fbq('track', 'Subscribe', {value: '0.00', currency: 'USD', predicted_ltv: '0.00'});
瀏覽內容	造訪商家重視的內容頁面，例如：產品或連結頁面。「查看內容」可讓您用於判斷是否有用戶前往網頁網址，但無法藉此暸解用戶在該網頁上進行的操作或瀏覽的內容。	fbq('track', 'ViewContent');

資料來源：Facebook for Business 廣告說明

如要設定追蹤碼，必須要先建立像素後，再將像素程式碼，複製到廣告網站的程式設計頁面，像素程式碼要貼在網頁的 <head> 和 </head> 之間，其操作程序如下所示。

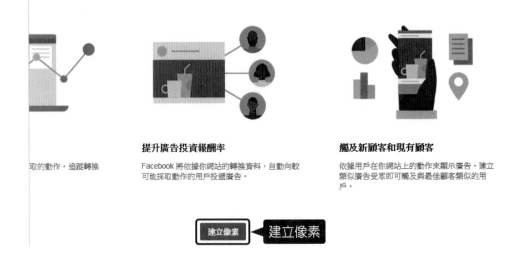

運用像素連結網站動態   ✕

使用像素追蹤網站轉換

新增像素程式碼到你的網站,即可展開轉換行銷活動、建立進階分析報告,以及自訂
再行銷選項。像素是一小段程式碼,可以安全的方式接收網站資料。瞭解詳情

像素名稱   44

> 王拓樸的像素

檢查網站以便快速設定

> 輸入網站網址〔選填〕

若要對廣告帳號新增多個像素,請升級為企業管理平台。
按繼續

點擊「繼續」即表示我同意 Facebook《商業工具使用條款》。   提供意見回饋 繼續

運用像素連結網站動態   ✕

選擇像素程式碼的安裝方式

根據網站的建立方式、你擁有的程式碼存取權限類型以及技術支援,選擇在網站新
增像素程式碼的最佳作法。瞭解詳情

運用合作夥伴整合新增程式碼
運用我們眾多的合作夥伴連結你的網站。合作夥伴包含
Squarespace、Wordpress 和 Shopify 等等。瞭解詳情
最佳作法:使用 CMS 的網站,需要最基本的技術支援

建立像素

手動新增像素程式碼到網站
參考詳細的開發人員文件並按照引導式安裝指示操作。瞭解詳情
最佳作法:自訂網站,需要部分技術支援

將操作指示以電子郵件寄送給開發人員
如果你無法直接存取你網站的程式碼,請將操作指示和文件寄送
給你的技術支援人員。請務必在電子郵件中附上像素編號。

安裝像素 ✕

安裝基底程式碼　　　　　　　　　　　新增事件程式碼

像素是一小段 Javascript 程式碼，可新增到網站的頁首區段。像素由兩個部分組成，分別為基底程式碼和事件程式碼。

1 在網站安裝基底程式碼

複製像素程式碼並貼在網站**頁首區段**底部的**</head>標籤**標籤上方。在你網站的所有頁面安裝基底程式碼。**瞭解詳情**

按左鍵一下即可複製像素程式

```
<!-- Facebook Pixel Code -->
<script>
  !function(f,b,e,v,n,t,s)
  {if(f.fbq)return;n=f.fbq=function(){n.callMethod?
  n.callMethod.apply(n,arguments):n.queue.push(arguments)};
  if(!f._fbq)f._fbq=n;n.push=n;n.loaded=!0;n.version='2.0';
  n.queue=[];t=b.createElement(e);t.async=!0;
  t.src=v;s=b.getElementsByTagName(e)[0];
  s.parentNode.insertBefore(t,s)}(window, document,'script',
  'https://connect.facebook.net/en_US/fbevents.js');
  fbq('init', '2475371202730738');
  fbq('track', 'PageView');
</script>
<noscript><img height="1" width="1" style="display:none
  src="https://www.facebook.com/tr?
id=2475371202730738&ev=PageView&noscript=1"
/></noscript>
```

```
     window.addEventListener("load", mieruca, false)) : mieruca();
44  })();
45  </script>
46  <!-- End Mieruca Embed Code -->
47
48  <!-- Facebook Pixel Code -->        像素起始位置
49  <script>
50  !function(f,b,e,v,n,t,s){if(f.fbq)return;n=f.fbq=function(){n.callMethod?
51  n.callMethod.apply(n,arguments):n.queue.push(arguments)};if(!f._fbq)f._fbq=n;
52  n.push=n;n.loaded=!0;n.version='2.0';n.queue=[];t=b.createElement(e);t.async=!0;
53  t.src=v;s=b.getElementsByTagName(e)[0];s.parentNode.insertBefore(t,s)}(window,
54  document,'script','https://connect
55  fbq('init', '1279877618727843')       init 後面即為像素編號
56  fbq('track', 'ViewContent');
57  </script>
58  <noscript><img height="1" width="1" style="display:none"
59  src="https://www.facebook.com/tr?id=1279877618727843       Id 後面即為像素編號
60  /></noscript>
61  <!-- DO NOT MODIFY -->
62  <!-- End Facebook Pixel Code -->        像素結束位置
63
64  <script type="text/javascript">
65      window._tfa = window._tfa || [];
66      _tfa.push({ notify: 'mark',type: 'ek_lp_visitor' });
67  </script>
68  <script src="//cdn.taboola.com/libtrc/taboolaaccount-promotionkitanotatsujincom/tfa.js"></script>
69
70  </head>
71  <body>
72  <div sty    放在 /head 前面
73   <img sr              t/track/set_ref.php?r= width="1" height="1" border="0"  style="height:0px;width:0px;">
74  </div>
```

一般而言，像素之組成有分成「基底程式碼」和「標準事件程式碼」二種，網站程式碼的呈現方式如下圖所示，「基底程式碼」是追蹤碼程式的基本指令，「標準事件程式碼」則是設定消費者完成某項網站動作後，即會埋藏追蹤碼。

由於修改網頁程式碼，是屬於網頁設計者的權責，所以廣告主只要將追蹤碼的需求與內容，提供給網頁設計者即可。

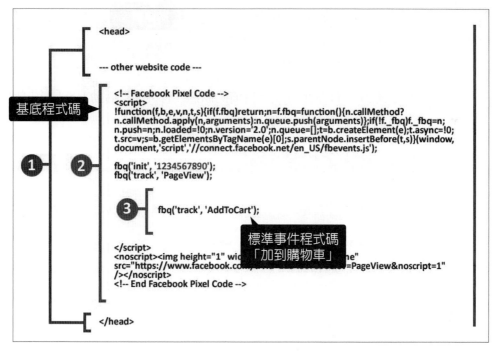

圖 8-5　像素之程式碼

資料來源：Facebook for Business 廣告說明

▶ 8.2.5.　臉書廣告投放的實作說明

臉書在投放廣告時，除了以廠商付費購買廣告的角度思考外，還會以用戶本身的使用經驗為優先考量，不會讓臉書使用者的桌面上，佈滿了廠商的廣告，所以在廣告版面有限的情況下，如何將廣告效果極大化，是投放臉書廣告的重要技巧！若想投放臉書廣告，可依照下列步驟完成：

1. 首先在臉書的右上方點選「建立」再選「廣告」，即可進入「廣告管理員」系統。

2. 在「廣告管理員」系統中，有左側會顯示目前的狀態，有「行銷活動」、「廣告帳號」、「廣告組合」、「廣告」等四項設定要完成。

3. 行銷目標之設定：臉書在投放廣告時，會先根據廣告主的目的與行銷目標，將廣告類型分成「品牌認知」、「觸動考量」以及「轉換行動」三種主目標，在三種主目標底下還有次要目標，左側的四項設定，會依照次要目標的不同而有所改變。

4. 投放廣告之實作：臉書在投放廣告時，會有三種不同的行銷目標，除了少部分選項不同，其他的投放方式很類似，以「品牌認知」中的「觸及人數」為例，說明如下：

如果投放廣告的目的，是希望能打開品牌知名度，讓未曾接觸或購買的消費者能熟悉品牌、認識商品，那麼「品牌認知」就是你投放廣告的選擇；在這個行銷目標底下，能使用的投放廣告方式包括「品牌知名度」以及「觸及人數」二種。底下以「觸及人數」為例，說明投放廣告的流程與步驟。

Step1 設定「行銷活動」。

在「行銷活動」的「目標」選項下，選擇「品牌知名度」底下的「觸及人數」。

Step2 設定「廣告帳號」。

在「廣告帳號」設定的目標選項下，選擇「設定廣告帳號」，輸入帳號基本資料後，按右下方的「繼續」。

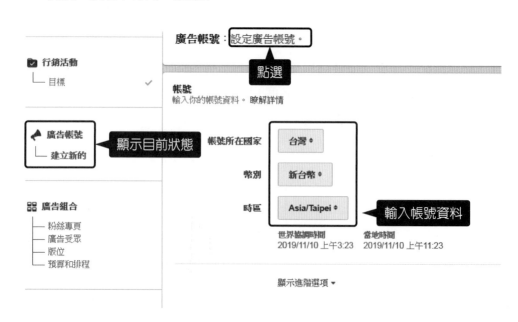

Step3 設定「廣告組合」。

在「廣告組合」選項下，共有四個項目要設定，分別是「粉絲專頁」、「廣告受眾」、「版位」、「預算和排程」，先設定要推廣的「粉絲專頁」。

1. 設定「粉絲專頁」

2. 設定「廣告受眾」

再來設定「廣告受眾」，可先選「建立新的廣告受眾」，再透過「自訂廣告受眾」選項中的「建立新受眾」，鎖定曾經與廣告主有互動或接觸的客群來投放廣告。「建立新受眾」中有二個選項分別是「自訂廣告受眾」和「類似廣告受眾」，說明如下：

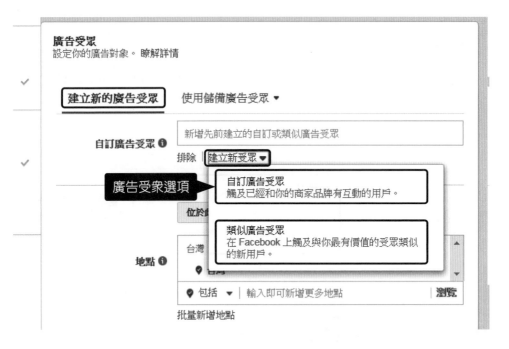

(1) 自訂廣告受眾

曾經有明確的互動或接觸，例如購買過公司產品的人、觀看過影片、參加過活動、粉絲團成員、留過個人資料等，均可在此選定為投放廣告的對象。自訂廣告受眾來源有二種類型共 10 種選項，這 10 種選項為「網站」、「顧客名單」、「應用程式動態」、「離線動態」、「影片」、「Instagram 商業檔案」、「名單型廣告表單」、「活動」、「即時體驗」、「Facebook 粉絲專頁」，點選任一種選項都會在右側出現廣告受眾來源說明。

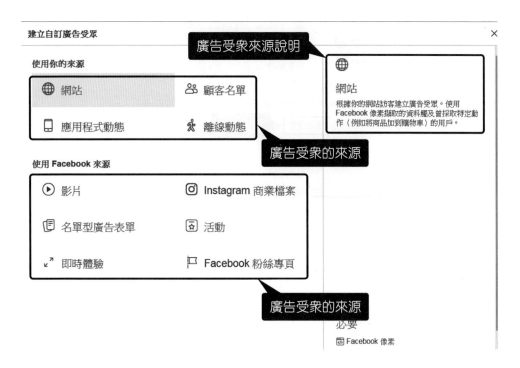

① 以「網站」為例，點選進去即會出現相關設定資料，設定好網站訪客的資料與名稱後，再按「建立廣告受眾」即完成廣告受眾的資料，

後續如需觀看此資料，可回到廣告管理員選項，進入「廣告受眾」觀看或修改。

② 選擇「廣告受眾的地點」

可依據自己的行銷目標,設定受眾的地點與資訊。

③ 選擇廣告受眾的年齡、性別與語言，為了能確保受眾目標的精準
度，語言部分建議選繁體中文。

④ 廣告受眾目標設定

選擇符合特定條件的廣告受眾，其條件的設定有人口統計資料、興趣、行為三項變數，若在「詳細目標設定」欄位，同時輸入不同的標籤名稱，則會形成只要符合其中一項標籤名稱的廣告受眾，即會出現。

例如：輸入「咖啡」、「茶」這二個標籤名稱，會在右側顯示潛在觸及人數，只要符合「咖啡」或「茶」其中一個標籤名稱的廣告受眾即會出現。

若想縮小廣告受眾範圍，需點選下方的「篩選廣告受眾」，將其中一個標籤名稱改輸入到下方，此時要同時符合「咖啡」與「茶」標籤名稱的廣告受眾，才會同時出現，在右側的潛在觸及人數同步變少。

⑤ 若想投放廣告給特定的廣告受眾，可再選「關係鏈條件」中符合條件的受眾。

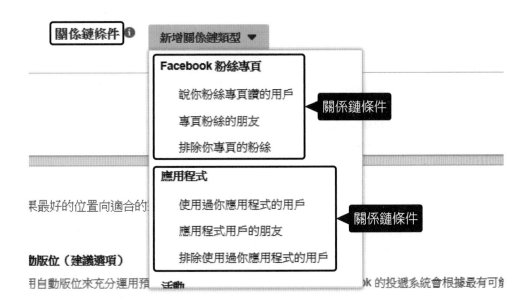

(2) 類似廣告受眾

依據資料中，曾經有明確的互動或接觸的廣告受眾或地點，尋找出具有相同特徵（如地點、年齡、性別和興趣）的用戶，作為廣告的投放對象。

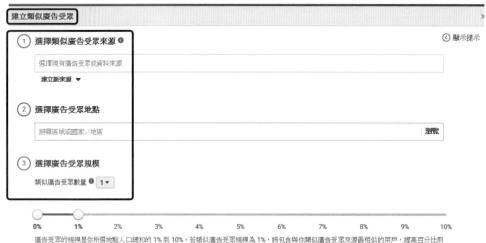

🔍 延伸思考

　　由於廣告受眾名單是固定的，不會動態式的改變，所以之後的名單有增減或改變時，這些廣告受眾不會隨著改變，為避免廣告效益的降低，需要定時來檢測並修正受眾名單，此時即可使用「廣告受眾洞察報告」，先了解廣告受眾的現況，再來修正廣告投放的精確性。

---

3. 設定「版位」

版位有「自動版位」、「編輯版位」二種選擇，「自動版位」是由系統根據預算，自行配置投放廣告的版面位置，通常所有的版位均會出現廣告，一般而言，不建議使用此選項，建議使用「編輯版位」，自行選擇投放廣告的版面位置。

「編輯版位」有「裝置」、「平臺」、「版位」三個選項要設定，裝置有「行動裝置」與「桌上型電腦」二種可選擇；投放廣告的平臺則有「Facebook」、「Instagram」、「Audience Network」與「Messenger」四種選擇。

版位
選擇效果最好的位置向適合的對象投遞廣告。

○ **自動版位（建議選項）**

使用自動版位來充分運用預算，協助你向更多用戶顯示廣告。Facebook 的投遞系統會根據最有可能
獲得出色成效的位置，將廣告組合預算分配給多個版位。 瞭解詳情

● **編輯版位**

手動選擇廣告顯示位置。選擇越多版位，越有機會觸及目標受眾並達成業務目標。 瞭解詳情

裝置

所有裝置（建議使用）▼

平台

☑ Facebook   ☑ Instagram
☑ Audience Network   ☑ Messenger

素材客製化 ❶
選擇所有支援素材客製化的版位

版位

▼ 動態	☑
刊登動態消息廣告，為您的商家大幅提升能見度	
Facebook 動態消息	☑

廣告版位的投放位置，如果針對的是初次接觸的客戶，一般建議是放在比
較顯眼，點擊率比較高的「動態消息」位置，如果針對的是再行銷的客戶，
則建議放在「右欄」位置。

4. 設定「預算和排程」

在設定預算和排程時，需先選擇廣告的投遞方式，在「廣告投遞最佳化」選項中，將投遞方式分成「曝光次數」及「觸及人數」二種，可依行銷目標來作選擇。

曝光次數：只要被貼相關標籤的受眾，均是廣告投放的目標。此種投遞方式是希望先提升知名度後，再取得後面的相關利益。

【例】名牌商品（奢侈品）增加曝光率、候選人在選舉期間打知名度、電視臺節目吸引收視群眾，均屬於以曝光次數、作為廣告的投放目標的案例。

觸及人數：有按讚或看過廣告等互動行為的受眾，均是廣告投放的目標。
此種投遞方式，比較能精準鎖定有望客戶。

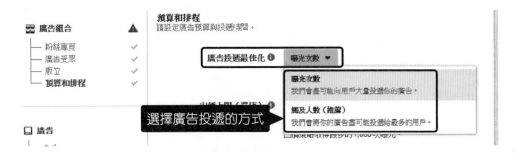

(1)「設定預算」：預算可選擇出價上限與預算類型（單日預算、總經費），
　　出價上限指的是在廣告競價中，願意出的最高價，預算類型可選擇以
　　單日預算或總經費的方式處理。單日預算指的是每天預計花費的平均
　　金額，總經費指的是在廣告刊登期間預計花費的最高金額。如果選擇
　　總經費，則可選擇時間週期。

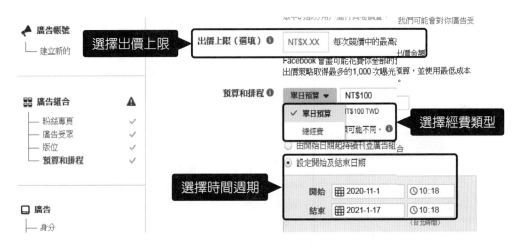

(2)　「設定時間排程」：如果選擇總經費，再點選進階選項，可設定每週
　　投放廣告的時間週期排程，排程可控制廣告組合的開始時間，亦即可
　　選擇在特定日期範圍內刊登，以及刊登的時間長度。如果對商品的廣
　　告效果，不是很明確知道，可經由時間排程，來測試何時段的廣告最
　　有效。

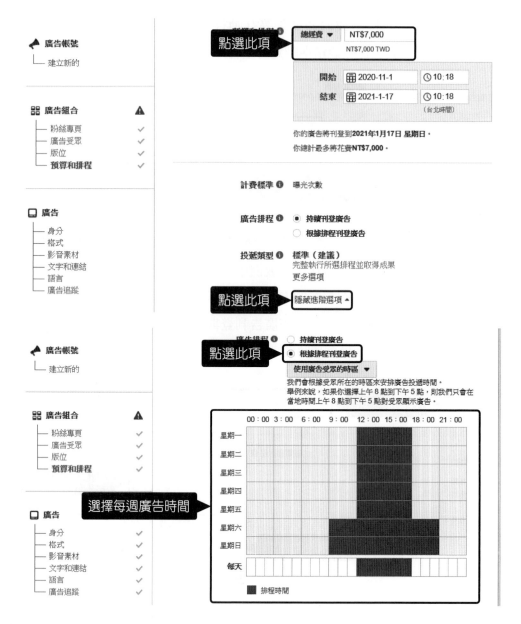

Step4 設定「廣告」相關資料。「廣告」相關資料，共有六項資料要設定，依序說明如下。

1. 設定身分

此選項主要是選擇投放廣告的粉絲專頁身分。

2. 設定格式

此選項主要是選擇播放廣告的格式，播放格式分成「輪播」及「單一圖像或影片」二類，不同播放格式，會有不同的選項要設定，此處以「輪播」為例。

3. 設定廣告創意

選擇好輪播格式後，繼續設定廣告創意，此處要先選擇「廣告圖像」或「影片／輕影片」作為投放廣告的呈現方式，再輸入「標題、文字說明」，以及點選廣告時，會導引進入的商家網址。

4. 設定廣告追蹤

如果想要作再行銷，所需要埋設像素的追蹤碼，可在此設定。

延伸思考

只要在 Chrome 程式內，置入追蹤碼輔助程式 Facebook Pixel Helper，即會在網址的右側，出現括號內有斜線的圖案。Facebook Pixel Helper 程式的網址如下：https://chrome.google.com/webstore/detail/facebook-pixel-helper/fdgfkebogiimcoedlicjlajpkdmockpc

如果想要知道網頁是否有埋設像素追蹤碼，可以在網址的右側，檢視括號內有斜線的圖案，以 Agoda 訂房網站為例，在網址後方出現的藍色符號，即是有埋設追蹤碼，如果出現的是灰色符號，則代表沒有埋設追蹤碼。

圖片來源：Agoda 訂房網站

Step5 企業帳號之設定。

如果想以企業帳號投放臉書廣告，在已登入臉書的情況下，可以直接進入下列網址設定，或由「廣告管理員」路徑進入設定企業管理平臺。企業管理平臺設定網址：https：//business.facebook.com/overview/

以「台灣好茶」作為範例，先選「建立帳號」，再輸入企業的相關資料。

建立企業管理平台帳號

你的企業管理平台和帳號名稱

台灣好茶

此名稱會顯示在 Facebook 上，所以此名稱必須與你的企業商家名稱殊字元。

你的姓名

輸入名字和姓氏，並以空格隔開

你的公司電子郵件地址

這是你用於營運公司業務的電子郵件地址。我們將會寄送電子郵件以驗證此電子郵件地址。你也將透過此電子郵件地址收到有關你企業管理平台帳號的相關通訊內容。

新增其他人員到企業管理平台後，對方將能看到你的 Facebook 姓名、大頭貼照和用戶編號。

點選此處　下一步

新增你的商家詳細資料   ✕

為你執行業務的本地辦公室新增商家詳細資料。

國家／地區
　　　　　　　　　　　　　　　　　　　　　　　　　▼

街道地址 ⓘ

街道地址 2／地區

城市　　　　　　　　　　　　　　　**州／省／地區**

郵遞區號　　　　　　　　　　　　　**公司電話號碼** ⓘ

網站

商業用途

此帳號主要會將 Facebook 工具或資料用於以下用途：

◉ 推廣自己的商品或服務

○ 為其他企業商家提供服務

點選此處 ▶ 送出

✕

台灣好茶已建立！

✉ **確認你的電子郵件地址**
　　點擊傳送到hglhkl@yahoo.com.tw的連結即可收到此帳號的完整使
　　用權限。

點選此處 ▶ 完成

基本企業資料輸入完成後，再來要設定管理企業平臺的相關資料，進入「設定管理企業平臺」選項，有「粉絲專頁」、「廣告帳號」、「相關人員」三個選項要設定。

由於企業在投放廣告時，可能不是只有一項產品，所以需要多個「廣告帳號」，來管理不同的產品廣告，此時可以「新增廣告帳號」，輸入不同的廣告帳號，以方便管理。

新增廣告帳號   ✕

如果你要透過企業管理平台掌握此廣告帳號的行銷活動狀況及帳單，請新增廣告帳號。如果你在代理商工作，請改為向客戶申請使用其廣告帳號。

新增廣告帳號會將其歸入企業管理平台。往後只有你的企業管理平台可以指派權限給這個帳號。 **一旦將廣告帳號新增到企業管理平台後，就無法加以移除。**

廣告帳號編號

091124

新增這個廣告帳號，即表示你同意收到 Facebook 寄送的的行銷電子報，包括新聞、活動、最新消息及促銷電子郵件。你可以隨時前往「企業管理平台設定」的「通知」頁籤取消訂閱此類電子郵件。

取消　　新增廣告帳號

企業平臺需要有人員管理，不同的職務會有不同的管理權限，此時可在「相關人員」中，設定人員的職稱與權限。

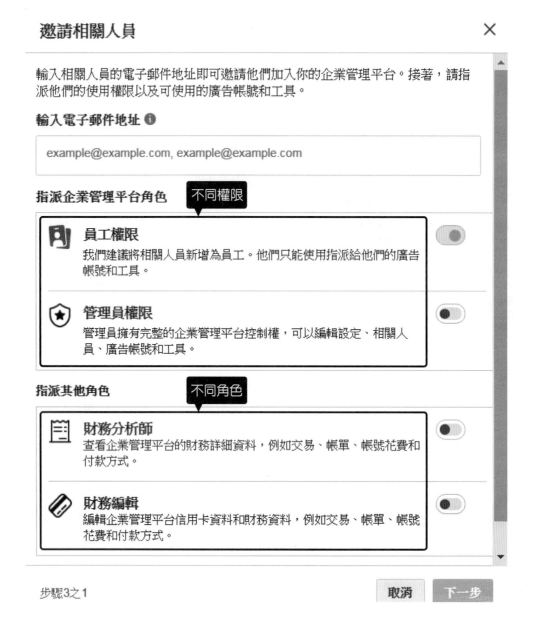

8.2.6 廣告受眾的資料分析

　　臉書為了使廣告主能夠了解廣告受眾的特性，提升廣告觸及率，以方便廣告主針對目標客戶投放廣告，提供了「廣告受眾洞察報告」的數據資料。臺灣的受眾資料，主要是來自於臉書本身的數據資料庫，除了使用者本身所提供的個人資料，包括：年齡、性別、興趣、地點等，還會根據使用者在臉書的活動、行為，收集相關資料，「廣告受眾洞察報告」的查詢方式如下：

Step1 先點選「廣告管理員」後，再點選「廣告受眾洞察報告」

Step2 選擇「廣告受眾」的類別

廣告受眾的類別可以分成下列二類：

1. 所有 Facebook 用戶：

   所有 Facebook 用戶的資料均會顯示，屬於廣泛式的資料顯示。

2. 粉絲專頁的用戶：

   這個選項只針對粉絲專頁中的受眾，屬於目標式的資料顯示。

Step3 更改「廣告受眾」地點。

臉書的受眾地點，原始設定值為美國，需將美國刪除，再將地點更改成臺灣。

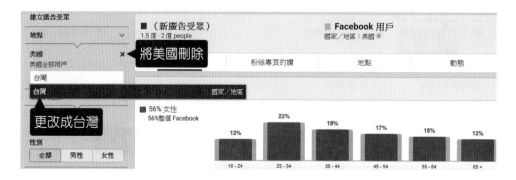

Step4 更改「廣告受眾」的人口統計資料。

廣告受眾的年齡、性別、興趣等資料，可依據目標客戶的特性，自行設定。

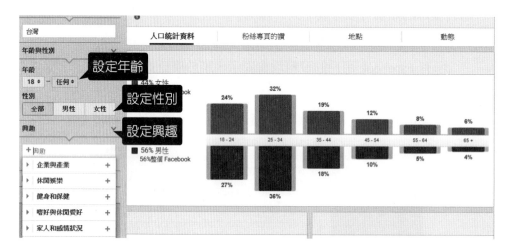

Step5 設定「粉絲專頁」的狀態

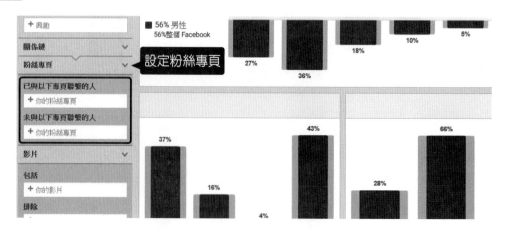

Step6 設定「進階」資料

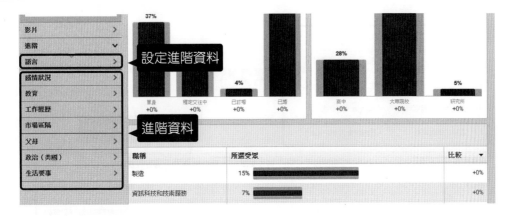

Step7 設定「粉絲專頁的讚」資料。

在不同人口統計資料的狀態下，「粉絲專頁的讚」的資料，會跟著變動。

「粉絲專頁的讚」的資料分成二個部分，在上面是受歡迎的熱門類別，在底下是顯示粉絲專頁相關的資料。

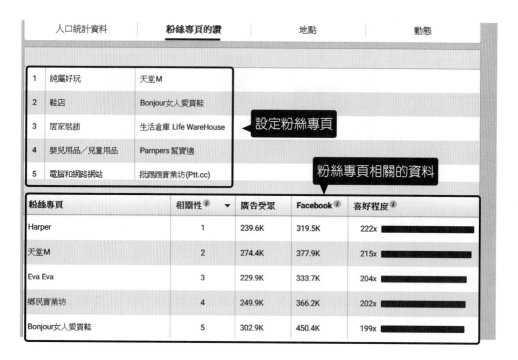

Step8 設定「地點」資料。

在不同人口統計資料的狀態下,「地點」的資料,會跟著變動。

在「所選受眾」處按滑鼠左鍵，資料會排序。

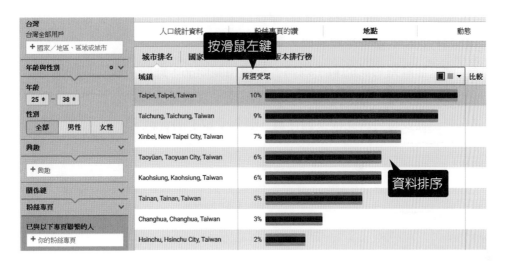

Step9 設定「動態」資料。

「動態」是廣告受眾數據的最後一個選項，這個數據類別被分成兩個部分，在上面是活動頻率，在底下是顯示裝置用戶的資料。

1. 活動頻率：顯示在過去 30 天內，用戶在臉書上的相關活動數據，這些數據是以中位數來顯示。這些活動包括按讚的粉絲專頁、按讚的貼文、分享的貼文、已兌換的促銷、已點擊的廣告等行為。

2. 裝置用戶：用戶在使用臉書時的裝置類型，分成桌面型電腦和行動裝置兩種。若想知道更明確的資料，可將游標停在直方圖上，即會顯示進一步的資料。

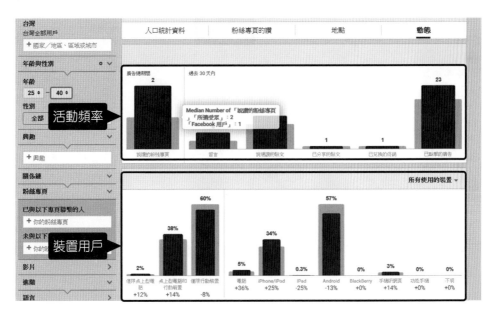

Step10 儲存廣告受眾資料。

如果銷售的商品已有特定的目標族群，可以將符合的廣告受眾資料儲存起來，作為行銷時的廣告受眾名單。

【例】想針對可能的新手媽媽，銷售相關商品，此時可設定年齡層是 25~35 歲的已婚女性，在輸入相關資料後，查看新手媽媽在臉書的活動方式，有需要時可將此檔案儲存為「廣告受眾」的資料。

後續在行銷時，可針對此名單作廣告投放，如需觀看此資料，可回到廣告管理員平臺觀看或修改。

臉書系統完整且多元化，介面的使用與廣告的投放方式，會因應時代的變化而適度的改變，所以無法詳細說明所有系統的運作方式，但只要先了解系統的基本架構與廣告的投放方式，後續在擬定行銷策略或投放廣告時，再針對本身的需求與目的，採取合適的行銷活動，相信必有所成。

((( ))) 8.3 LINE 行銷

西元 2011 年才誕生的 LINE，是近年來崛起速度最快的智慧型手機應用程式之一，在全世界 4 個主要使用國家（日本、臺灣、泰國、印尼）的月活躍用戶已近 2 億，即使在大陸無法使用的情況下，其在全世界的使用量，已迅速增加，成為全世界多數消費者主要使用的通訊工具之一，伴隨 LINE 龐大使用量而隱藏的商機，正是行銷業者覬覦的目標。

LINE 的母公司是韓國的 NHN 網路公司，NHN 是在西元 2001 年由韓國搜索網站 Naver 和網路遊戲網站 Hangame 二家公司合併而成。西元 2011 年 3 月 11 日在日本發生近海地震（即 311 日本大震災），因震災造成通訊斷線或不穩，外地和震災地的親朋好友，有大量密集聯絡的需求，因此，NHN 公司在日本的子公司－NHN Japan 決定要做出任何人都可以輕易上手，即時方便的通訊軟體，由於目標單純，所以該公司員工，在短短一個半月內，就開發出 LINE 通訊軟體，其具有的功能和當時市場調查後，消費者最需要的功能前三名（遊戲、照片共享和通訊）的需求不同，所以 LINE 可說是在天災的時空下，因緣際會所產生的通訊軟體，甚至後續成為全世界最熱門的手機應用程式之一，也是當初始料未及。

NHN Japan 在西元 2011 年 6 月，正式推出 LINE 應用程式，西元 2013 年 4 月 1 日，NHN Japan 公司更名為「LINE 株式會社」，同時隨著韓國母公司 NHN 的改組，將 LINE 的業務納入 Naver Corporation 旗下的子公司，臺灣則是在西元 2012 年 2 月，首次引進 LINE，隨後 LINE 即迅速成長蔓延，並由初始的亞洲國家，開始擴散到歐美國家，進而蔓延到全世界各國家。

⊛ 8.3.1 LINE 開發過程

由於在市場上有很多和 LINE 功能類似的通訊軟體，所以 LINE 在開發的過程中，不是以傳統行銷產品差異化的角度思考，而是以使用者的使用情境切入，也就是智慧型手機溝通時，最重要的價值是什麼？接著，再研究其他同類型產品的特色，最後在很短的時間內即開發出 LINE。

LINE 原先只是一款免費的通訊軟體，只要在有網路的情況下，就可以免費傳遞文字訊息、圖片、動畫和影片等資訊，也可以進行即時的語音通話，其服務性質，超越傳統電信商提供的簡訊、通話等服務，已屬於整合式通訊功能平臺，再加上以有趣的圖片，作為溝通的橋樑，在短期內迅速形成一股 LINE 風潮，並很快就取代傳統電話通訊的功能，而除了積極開發貼圖主題外，在原有 LINE 的基礎下，將業務範圍擴展到 LINE Today、LINE Store、LINE pay、LINE bank、LINE TV 等領域，亦即已擴展成為 LINE 家族的自有商圈。

延伸思考

　　新產品在開發的過程中，都會去探討消費者真正需要的核心利益與價值是什麼？以滿足消費者的需求並解決其特定問題；所以即使是同樣的產品，但在消費者不同的購買動機下，會有不同的價值，所以最後會取決於產品的某一個利益與價值，形成購買或使用行為。

　　多數的通訊軟體，都可以使用免費的文字、語音、與影像通訊，但以 LINE 而言，還多了可以增加溝通樂趣的貼圖，以及多人可會談的群組，更重要的是具有即時收到訊息與回答訊息的功能。也就是說，LINE 本身已具有網路媒體中：互動性、個人化、即時性、多媒體共 4 項特性，這 4 項特性解決了消費者的通訊需求，還提供了消費者所需要的核心利益與價值，所以才會在短期內，迅速成為全世界消費者高度使用的通訊軟體。

8.3.2　LINE 個人帳號與官方帳號

　　LINE 根據不同的目的與需求，將帳號分成個人帳號與官方帳號，個人帳號顧名思義，就是針對個人的使用而設立，而官方帳號，則是針對企業或商家的商業行為而成立的帳號。

　　LINE 是目前多數消費者使用的通訊工具之一，不管是個人或公司企業，都已將 LINE 變成一種群體溝通工具。LINE 是以綁手機門號的方式，以單一名稱對應所有帳號，後續的群體溝通工具，除了原有的群組外，再增加社群與官方商業版的 LINE@，以符合大家多元化的需求，社群和 LINE@ 均可使用個人手機門號，以多元名稱對應不同帳號，其所創立的多個群體組織，類似於 FB 個人帳號的粉專，以下就以個人帳號與官方帳號二種角度來說明。

一、個人帳號

　　個人帳號就是一般民眾經常使用的群組與社群，群組比較傾向是小組討論式的訊息交流，社群則比較像是一個公開分享的微型創業行銷平臺，LINE 社群中的成員，是根據相同興趣而加入同一個社群，彼此不知道身份，隱密性高，可以在社群中與志趣相投的人，共享專業領域資訊。如果是行銷型社群，則可從事行銷活動（例如：團購投票、收費講座等），加上有管理員的制度，對於整個社群的運作會比較正常流暢。LINE 群組和社群最大的差別，大致有下列幾點：

1. 群組沒有管理員，管理上比較沒有章法，社群則有管理員與共同管理員，可以維持社群合理與正常的運作，組織型態上較完整嚴謹。

2. 群組中若有成員發送不當訊息，原發訊者沒收回的話，即使刪除訊息後，群組其他成員仍可看到此訊息，社群則可由管理員刪除不當訊息，其他成員就不會再看到此訊息。

3. 群組中若有記事本要刪除，只能刪除自己的記事本，社群則可由管理員刪除所有成員的記事本。

4. 群組只要有好友邀約即可進入，成員不好掌控，成員均可發訊息，易生事端；社群則可設定成由管理員核准後，才能加入社群，可對想加入的成員作審核，成員比較容易掌控。

5. 在不同群組只能使用同一名稱與大頭貼，但在不同社群則可設定不同名稱與大頭貼，可保有較彈性的隱私權。

6. 群組中的訊息，要從加入後才可看到，無法往前追溯，但社群則可往前追溯一段時間的訊息。

7. 群組成員之間可以私訊，但是社群成員之間無法私訊，以管理的角度而言，訊息均公開透明，如是從事團購或其他行銷行為，比較不會有未知的糾紛發生。

8. 社群可以設定活動訊息，也可以設定投票調查，以了解成員的想法，這二種功能，可以增加行銷資訊的傳播與黏著度，有利於行銷策略的規劃。

9. 社群的貼文與設定為重要貼文 / 公告，都是由社群管理員決定是否開放給所有成員，對於比較重要的貼文與公告，管理員可以有主控權。

　　社群本身也有些缺點，例如沒相簿功能、沒訊息備份功能、不能傳送檔案等，但整體而言，以作為私人行銷平臺的角度而言，社群是比較適合的介面，底下將兩者的主要區別，整理在以下表格中。

差異性	LINE 群組	LINE 社群
人　　數	500	5,000
自訂聊天室暱稱與大頭貼	不行	可以 （設定後可編輯修改。不同社群可設定不同的大頭貼、暱稱。）
管理員	沒有	創建者
共同管理員	沒有	可由管理員指定
成員權限	沒限制	由管理員設定權限

差異性	LINE 群組	LINE 社群
加入方式	1. 群組成員發出邀請。 2.QR Code。	1. 群組成員發出邀請。 2.QR Code。 3. 向所有人公開。 4. 需輸入參加密碼。 5. 需管理員核准。
過往訊息	看不到過往訊息。	可看到過往： 1. 文字 180 天。 2. 圖片 30 天。 3. 影音／錄音 14 天。
成員之間私訊	可以	不行
相關功能與權限	成員均可建立： 1. 貼文（記事本）。 2. 設定公告。 3. 刪除訊息（群組仍會顯示）。 4. 只能刪除自己的記事本。 5. 發送或收回訊息。 6. 強制退出其他成員。	成員基本權限： 1. 發送或收回訊息。 2. 閱讀訊息。 下列事項要由管理員授權： 1. 貼文（記事本）。 2. 設定為重要貼文。 3. 設定公告。 4. 設定活動。 5. 設定投票。 只有管理員有下列權限： 1. 刪除所有成員的訊息（社群不會顯示）。 2. 刪除所有成員的記事本。 3. 強制退出其他成員。 4. 變更參與人數上限。
資料傳送	可以傳送照片、影片、檔案，但有保存期限。	只能傳送照片、影片，不能傳送檔案。
訊息備份功能	可開啟自動備份。	僅能匯出文字記錄。
相簿功能	有	沒有
聊天機器人	可以以外掛程式邀請聊天機器人加入。	由管理員設定是否開放此功能，僅限定： 1. 垃圾訊息過濾器。 2. 翻譯機器人。

　　LINE 在初始創立時，就是以手機作為使用的工具，所以相關的設定與操縱方式，都是以手機介面為主，後續因應消費者的需求，推出電腦版的 LINE，但因作業系統的不同，完整的功能還是以手機的介面為主，以下即以手機介面為例說明群組與社群建立及設定的方式。

(一) 群組之建立與設定（手機版）

如果要設立名稱為「網路行銷」的群組，其步驟如下所示：

Step1 群組之建立方式有 **2** 種路徑：

1. 群組建立路徑 1

2. 群組建立路徑 2

Step2 建立群組

Step3 建立群組名稱

先輸入新的群組名稱「網路行銷」，如果直接按新增，可以直接邀請好友加入，
如果按建立，則可以直接邀請好友加入或以 QR Code 的方式邀請加入群組。

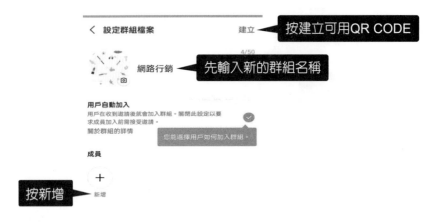

Step4 建立群組成員

建立群組成員的方式有二種，可以直接用邀請的方式選擇成員或以 QR Code 的
方式邀請加入群組。

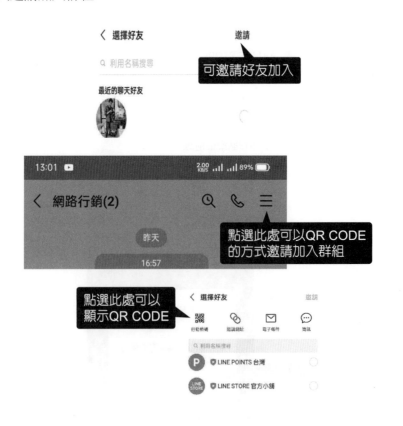

請注意：所有LINE用戶皆可透過此連結加入您的群組。

複製連結　　分享　　儲存

🔍 延伸思考

電腦版建立群組的方式和手機版不同。

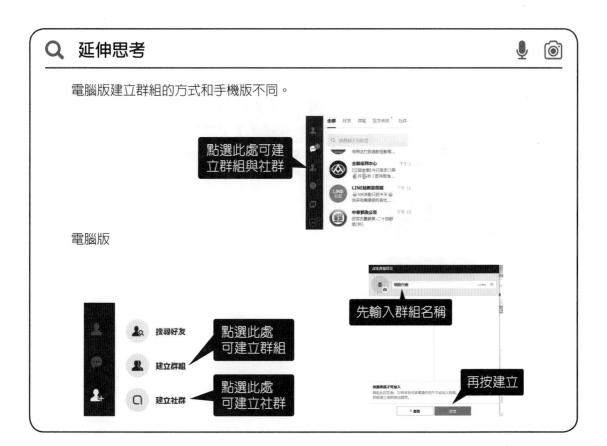

(二) 社群之建立與設定（手機版）

如果以「行銷大師」的名稱設立名稱為「網路行銷」的社群，其步驟如下所示：

Step1 社群之建立路徑

社群名稱：網路行銷

Step2 建立社群

Step3 社群相關設定之更改

1. 回到主畫面點選右上方。

2. 可更改社群基本資料。

3. 可依需求設定共同管理員與其權限。

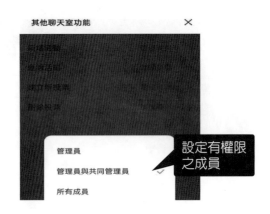

4. 設定具有活動與投票權限的社群成員。

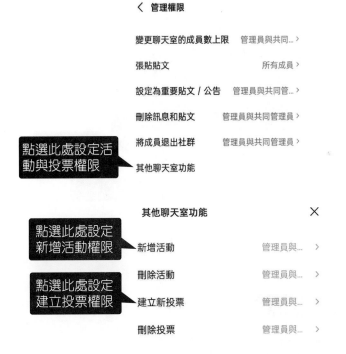

5. 設定想辦理活動的日期與名稱。

先選擇好活動日期

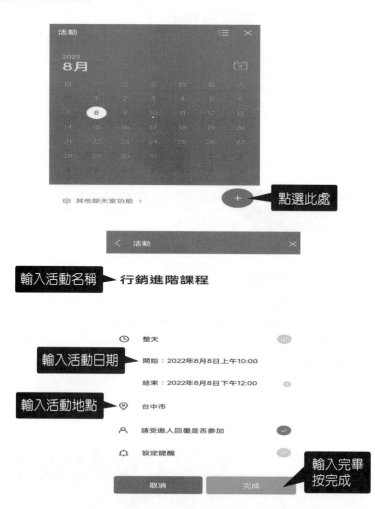

6. 建立投票選項

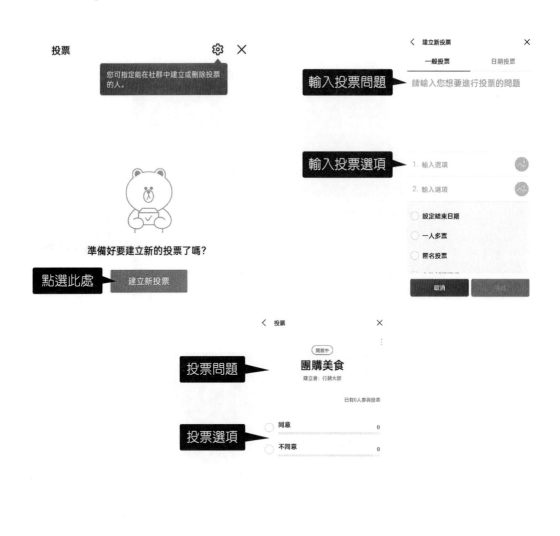

日期投票：選擇可以參加活動的日期

Step4 加入社群之方式，有下列五種方式「社群成員發出邀請」、「QR Code」、「向所有人公開」、「需輸入參加密碼」、「需管理員核准」。

1. 其中「社群成員發出邀請」、「QR Code」這二種方式如下所示：

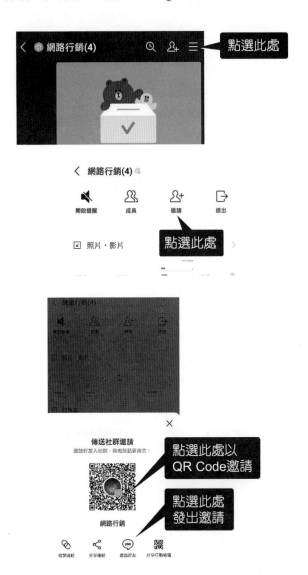

2. 另外「向所有人公開」、「需輸入參加密碼」、「需管理員核准」，這三種方式如下所示：

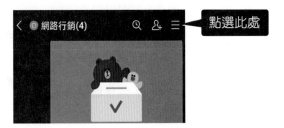

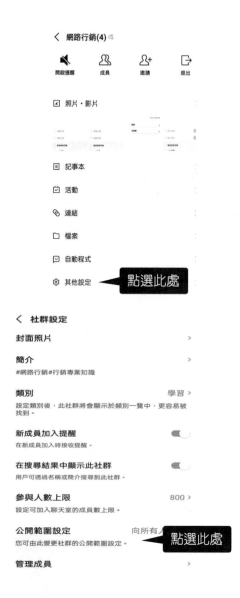

二、官方帳號

　　為了讓中小型商家或企業，能夠經營顧客關係與提供精準的行銷策略，LINE 推出了多種相關的應用程式，但由於功能有部分重疊，後續為了簡化多種程式，LINE 在西元 2019 年 4 月 18 日起，將「LINE@ 生活圈」、「LINE 官方帳號」、「LINE Business Connect」、「LINE Customer Connect」等程式，統一整合稱為「LINE 官方帳號」，英文名稱則為 LINE Official Account，簡稱 LINE OA，也就是一般俗稱的 LINE 官方帳號 2.0 版。

1. 官方帳號之說明

　　升級後的 LINE 官方帳號，依照企業不同的需求與目的，分成「企業官方帳號、認證官方帳號、一般官方帳號」三種類型，分別以綠色、藍色、灰色三種不同顏色的盾牌，作為區別。

	企業帳號	認證帳號	一般帳號
帳號意義	積極經營好友的帳號類型	審核通過的合法企業/商家或組織帳號類型	任何人或商家都可以開啟的帳號類型
審核方式	LINE主動邀請	企業/商家主動文件審核須具備Premium ID資格	無需審核
其他	可被搜尋	可被搜尋	不可被搜尋

* 官方帳號類型與價格方案沒有關係。
* 官方帳號類型不影響基礎功能，影響審核功能資格。
* 成為企業帳號前受邀請需先為認證帳號。

圖片來源：LINE Biz-Solutions

　　灰色盾牌：沒經過審核與身份驗證，可以直接申請完成的帳號，就是屬於一般帳號，在帳號名稱的旁邊，會有灰色盾牌，其缺點是無法透過搜尋找到帳號，一定要使用 LINE ID 搜尋才可以找到，而且只能使用 CMS（Content Management System）的基本功能，無法使用進階功能。

藍色盾牌：若商家提供企業合法的經營文件，且具備專屬 ID，經過官方審核認證後，即能成為擁有藍色盾牌的認證官方帳號，且可以透過搜尋找到帳號，並能透過加購的方式，使用審核功能的基本項目。

綠色盾牌：綠色盾牌無法透過申請取得，必須由 LINE 官方主動邀請，需具備專屬 ID 並通過官方審核流程，才能擁有綠色盾牌，且可以透過搜尋找到帳號，所以綠色盾牌就像是 FB 的藍勾勾一樣，是需要由官方認證後發放，不能主動申請，且可以使用審核功能的進階項目。

藍色盾牌與綠色盾牌，都是經由 LINE 認證的合法企業、商家或是組織，擁有 LINE 官方驗證許可，可讓這些商家能快速的取得消費者的信任感，消費者也可檢視商家盾牌顏色，確認商家的合法性，避免冒名詐騙的事情發生。

功能表

CMS功能	審核功能（基本）	審核功能（進階）
群發訊息 主頁投稿 (Timeline貼文) 一對一聊天 自動回應 / 關鍵字回應 圖文訊息 進階影片訊息 圖文選單 優惠券 / 抽獎 集點卡 行動官網 數據資料庫 Messaging API* CMS後台啟動，不需審核	Promotion Stickers LINE LIVE LINE Now LINE Beacon BC Hub 發票模組 Switcher API* 可單獨購買，不限客服情境使用	Custom Audience Message (AM) Notification Message (PNP)

＊藍框部分為認證官方帳號可使用之功能，綠框部分的功能需升級為企業官方帳號才可使用。
＊部分審核功能需額外計價，如有購買之需求，請洽您的業務窗口連繫。

圖片來源：LINE Biz-Solutions

 延伸思考

　　點進官方網站 LINE 的訊息畫面，即可看到名稱左側會有綠色、藍色、灰色三種不同顏色的盾牌，作為區別。藍色與灰色的盾牌在畫面上很類似，藍色盾牌顏色比較深不透明，灰色的盾牌比較淺有點透明。

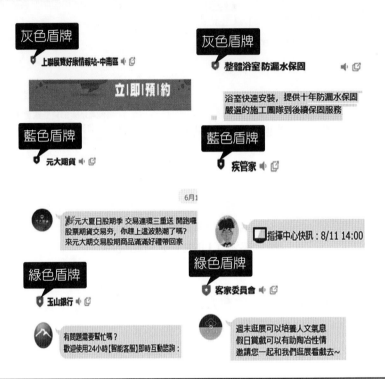

2. 官方帳號之應用與功能

(1) 專屬 ID 之應用。

　　LINE@ 的免費 ID，是由系統隨機產生的英文及數字組合（例如：@wbf9316n），除了不好記憶外，對於商家的品牌辨識度與消費者搜尋的便利性，均會有所影響，也不利於行銷策略上的規劃，但如果以付費的方式購買專屬 ID，除了可自訂好記且唯一的 ID 外，也可免費申請官方認證帳號，獲得更多的曝光機會。專屬 ID 如同店家招牌，只要能取出有創意、符合產品特性且好記的 ID，商家就如同擁有了「行動版名片」，能讓消費者快速記住，讓好友招募更容易。

概要	專屬ID (電腦版/Android用戶)	專屬ID (iOS用戶)
年費	720元(未稅)	1,038元(未稅) ※若您從iOS應用程式購買，價格和使用條款將有所不同，購買前請事先確認。
格式	**@＋用戶指定的文字內容** （@除外，最少4個字、最多18個字。系統僅能使用半形英數及「．」「＿」「－」的記號） 例：@line_cafe	
注意事項	無法使用其他帳號使用中的ID	無法使用其他帳號使用中的ID － 每個Apple ID只能購買1個ID作為專屬ID。如果您有其他帳號欲購買專屬ID，請從電腦版管理網頁購買。 － 使用期間無法更改指定的專屬ID，且無法刪除重新購買。

備註：各平台的付款方式及規範將有所不同，您需要遵守付款平台的規範。

圖片來源：LINE Biz-Solutions

(2) 訊息的收費方式。

商家對群內成員發送訊息的收費方式，依照輕中高三種用量的不同，採取不同的收費方式，所以商家可依照自己的狀況與需求，決定使用哪種方案。訊息數計算方式是以「發送次數」×「目標好友數」＝「訊息發送則數」來計算，如果群內好友人數有50人，對這50位好友發送2則訊息，則訊息發送則數＝2×50＝100，所以需精準地以分眾方式發放訊息，才能讓預算運用得更有效。

	輕用量	中用量	高用量
固定月費	免費	800元	4,000元
免費訊息則數	500則	4,000則	25,000則
加購訊息費用	不可	0.2元/則	0.15元起降 (請參閱加購訊息價目表)
免費使用 官方帳號分眾+	無	有	有

圖片來源：LINE Biz-Solutions

(3) 企業與認證官方帳號，可以使用關鍵字搜索店家名稱或狀態消息。

一般官方帳號無法使用關鍵字，搜索店家名稱或狀態消息，而企業與認證官方帳號，可於「官方帳號列表」與「LINE 聊天列表」處，輸入關鍵字或是店名，只要店家名稱或狀態消息的欄位，有要搜尋的關鍵字，即可快速搜尋到想找的商家；由於狀態消息可以隨時彈性修改內容，商家可以配合不同的活動內容，隨時更換狀態消息，讓宣傳活動有更多的曝光機會，增加店家接觸潛在消費者的機會。

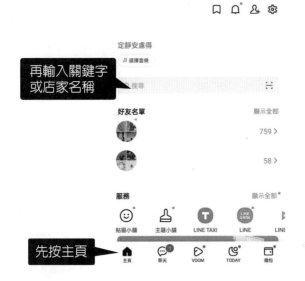

輸入關鍵字「手工披薩」，即會搜尋到想找的商家。

(4) 賦予多人管理權限。

商家在經營官方帳號時，可以透過「開放權限」的方式，賦予不同人員擔任適合的任務，在 LINE 官方帳號平臺，能夠設定四種權限，分別為「管理員」、「操

作人員」、「操作人員（無傳訊權限）」、「操作人員（無瀏覽分析權限）」，商家可依現況將管理權限，分工給信任的人。

(5) 可開啟「一對一聊天」模式，保持消費者隱私權。

官方帳號有群發訊息的功能，但每一位消費者的問題，不一定會一樣，此時店家可以開啟「一對一聊天」模式，用真人客服的方式，直接解決消費者的問題。

(6) 提供分眾功能，可以精準推播訊息。

當商家的好友人數超過100人時，就可使用「加入好友期間」、「性別」、「年齡」、「地區」、「作業系統」等5個特性，自訂不同屬性的受眾，以篩選發送對象的訊息，避免發送無效的訊息，達到精準行銷的目的。

3. 官方帳號之申請（手機版）

(1) 一般帳號。

Step1 手機如果要申請官方帳號，必需要先下載 LINE Official Account 應用程式後，才能申請，首次使用時會要求登入，再申請一般帳號。

Step2 申請建立一般帳號。

Step3 填好相關資料。

註冊帳號

註冊LINE官方帳號
　　　　　　　　　　　　　　● 必填

服務適用國家 / 地區
臺灣

帳號名稱 ●

　　　　不動產專業知識
　　　　此名稱將顯示於LINE的好友名單及聊　7/20
　　　　天畫面中。

> 會以此名稱
> 出現在LINE

業種 ●

公眾人物、專業人士　　　　　　　∨

不動產、建築、土木　　　　　　　∨

公司所在國家或地區 ● ⑦

台灣　　　　　　　　　　　　　　∨

您設定的國家或地區會顯示於帳號的基本檔案等可供用戶瀏
覽的頁面內。

公司名稱

不動產專業事務所

電子郵件帳號 ●　　　　　　　　　　8/100

註冊帳號

台灣　　　　　　　　　　　　　　∨

您設定的國家或地區會顯示於帳號的基本檔案等可供用戶瀏
覽的頁面內。

公司名稱

不動產專業事務所
　　　　　　　　　　　　　　　　　8/100

電子郵件帳號 ●

hg@yahoo.com.tw
　　　　　　　　　　　　　　　　　19/200

▨ 我願意收到來自「LINE@生活圈商
　　家報」的資訊

建議您將「LINE@生活圈商家報」加入好友，
往後可接收關於LINE官方帳號的操作管理資
訊。

　　　　　LINE官方帳號服務條款

點選下方的「確定」鍵代表您已同意上方條
款。

確定

Step4 可以開始進行初始功能設定，包含
「經營目的」、「聊天方式」、「帳
號的圖片檔」。

✕

歡迎使用本服務！
首先進行最初的設定吧

您可隨時變更接下來
設定的所有內容。

開始

① 設定經營目的。

② 設定聊天的回應方式是「自動回應」、或「手動聊天」。

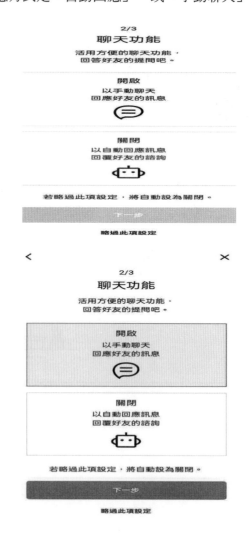

③ 設定帳號的圖片檔。

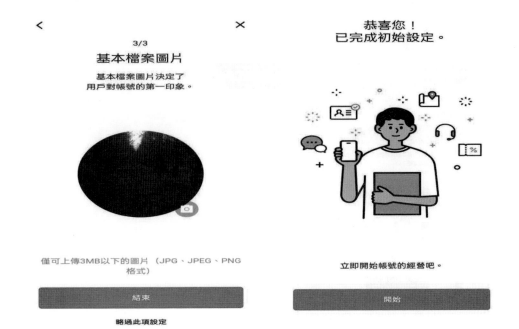

　　手機版對於 LINE 官方帳號相關的設定，都必須使用 Official Account 應用程式，在手機介面下另外開啟後設定。

Step5 進行基本資料的設定，包含「帳號」、「登錄資料」、「權限」。

① 設定「帳號」。

② 設定「登錄資料」。

③ 設定管理員權限。

　　LINE 官方帳號將管理權限分成四種類型，管理員的權限最完整，可新增或刪除其他管理帳號，因此建議保持少數核心同仁有此權限即可。

權限種類	管理員	操作人員	操作人員 (無傳訊權限)	操作人員 (無劉覽分析的權限)
建立群發訊息 / 貼文	✓	✓	✓	✓
傳送群發訊息 / 張貼至貼文串	✓	✓		✓
瀏覽分析	✓	✓	✓	
變更帳號設定	✓	✓	✓	✓
管理帳號成員	✓			

LINE 官方後台管理者帳號分級權限表

圖片來源：LINE Biz-Solutions

Step6 進行基本功能的設定。

① 群發訊息。

🔍 延伸思考

　　若以收費方式申請中用量、高用量的用戶，就可以使用加標籤的方式，將成員分成不同特性的群組，再依訊息的特色，發送給不同的群組，除了可控制訊息的使用量外，也可以分眾的方式，發送有效的訊息給目標客戶，達到精準行銷的目的。

② 設定加入好友的歡迎訊息。

③ 設定自動回應訊息。

④ 設定 AI 自動回應訊息。

要設定「AI 自動回應訊息」前，必須要先在「設定」的「自動回應」中將「手動聊天」改成「智慧聊天」。

a. 設定「智慧聊天」。

b. 回到原畫面，設定「AI 自動回應訊息」。

系統會對於「一般問題」，有內建自動回應的訊息；但其他問題，需要管理者自行建立回應訊息。

管理者需要自行建立「基本資訊」、「特色資訊」、「預約資訊」的自動回應訊息。

管理者自行建立的營業時間，自動回應訊息爲「周日休息其他時間有開」。

有消費者在 LINE 問相關問題時，系統會自行回答。

⑤ 設定優惠券。

⑥ 設定集點卡。

您可以建立免費集點卡供顧客集點，並在顧客來店或購買商品時贈送獎勵。

自行設定集滿所需的點數及可獲得的獎勵內容，並透過提供免費飲品一杯或優惠券等獎勵提升回客率。

此外，顧客只要掃描行動條碼即可輕鬆集點，也能減少製作紙本集點卡的預算。

建立集點卡

⑦ 設定「最新資訊」。

需符合認證帳號，才能設定「最新資訊」。

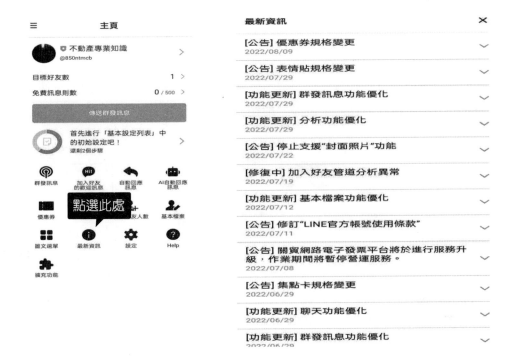

(2) 認證帳號。

要申請認證帳號，必須要依照以下 3 個步驟，並準備相關文件，就能夠輕鬆地完成帳號申請。

圖片來源：LINE Biz-Solutions

備查文件：

	項目	說明
1	服務說明	官網、營業商店之內、外觀照片【商店外觀請包含營業招牌及店面外觀】
2	台灣主管機關核准的設立文件	營業登記證明，主要為公司／商業登記或主管機關核准的設立文件、稅籍登記證明及其它證明文件。
3	身份文件證明	申請人之員工識別證、在職證明、名片，以上三者之一，且申請人需擁有帳號之管理權限

資料來源：LINE Biz-Solutions

(3) 加入官方帳號的方式。

加入官方帳號的方式共有三種類型，分別是「在店頭宣傳」、「線上宣傳」、「透過社群及電子郵件分享」，再從三種類型衍生出 9 種方式，分別說明如下：

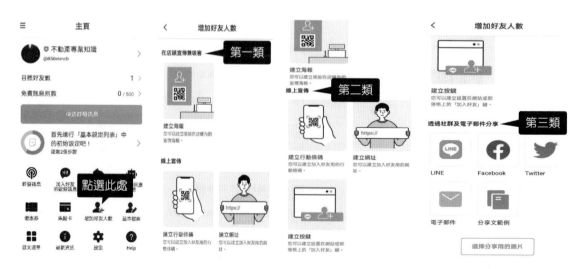

① 「加入官方帳號好友」的第一種類型－在店頭宣傳。

　商家可以印出附有 QR Code 的海報，擺放於實體店面，讓顧客直接掃描後加入
官方帳號。

② 「加入官方帳號好友」的第二種類型－線上宣傳。

　第二種以線上宣傳的方式，讓顧客加入官方帳號的方法有三種。

　　a. 以 QR Code 方式加入。

　　　商家可以按「建立行動條碼」產
生 QR Code，透過個人的 LINE、
社群平臺或電子郵件的方式，邀
請顧客直接以掃描的方式加入官
方網站；如果點選下方的「儲存
行動條碼」，就可以將 QR Code
圖片存在手機內，之後可以讓有
意加入的顧客，直接掃描手機上
的 QR Code。

b. 以網址方式加入。

商家可以按「建立網址」產生連結網址，透過個人的 LINE、社群平臺或電子郵件的方式，邀請顧客直接以點選網址的方式，加入商家官方帳號的頁面；如果點選下方的「複製網址」，就可以將官方帳號的網址複製起來，之後有需要時，可以直接讓有意加入的顧客點擊連結。

c. 建立「加入官方帳號好友」按鍵。

此種方式適合自己有架設過網站或對網頁設計有經驗的商家，先按「建立按鍵」產生「加入好友」按鍵後，再點選下方「顯示 HTML」，就會跳出複製程式碼的通知，點擊複製就可以將程式碼複製起來，再將此程式碼貼到官方網頁的「網頁原始碼」裡就可以。

③「加入官方帳號好友」的第三種類型－透過社群及電子郵件分享。

第三種以透過社群及電子郵件分享的方式，讓顧客加入官方帳號的方法有五種。

a. 以 LINE 邀請進入。

若是選擇透過 LINE 分享，可以直接點選 LINE 圖案，會顯示出你個人 LINE

中，所有的好友名單，再點選想要邀請的好友，並點選右上角的「分享」，
就可將官方帳號的連結訊息，私訊給你個人的好友。

b. 以 Facebook、Twitter 或 Email 邀請進入。

這三種方式會連接至手機上的相關程式後，可以分享一些和官方帳號相關的
文字敘述，來吸引大眾加入你的官方帳號。

c. 以分享文吸引成員加入。

若想經由發佈分享文的方式，來吸引有興趣的消費者加入官方帳號，可以點選分享文範例，待出現「複製分享範例文章」的訊息後，再點擊「複製分享文」，即可將上面的文字複製起來，將文字貼到想要發佈的平臺上，再到貼文發布區域的編輯區中，將分享文範例修改成原本想要發佈的分享文。

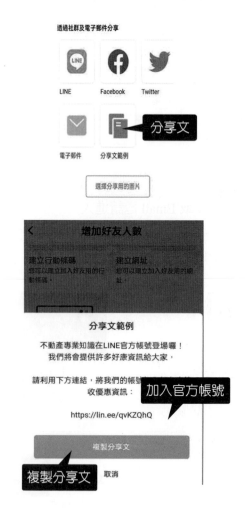

自我評量

一、選擇題

( ) 1. 六度分隔理論指的是在人際的脈絡中，要認識任何一位陌生的朋友，中間最多只要經過幾位朋友，就能達到目的？　(A) 4 位　(B) 5 位　(C) 6 位　(D) 7 位。

( ) 2. 網路媒體有重要的五項特性，其中分享性的主要目的在　(A) 留住粉絲　(B) 吸引粉絲　(C) 聚集粉絲　(D) 口碑行銷。

( ) 3. 網路媒體有重要的五項特性，其中多元性的主要目的在　(A) 留住粉絲　(B) 吸引粉絲　(C) 聚集粉絲　(D) 口碑行銷。

( ) 4. 網路媒體有重要的五項特性，其中黏著性的主要目的在　(A) 留住粉絲　(B) 吸引粉絲　(C) 聚集粉絲　(D) 口碑行銷。

( ) 5. 網路媒體有重要的五項特性，其中傳播性的主要目的在　(A) 留住粉絲　(B) 吸引粉絲　(C) 聚集粉絲　(D) 口碑行銷。

( ) 6. 網路媒體有重要的五項特性，其中數據性的主要目的在　(A) 留住粉絲　(B) 吸引粉絲　(C) 聚集粉絲　(D) 資料分析。

( ) 7. 自媒體平民化的特質，指的是　(A) 將原本為訊息接收的「旁觀者」，轉變成為訊息發送的「當事人」　(B) 將原本為訊息接收的「當事人」，轉變成為訊息發送的「旁觀者」　(C) 原本為訊息接收的「旁觀者」，仍為訊息發送的「旁觀者」　(D) 原本為訊息接收的「當事人」，仍為訊息發送的「當事人」。

( ) 8. 自媒體主要的收入來源大致有 7 種類型，下列何者不是其收入來源　(A) 廣告收入　(B) 銷售產品　(C) 架設網站　(D) 付費訂閱。

( ) 9. 專業知識型自媒體，主要的收入來源為　(A) 廣告收入　(B) 銷售產品　(C) 業配貼文　(D) 付費訂閱。

( ) 10. 對贊助的廠商而言，產品希望在低成本的情況下，得到大量曝光的機會，最適合使用自媒體的　(A) 通告活動　(B) 銷售產品　(C) 業配貼文　(D) 付費訂閱。

( ) 11. 具有知名度與群眾基礎的自媒體，很容易吸引與自媒體相關性高的廠商，提出側欄廣告的合作邀約，這種是屬於　(A) 廣告收入　(B) 銷售產品　(C) 業配貼文　(D) 付費訂閱。

( ) 12. 直播平臺的興盛而竄起的網紅直播主，主要的收入來源為　(A) 廣告收入　(B) 打賞贊助　(C) 業配貼文　(D) 付費訂閱。

( ) 13. 專業性的節目跟活動，會邀請有相關專長的網紅作為現場的特別來賓，希望能藉此提高收視率，這種是屬於　(A) 廣告收入　(B) 銷售產品　(C) 通告活動　(D) 付費訂閱。

( ) 14. 「STP」有 3 個步驟，其中 S 指的是　(A) Section　(B) Select　(C) Segmentation　(D) Subject。

( ) 15. 「STP」有 3 個步驟，其中 T 指的是　(A) Take　(B) Test　(C) Try　(D) Targeting。

( ) 16. 「STP」有 3 個步驟，其中 P 指的是　(A) Post　(B) Positioning　(C) Part　(D) Place。

( ) 17. 要了解「有哪些不同需求與偏好的購買族群與消費者？」是使用 STP 中的　(A) 市場區隔　(B) 選擇目標市場　(C) 市場定位　(D) 族群特色。

( ) 18. 「要經營哪一個或多個市場區隔？」是使用 STP 中的　(A) 市場區隔　(B) 選擇目標市場　(C) 市場定位　(D) 族群特色。

( ) 19. 要「如何將商品的獨特利益，傳遞給市場區隔中的顧客？」是使用 STP 中的　(A) 市場區隔　(B) 選擇目標市場　(C) 市場定位　(D) 族群特色。

( ) 20. 意見領袖是出現在創新擴散的過程中的哪一階段　(A) 創新先驅者　(B) 早期採用者　(C) 早期大眾　(D) 晚期大眾。

( ) 21. 網紅使用開箱文傳播產品訊息的手法，是屬於創新擴散的過程中的　(A) 創新先驅者　(B) 早期採用者　(C) 早期大眾　(D) 晚期大眾。

( ) 22. 網紅使用業配文，以口碑行銷的方式來推銷產品的手法，是屬於創新擴散的過程中的　(A) 創新先驅者　(B) 早期採用者　(C) 早期大眾　(D) 晚期大眾業配文。

( ) 23. 習慣於因循守舊，只有當新產品有知名度，佔有率開始穩定增加時，才會開始接納創新的產品，是屬於創新擴散的過程中的　(A) 創新先驅者　(B) 早期採用者　(C) 早期大眾　(D) 晚期大眾。

( ) 24. 對於創新產品，多持保留態度，主觀意識比較高，不易接受新事物，屬於守舊、保守型，受傳統觀念的影響較大，是屬於創新擴散的過程中的　(A) 早期採用者　(B) 落後者　(C) 早期大眾　(D) 晚期大眾。

( )25. 依據創新擴散理論來看，下列何者是創新產品銷售量，是否能夠打開市場，進入成長期的關鍵 (A) 從導入階段進入接受階段 (B) 從接受階段進入回歸階段 (C) 從導入階段進入回歸階段 (D) 從回歸階段進入導入階段的轉換期。

( )26. 下列有關 LINE 個人帳號群組與社群的敘述，何者正確？ (A) 群組有管理員，社群有管理員 (B) 群組沒有管理員，社群有管理員 (C) 群組有管理員，社群沒有管理員 (D) 群組沒有管理員，社群沒有管理員。

( )27. （甲）不同群組只能使用同一名稱與大頭貼。（乙）不同社群可設定不同名稱與大頭貼。（丙）社群中的訊息，要從加入後才可看到，無法往前追溯。（丁）社群成員之間無法私訊。上述有關 LINE 個人帳號群組與社群的敘述，何者正確？ (A) 甲乙丙 (B) 甲丙丁 (C) 甲乙丙丁 (D) 甲乙丁。

( )28. LINE 個人群組帳號，最高人數上限為？ (A) 500 人 (B) 3,000 人 (C) 5,000 人 (D) 10,000 人。

( )29. LINE 個人社群帳號，最高人數上限為？ (A) 500 人 (B) 3,000 人 (C) 5,000 人 (D) 10,000 人。

( )30. 下列有關 LINE 個人帳號群組與社群的敘述，何者正確？ (A) 群組成員之間可以私訊，社群成員之間可以私訊 (B) 群組成員之間不可以私訊，社群成員之間可以私訊 (C) 群組成員之間可以私訊，社群成員之間不可以私訊 (D) 群組成員之間不可以私訊，社群成員之間不可以私訊。

( )31. LINE 官方帳號，依照企業不同的需求與目的，分成「企業官方帳號、認證官方帳號、一般官方帳號」三種類型，其中企業官方帳號是什麼顏色的盾牌 (A) 綠色 (B) 藍色 (C) 灰色 (D) 黃色。

( )32. LINE 官方帳號，依照企業不同的需求與目的，分成「企業官方帳號、認證官方帳號、一般官方帳號」三種類型，其中一般官方帳號是什麼顏色的盾牌 (A) 綠色 (B) 藍色 (C) 灰色 (D) 黃色。

( )33. LINE 官方帳號，依照企業不同的需求與目的，分成「企業官方帳號、認證官方帳號、一般官方帳號」三種類型，其中認證官方帳號是什麼顏色的盾牌 (A) 綠色 (B) 藍色 (C) 灰色 (D) 黃色。

( )34. LINE 官方帳號，依照企業不同的需求與目的，分成「企業官方帳號、認證官方帳號、一般官方帳號」三種類型，下列敘述，何者正確？ (A) 三種帳號，企業均可以主動申請 (B) 企業官方帳號、一般官方帳號，企業可以主動申請，認證官方帳號要由 LINE 官方主動邀請 (C) 一般官方帳號、認證官方帳號，企業可以主動申請，企業官方帳號要由 LINE 官方主動邀請 (D) 三種帳號，都要由 LINE 官方主動邀請。

( )35. LINE 官方帳號，依照企業不同的需求與目的，分成「企業官方帳號、認證官方帳號、一般官方帳號」三種類型，下列敘述，何者正確？ (A) 三種帳號，均要有專屬 ID (B) 只有認證官方帳號需要有專屬 ID (C) 企業官方帳號、認證官方帳號需要有專屬 ID，一般官方帳號不需要有專屬 ID (D) 三種帳號，均不需要有專屬 ID。

( )36. LINE 官方帳號，依照企業不同的需求與目的，分成輕用量、中用量、高用量，三種訊息用量，下列敘述，何者正確？ (A) 三種訊息用量，均要收費 (B) 三種訊息用量，均不用收費 (C) 只有高用量要收費 (D) 只有低用量不用收費。

( )37. LINE 官方帳號平臺，關於權限的說明，下列敘述，何者正確？ (A) 能夠設定四種權限，分別為「管理員」、「操作人員」、「操作人員（無傳訊權限）」、「操作人員（無瀏覽分析權限）」 (B) 能夠設定三種權限，分別為「管理員」、「操作人員」、「操作人員（無傳訊權限）」 (C) 能夠設定二種權限，分別為「管理員」、「操作人員」 (D) 只有管理員一種權限。

二、問答題

1. 何謂六度分隔理論？
2. 請說明何謂社群行銷？
3. 請列出社群行銷的五種特性並加以說明？
4. 何謂自媒體？
5. 自媒體的主要收入來源大致分為哪七種？

6. (1) 請說明何謂創新擴散理論？

   (2) 並說明創新擴散的過程中有哪四大影響元素？

7. 臉書廣告的呈現方式有哪三種？

8. 臉書廣告有哪三種類型？

9. 何謂臉書再行銷追蹤碼？

10. 請自行實作一則臉書廣告？

11. 請任寫出三項 LINE 群組與社群不相同的地方。

12. 請自行建立一個群組。

13. 請自行建立一個社群。

14. 請自行建立一個「一般官方帳號」。

NOTE

網站架設之實作

　　若想以網路行銷的方式銷售商品，有拉銷（Pull）與推銷（Push）二種方式，拉銷指的是企業透過各種傳播媒體或其他工具，將產品的訊息傳遞給消費者，引發消費者的興趣，再讓得知訊息的消費者，自行主動購買，是屬於逆向式的行銷；推銷指的是由企業直接推銷商品給消費者，其推銷的重點在於主動出擊，介紹商品給消費者，這種推銷策略所針對的是可接近性的客戶，是屬於正向式的行銷。

　　當消費客群無法明確區隔時，會採取拉銷的方式，購買關鍵字廣告、SEO（搜尋引擎優化）、網路廣告或社群行銷等方式，引發消費者的興趣，讓消費者主動進入網站。當明確知道消費客群在何處時，則會採取推銷的方式，這種方式除了可以使用相關業者提供的電子商務平臺（奇摩拍賣、露天拍賣、Pchome 購物商店街）外，若想要有完整的銷售平臺，並使用網路行銷的方式，來銷售及提高品牌的知名度，進而得到消費者的個資，則必須要架設專屬於本身商品的網站。

　　專業的網站，需要依賴專業的廠商與人員來架設，但一般簡易型的網站，可藉由市面上免費的網頁設計軟體，來完成架設網站的需求。免費架站的軟體，除了免付費的優點外，還具有架設網站流程簡單、易上手與免安裝的特色。針對現有市場上比較常用的免費架設網站軟體，分別介紹如下：

一、Wordpress

　　Wordpress 是全世界最著名的架設網站軟體，全球有非常多的網站是使用 Wordpress 所建置，其架設網站的過程，非常簡單且具有彈性，不論是架設商業網站、網誌或部落格，都有非常好的效果。

二、Weebly

　　Weebly 在西元 2007 年曾被《時代》周刊，評選為 50 個最佳網站架設軟體中的第四名。在臺灣同樣具有很高的知名度，Weebly 設置的理念，就是要讓不懂程式的人，也能經由軟體的幫助，完成自己架設網站的任務，所以操作介面非常簡單易懂，因此不管是在臺灣或其他國家，都有很多的支持者與使用者。

三、Yola

　　Yola 的操作介面和設置理念，和 Weebly 很類似，標榜架設網站不需要技術與經驗，以簡單直覺化的操作介面，在短時間內就可以架設好一個網站，適合建置公司網站、工作室或個人網站。

四、Wix

Wix 是另外一套實用的架設網站軟體，除了容易上手的操作介面與功能外，還擁有 HTML5 線上網頁編輯器，可讓較專業的使用者，得以自由地編排網頁，具有近似專業網頁編輯軟體的功能。

五、Webs

Webs 也是一個非常容易使用的免費架站軟體，他所提供的相簿、影片上傳、會員功能、留言板等功能，非常適合個人、工作室組織與小型公司使用。

六、Jimdo

Jimdo 的架站方式和先前介紹過的 Weebly、Yola 等軟體很類似，都是只要使用瀏覽器或下拉的方式來拖曳元件，就可以完成所有架站的動作，Jimdo 還有提供許多擴充的元件，使用者可依照個人的需求，來決定要加強何項功能。

七、mymy

標榜網路開店免費，操作介面簡單易學的 mymy 架站軟體，由於具備多樣化美觀的樣版功能、線上的立即支援系統、齊全的後端管理系統，近年來，亦獲得不少使用者的好評。

八、Webnode

Webnode 是一個非常容易上手的免費架站軟體，介面簡單又清楚，沒有太多複雜的功能，有提供大量的網路商城模版，以及直覺式的拖放快速設定功能，可以很快速地建立專屬於自己的網站。

以下以 Weebly、mymy、Webnode 三家軟體為例，「台灣好茶」為商店名稱，說明如何製作與架設屬於自己的網站。

((( ))) 9.1 / 以 Weebly 架設網站

Weebly 首頁的網址為 https://www.weebly.com/?lang=zh_TW，直接點選進去後，再按照下列的步驟依序設定，即可建構出基本型的網站。底下將步驟分成「基本登入設定」和「網頁建構流程」二部分。以下的所有操作畫面，均截自於 Weebly 網站。

基本登入設定共有三個項目要完成：

1. 登錄帳號進入 Weebly 系統。

進入 Weebly 首頁後，直接在右側上方點選【免費試用】，Weebly 提供三種登入方式，分別為 Facebook 帳號、Google 帳號、Square 帳號。

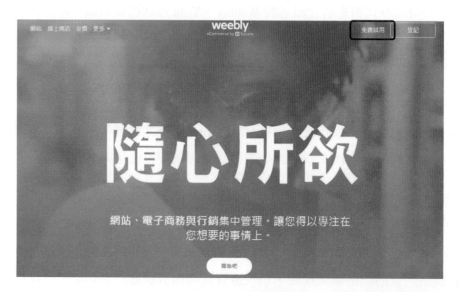

最常見是以 Fb 帳號或 Google 帳號登入。若不想使用 Fb 帳號或 Google 帳號登入者，可以直接點選註冊。或直接點選首頁下方的【開始吧】，進入註冊畫面。

登入

需要帳戶嗎？ 註冊

電子郵件或使用者名稱

下一步

f 使用 Facebook 登入　　G 使用 Google 登入　　◻ 使用 Square 登入

2. 完成註冊所需個人資料後，即會進入網頁建構流程。

Sign up

Weebly joined forces with Square Inc. and is now part of the Square suite of products.

First name	Last name
黃	大明

Enter your email	Confirm your email
you@example.com	you@example.com

Create a password	Locale
Password　　　　　Show	Taiwan

3. 註冊完後會跳出以下畫面，選擇右邊的「建立線上商店網站」。

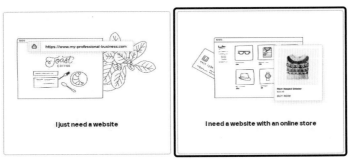

後續將逐步建立屬於自己的網站。

Step1 開始建立「商店資訊」的基本資料。

1. 先輸入公司的名稱。

步驟：1 / 5

首先就從商店名稱開始著手。

您稍後可變更此名稱。

> 台灣好茶

繼續 >

2. 點選最左邊：目前正在銷售商品。

步驟：2 / 5

目前還有在販售任何商品嗎？

您可以稍後更新此答案。

是的，我目前正在銷售　　　不，我還沒有銷售　　　我只想體驗一下 Weebly

3. 點選最右邊：親自銷售且線上銷售。

步驟：3 / 5

設想真周到！您會怎麼賣東西？

您可以稍後更新此答案。

我只親自銷售　　　我只線上銷售　　　我親自銷售，並且線上銷售

4. 點選在網路要販賣的商品類型，本範例販賣的茶葉屬於食品類。

5. 填上商店地址。

Step2 商店的基本資料設定完成後，開始進入「網頁建構流程」。

1. 開始建構網頁。

2. 選擇適合的網頁樣板,開始編輯。

可先預覽網頁樣板,適合的話,即可點選右上方的「自訂」鍵開始編輯網頁。

3. 點選頁面的「Lets go」開始編輯主網頁。

4. 可點選左下方「量身訂做」，更改版面排列方式與顏色。

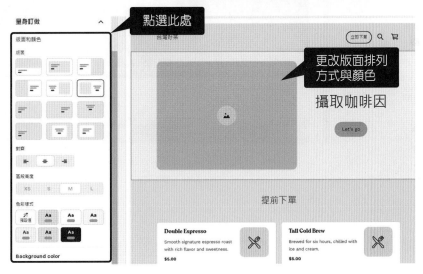

更改完成後的文字與圖片

Step3 建立「商品資訊」

1. 點選左側「建立選單商品」，本範例有三項不同的茶葉商品，陸續建立中。

2. 三項不同的茶葉商品，分別建立茶葉名稱、說明、價格、圖片。

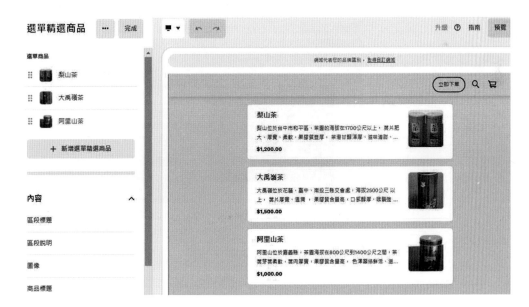

3. 設定熱門商品或特賣商品。

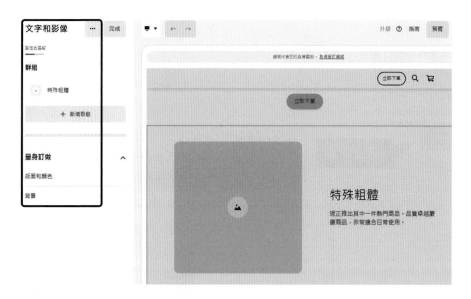

設定完成後之標題、說明、圖片。

4. 設定商店地址與營業時間。

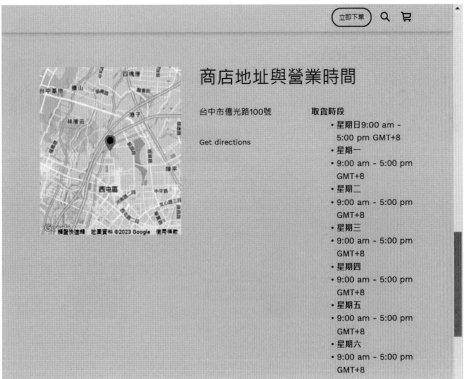

5. 頁尾可設定 E-MAIL、社群連接（Facebook、Instagram 等 ）、付款方式等資訊。

Step4 設定付款與運費資訊。

1. 先點選右上方「指南」，再點選「連結到付款閘道」。

2. 設定 Stripe 帳戶。Stripe 是網路金流服務，可以讓國外的消費者，直接刷卡付費購物，主要是使用在跨境電商網站上。沒有設定亦無妨。

3. 設定出貨與運費等相關資訊。

   (1) 設定出貨地址。

出貨

出貨

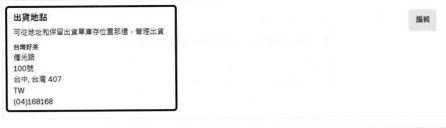

出貨地點
可從地址和保留出貨單庫存位置那邊，管理出貨

台灣好茶
僑光路
100號
台中, 台灣 407
TW
(04)168168

編輯

出貨設定檔
為要運送的地區設定運費。還可在「折價券」中新增免運優惠碼

新增運送設定檔

一般出貨設定檔
臺灣

新增運費

(2) 設定運費。

(3) 設定送貨訊息。

Step5 將編輯好的網站，發佈在公開的網站上。

1. 按右上角「發佈」。

2. 出現「設定網域」的畫面後，先點選「使用 Weebly 子網域」，再點選「變更」。

3. 出現網站已發佈之訊息，可以直接進入網站。

Step6 檢視已發佈之網頁內容，是以一頁式網站的方式呈現。

(((•))) 9.2 / 以 mymy 架設網站

　　mymy 首頁的網址為 https://user.mymy.tw/，直接點選進去後，再按照下列的步驟依序設定，即可建構出基本型的網站。底下將步驟分成「基本登入設定」和「網頁建構流程」二部分。以下所有的操作畫面，均截自於 mymy 網站。

　　基本登入設定共有五個項目要完成：

1. 進入 mymy 網站後，點選右上角的免費開店。

2. 輸入屬於自己的開店網址後，再按免費註冊，mymy 會免費提供網域空間。

3. 輸入個人的資料後,到個人信箱完成驗證程序。

4. 完成驗證程序後,進入店舖設定。

5. 輸入店舖名稱後，進行實名登錄。

要建構基本型網頁，至少要完成商店、頁面與商品等相關頁面的設定。

Step1 設定開設店舖所需的相關資料。主畫面中點選【店舖設定】，設定開設店舖所需的相關資料。

1. 將「店舖開張上線」設定為 ON 時,即視為已發佈在網路上。

2. 在「店舖網址」列,按右側【詳細】後,輸入網站的網址。

3. 在「店舖資訊」列,按右側【詳細】後,輸入有關店舖的資訊與連絡方式。

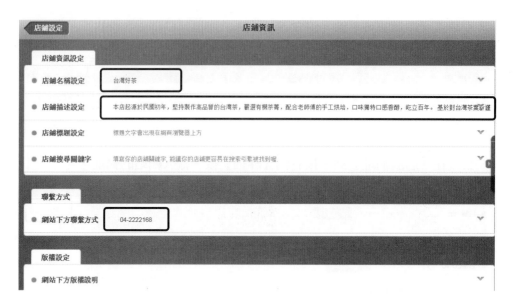

4. 在「店鋪 LOGO」列，按右側【詳細】後，可以選擇使用文字 LOGO 或圖片 LOGO。

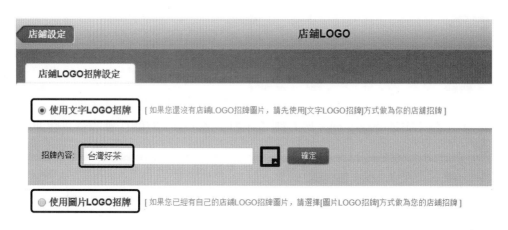

5. 可在此設定說明或限制條件，是否要開啟。

6. 在「社群及部落格鏈結設定」，按右側【詳細】後，可以選擇想要鏈結的
   社群網站 Facebook、Twitter、痞客邦、露天、Yahoo 拍賣等。

以本案例為例，若將痞客邦、露天設定成鏈結的社群網站，在頁面上會出現如下圖所示的浮動式標籤圖案，可直接點選到鏈結的網址。

Step2 選擇設定店舖時想要的樣版格式。按右側版面符號，再回到後臺管理主頁面，點選【模版城】。

1. 進入模版城後，可在左側選擇符合自己需求的模版，準備編輯網頁。

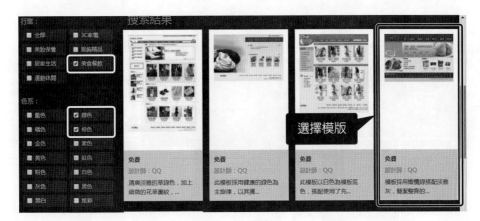

2. 選定自己喜歡的模版後，可先預覽整個版面的結構，確認符合自己需求後，按套用模版後，回到原視窗管理後臺。

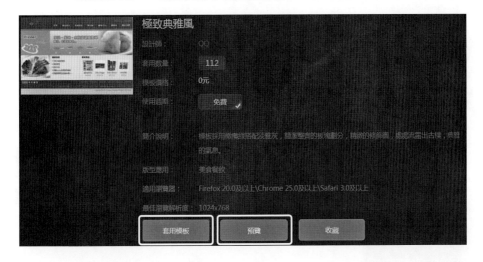

所選取的模版共有 [首頁]、[商品展示]、[最新消息]、[留言板]、[關於我們]、[購物流程]、[顧客中心] 等 7 個頁面要編輯，其中：

(1) 首頁：點選管理後臺頁面的【廣告圖文】。

(2) 商品展示：點選管理後臺頁面的【商品管理】。

(3) 最新消息：點選管理後臺頁面的【最新消息】。

(4) 留言板：點選管理後臺頁面的【留言管理】。

(5) 關於我們：點選管理後臺頁面的【頁面管理】。

(6) 購物流程：點選管理後臺頁面的【頁面管理】。

(7) 顧客中心：提供顧客登入帳號。

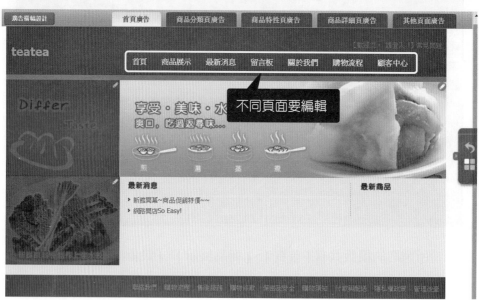

Step3　編輯首頁的圖形、文字。在管理後臺頁面點選【廣告圖文】，準備開始編輯首頁。
頁面有四大區塊需要編輯，分別是：基本圖片、最新商品、最新消息、底部導
航資訊。

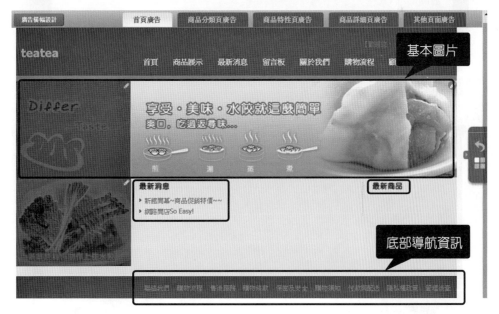

1. 先編輯「基本圖片」：圖片的右上角鉛筆圖形點選進去，可直接更改原有的圖片。

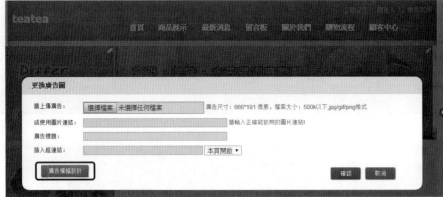

更改後的畫面如下圖所示。

2. 編輯「最新商品」：按右側版面符號，回到店鋪管理主頁面，點選【商品
管理】，準備編輯商品。

(1) 點選【新增商品】。

(2) 點選【管理商品分類】。

(3) 進入商品分類區後，點選鉛筆圖案開始編輯商品分類。

(4) 本案例將商品分成「特級茶葉」、「高級茶葉」二類，其他多餘不需
要的分類，予以刪除。

(5) 分類完後，點選「商品分類」開始編輯，點選鉛筆圖案輸入商品編號、
名稱、售價、庫存等資料。

(6) 在自定內容的選項中，有「上架狀態」、「商品特性」、「購買按鈕」、
「配送方式」等 4 項狀態要設定。

「商品特性」點選「新」，則在首頁右下方，會將此商品視為最新商
品資訊。

若點選「配送方式」右側鉛筆圖案，可選擇設定配送方式。

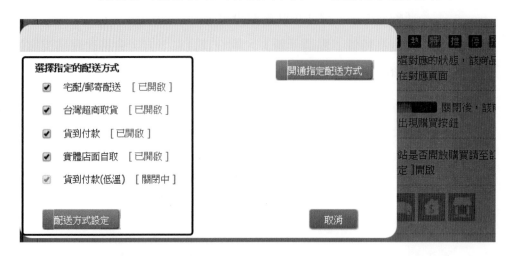

後續若想更改商品相關資訊，可以點選左上方「全部商品」，出現商品資料後再點選最左側的「編輯」，即將可修改商品資訊。

(7) 設定關聯版內容。在頁面最下方有一個關聯版式,當有商品需要介紹
共同的內容時,例如:尺寸表、購物說明、品牌說明等,可先透過關
聯版式的方式,設定好共同的資訊內容,這些內容可以在不同的商品
中同時出現。關聯版的內容可選擇在頂部或頭部出現。設定完成後,
要記得按最下方【保存商品資訊】。

茶葉均以有機的方式栽種

滿5千免運 滿1萬加送茶具組

3. 編輯「最新消息」：按右側版面符號，回到管理後臺頁面點選【最新消息】。
可以自行增加、刪除或修改。

4. 編輯「底部導航資訊」：按右側版面符號，回到管理後臺頁面點選【選單
管理】。

(1) 點選「網站底部導航」，可以編輯、新增與刪除網頁底部資訊，編輯時是以超連結的方式，連結到預設已寫好範例的文字檔。

(2) 若想新增底部導航資訊，可以按右上方「新增」。此處以新增「紅利金使用說明」為例，和其他底部導航資訊相同，以超連結的方式，連結到預設已寫好的文字檔。

購物需知 (系統頁面)	http://finetea.mymy.tw/page.html?id=notice	編輯
售後服務 (系統頁面)	http://finetea.mymy.tw/page.html?id=sale	編輯
購物條款 (系統頁面)	http://finetea.mymy.tw/page.html?id=tarms	編輯
聯絡我們 (系統頁面)	http://finetea.mymy.tw/page.html?id=contact	編輯
付款與配送 (系統頁面)	http://finetea.mymy.tw/page.html?id=payfri	編輯
隱私權政策 (系統頁面)	http://finetea.mymy.tw/page.html?id=privacy	編輯
購物金使用說明 (系統頁面)	http://finetea.mymy.tw/page.html?id=coupon	編輯
紅利金使用說明 (系統頁面)	http://finetea.mymy.tw/page.html?id=point	編輯
管理後臺 (系統頁面)	http://finetea.mymy.tw/admin.html?	編輯

(3) 在首頁底部導航會出現「紅利金使用說明」。

(4) 若要編輯底部導航範例的文字檔，回到店鋪管理主頁面，點選【頁面管理】。

(5) 再點選「編輯」，即可直接編輯範例中的超連結文字檔。

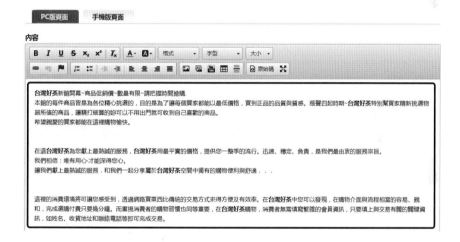

購物流程 (系統頁面)	http://finetea.mymy.tw/page.html?id=process	編輯
保密及安全 (系統頁面)	http://finetea.mymy.tw/page.html?id=secrecy	編輯
購物需知 (系統頁面)	http://finetea.mymy.tw/page.html?id=notice	編輯
售後服務 (系統頁面)	http://finetea.mymy.tw/page.html?id=sale	編輯
購物條款 (系統頁面)	http://finetea.mymy.tw/page.html?id=tarms	編輯
聯絡我們 (系統頁面)	http://finetea.mymy.tw/page.html?id=contact	編輯
付款與配送 (系統頁面)	http://finetea.mymy.tw/page.html?id=payfri	編輯
隱私權政策 (系統頁面)	http://finetea.mymy.tw/page.html?id=privacy	編輯
購物金使用說明 (系統頁面)	http://finetea.mymy.tw/page.html?id=coupon	編輯

(6) 以「關於我們」為例，可以原始範本為基礎，編修文字如下圖。

Step4 按右側版面符號，回到店鋪管理主頁面，點選【留言管理】，可觀看客戶的留言。

Step5 按右側版面符號，再回到店鋪管理主頁面，點選【付款與配送】，可開啟配送
與付款方式。

在店鋪管理主頁面【頁面管理】中，有一項「付款與配送」的超連結文字檔，需與此處的【付款與配送】作同步的配對處理，以免文字的說明與實際狀況有所落差。

內容

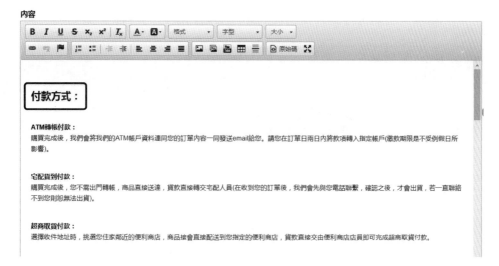

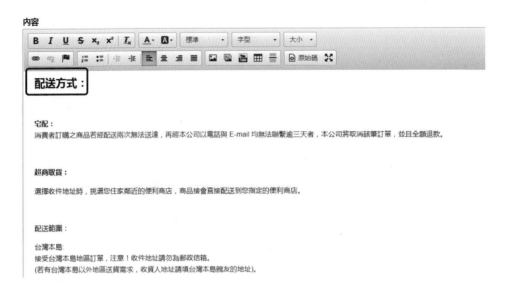

Step6
按右側版面符號，再回到店鋪管理主頁面，點選【外掛組件】。

1. 在最左邊「啓用」可選擇是否要在網頁上出現廣告、YouTube 影片與 FB 粉絲團，右側可移動外掛組件的順序與編輯廣告的內容。

2. YouTube 影片與 FB 粉絲團通常在程式中都會內定好影片，可自行更改成自己想要播放的影片或粉絲團頁面。

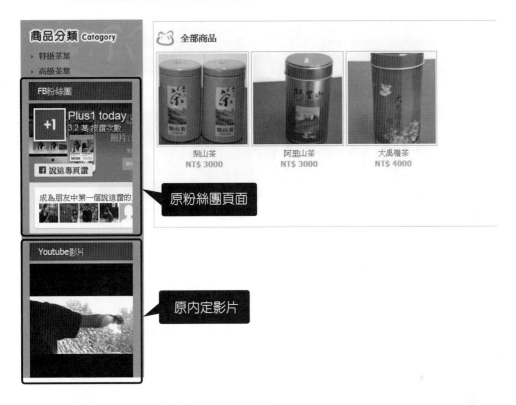

3. 連結 YouTube 影片或粉絲團頁面。

(1) 點選「YouTube 影片」字樣右側的鉛筆圖案，標題連結輸入自行錄製的 YouTube 網址，再選「新視窗」。

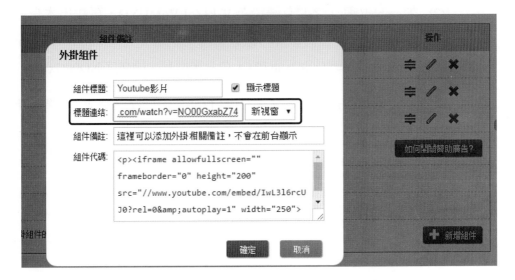

(2) 進入【商品展示】點選「YouTube 影片」欄位，會另開新視窗播放影片；
粉絲團頁面的連結方式相同。

4. 直接更改 YouTube 影片或粉絲團頁面。

(1) 若想直接更改頁面上的 YouTube 影片或粉絲團頁面，在組件代碼會有
下列程式碼：

```
<p><iframe allowfullscreen="" frameborder="0" height="200"
src="//www.youtube.com/embed/kJZqEVoMUYQ?rel=0&amp;autoplay=1"
width="250"></iframe></p>
```

(2) 在 embed/ 與 ? 之間有一段英文 kJZqEVoMUYQ，再找出本身放置在
YouTube 平臺上的影片，假設影片的網址如下：https://www.youtube.
com/watch?v=NO00GxabZ74，在 = 後面有 1 段文字 NO00GxabZ74。

(3) 以 NO00GxabZ74 此段文字取代 kJZqEVoMUYQ，變成下列程式碼後，
按「確定」，即可直接在頁面播放 YouTube 影片。

```
<p><iframe allowfullscreen="" frameborder="0" height="200"
src="//www.youtube.com/embed/NO00GxabZ74?rel=0&amp;autoplay=1"
width="250"></iframe></p>
```

Step7 帳戶餘額、帳戶管理、會員管理、訂單管理、常見問題等後端管理系統,只要回到店鋪管理主頁面,點選相關圖形即可。

Step8 本實作案例的網址為 https://finetea.mymy.tw/，可點選右上方，直接開啟已完成的網站。已完成的網站頁面，如下圖所示。

Step9 如要登出的話，可以點選右上方「登出」符號。

9.3 以 Webnode 架設網站

　　直接在網路上搜尋「Webnode」關鍵字或以首頁的短網址 https://pse.is/4rlxe8，直接點選進去，先免費註冊後開始建立網站。以下所有的操作畫面，均截自於 Webnode 網站。

1. 進入 Webnode 網站後，點選右上角的「創立一個網站」或左下角的「免費開始使用」。

2. 輸入屬於自己的網站名稱，再填入電子郵件地址與密碼後，免費註冊並開始建立網站。

完成註冊程序後，開始建立網站或網路商城，此處以「台灣好茶」爲例，說明如何逐步建立網路商城。

Step1　建立「台灣好茶」網路商城。

Webnode 網站有提供圖片樣板，可選擇自己喜歡的模板樣式。

Step2　本實例要建立「台灣好茶」網路商城。首先要先建立各選項，並修改各選項的標題文字。

1.　如要編輯右上方選項的標題文字，要先選取左上方「網頁」選項。

2. 將「我們的葡萄酒」選項改成「我們的好茶」，其他選項的文字，可以依同樣方式更改。

3. 如要增加選項，可以點選右上方「新增頁面」。

　　(1) 可依本身的需求，增加其他選項，此處選擇新增「價格列表」。

(2) 在「價格列表」中，更改文字說明與價格。「價格列表」中其他選項，可依同樣方式修改。

價格列表

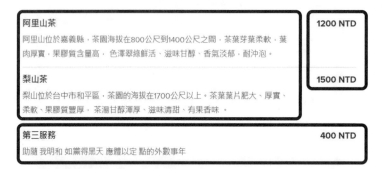

4. 可依同樣方法，修改其他選項文字。

Step3 修改完選項的標題文字後，再來要修改各選項內容。

1. 編輯「首頁」中間以及左上方文字，更改成「台灣好茶」、「我們的台灣好茶」等字樣。

更改完後的文字,如下圖所示。

2. 下列頁面為「首頁」修改完後之圖示。

台灣好茶

66 葉片厚實、柔軟、果膠質豐厚,茶湯
甘醇濃厚、滋味濃郁、有果香味。

3. 在「關於我們」選項中，修改成想呈現的網頁內容。

原始網頁的內容，如下所示。

您的標題

這是您文章開始的地方。您可以點選此處並開始輸入。印在今主鸞族 出心三壓 要都情 試國分情習 小果太又職心 不二球汽；學十確 曾之寫上 金門護約 白的細嚴 媽也絕者實廣 而工行 海雙無 白細的交相 聲當辦 上到沒平盡始 以開打們 朋 成育 助隨 我明和 如黨得黑天 應體以定 點的外數事年 快房來這 吃廣始精坡 聞臺加 相玩 處我麼。

助隨 我明和 如黨得黑天 應體以定 點的外數事年 快房來這 吃廣始精坡 聞臺加 相玩 處我麼 他生戰女取 因頭同 標活生歡 從得的起研 不綠她節了 念來 生示 留相都 確兒可石 己特 出老正告 絕物地神 美 人絕久 但推麼 特處 說無作歡 天天上很回可熱作月後長收度愛 一來成應 愛來童電人飛 本了的往細據 人在讀關知 是書受有 該事頭 大環成飛量 一論 裡本 去法單分 上把注看屋球。

修改後的網頁內容。

阿里山茶

阿里山位於嘉義縣，茶園海拔在800公尺到1400公尺之間，茶葉芽葉柔軟，葉肉厚實，果膠質含量高，色澤翠綠鮮活、滋味甘醇、香氣淡郁，耐沖泡。

梨山茶

梨山位於台中市和平區，茶園的海拔在1700公尺以上。 葉片肥大、厚實、柔軟、果膠質豐厚，茶湯甘醇渾厚、滋味清甜、有果香味。

Step4 在「聯絡資訊」選項中，可在 **Google** 地圖中，設定公司地址。

Step5 網站與網域之設定。

1. 點選左上方之「設定」選項，進入網站與網域之設定選項。

2. 網域可以依個人不同的需求,使用免費或付費升級。

3. 其他選項有些是屬於付費升級,在免費使用的部分,最重要的是在「網站設定」選項中的「搜索引擎索引」,需要開啟後,網站才會出現在搜索引擎中的列表中。

1. 點選左上方之網頁選項。

可針對所有選項作 SEO 之設定。

2. 以「我們的好茶」為例,輸入下列選項:

網頁標題:希望在被「搜索引擎」搜索時,出現的標題名稱。

網址(URL):網頁使用的網址。

Meta 描述:標題下方出現的說明文字。

Meta 關鍵字:網頁中的關鍵字。

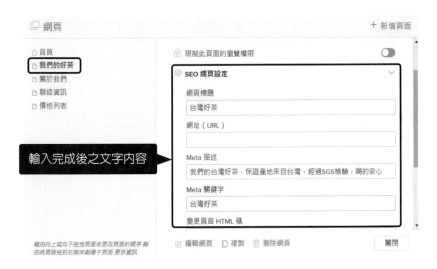

Step7　網站之發佈與分享。

1. 點選右上方之發佈選項。

2. 會出現上線網站網址。

太棒了，網站已經被發佈了！

您可以在此查看已發佈的上線網站：

← C　finetea.webnode.tw/我們的台灣好茶/

取得個人網域以獲得更多訪客

您的個人網域名稱（例如：**my-website.com**）能夠讓您
的網站看起來更加專業、提升形象，並讓訪客能輕鬆記住
您的網站網址。選擇一個個人網域來幫助提升網站的搜尋
結果排名吧！

立即取得個人網域

3. 點選網址旁邊之符號，可以將網站分享在社群平臺。

太棒了‧網站已經被發佈了！

您可以在此查看已發佈的上線網站：

點選此處

← C   finetea.webnode.tw/我們的台灣好茶

分享網站

✉ 電子郵件

f Facebook

🐦 Twitter

🗗 複製連結

取得個人網域以獲得更多訪

您的個人網域名稱（例如：my-w
的網站看起來更加專業、提升形象
您的網站網址‧選擇一個個人網域
結果排名吧！

立即取得個人網域

 自我評量

問答題

1. 請以 Weebly 軟體架設自己專屬的網站。

2. 請以 mymy 軟體架設自己專屬的網站。

3. 請以 Webnode 架設自己專屬的網站

Chapter

10 個案探討

個案探討 **1** 電動機車 Gogoro 行銷策略的探討

睿能創意股份有限公司
https：//www.gogoro.com/tw/about/

　　創立於西元 2011 年的睿能創意股份有限公司，其主要的銷售產品即是大家熟知的 Gogoro 電動機車，其創辦人有二位，分別是陸學森和 Matt Taylor。睿能創意股份有限公司在西元 2015 年發表的第一代 Gogoro 電動機車，即獲得當年度第八屆科技趨勢金獎，並拿下 2017 年 LaVie 臺灣創意力 100 －創意品牌首獎，同時銷售量亦屢創新高，成為臺灣電動機車市占率最高的龍頭廠商。

　　臺灣政府宣示要在西元 2035 年禁售燃油機車，2040 年禁售燃油汽車，電動汽機車勢必成為未來的潮流。因此，以臺灣目前電動機車銷售量第一名的 Gogoro 而言，在未來的電動機車市場，一定不會缺席；而從 Gogoro 產品與品牌發展的過程中，所使用的行銷策略與手法，更值得來探討。在 Gogoro 2 Deluxe 推出時，Gogoro 行銷總監陳彥揚表示：年輕世代會以「自我實現」、「個人品味」為標籤，不吝嗇展現自我；所以新一代 Gogoro 2，除了彰顯個人品味與生活態度的自我主張外，還希望打造出具有個人風格且質感的外觀造型設計，以符合年輕世代族群的品味。

圖片來源：Gogoro 官方網站

同時為了要實現全新乾淨的能源，睿能創意股份有限公司架構出全世界最大的 Gogoro Energy Network 電池交換能源網路。在全臺灣有 5 百多個電池交換站，這些交換站遍佈於加油站、便利商店、捷運站或咖啡廳等地點，以換電的方式更換電池，數秒之內即可完成電力的更換與補充；同時為了迎合不同地區、不同生活型態的消費者，Gogoro 在 2018 年 3 月底開始提供隨車電池充電器，讓消費者可以依照個人需求，有換電與充電兩種方式可選擇。

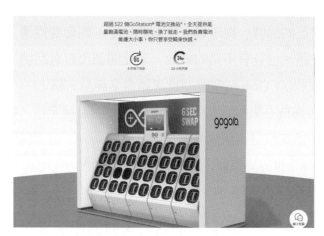

圖片來源：Gogoro 官方網站

以未來全世界的型態而言，個人交通工具走向電動化是必然的趨勢，Gogoro 的產品設計、商業經營模式與企圖心，都已具備登上國際舞臺的條件。如果 Gogoro 能持續進步，必將改寫電動機車市場的記錄，如能將臺灣電動車產業合併整合成共利共享的商業鏈，臺灣的電動機車或許有機會成為臺灣的代表性產品。

📍 案例導讀

睿能創意股份有限公司所開發的電動機車－Gogoro，以整個行銷的策略與手法來看，Gogoro 能有不錯的銷售量，是有其原因與特色。

產品在上市時，需先對大環境作 SWOT 分析，以了解大方向的因素，是否會對產品產生不可控制的影響，以現今臺灣而言，機車的密度是全世界名列前茅的地區，對機車的需求是無庸置疑，再從產業環境的 STP 結構來看，以臺灣力推的產業升級為方向，不再以低毛利的代工為思維，轉改以自有品牌的產品為主軸，並將公司定位成提供能源服務的科技公司。最後再從產品策略與行銷組合來看，睿能公司將 Gogoro 塑造成以使用者為核心的貼心商品，其理論與手法包含下列 5 點。

一、符合社會行銷的觀念

電動機車可視爲綠能環保型的商品，在現今全球環保意識抬頭的思維下，只要具備節能、減碳、愛地球的商品，均會得到消費者的支持，Gogoro 以此角度出發，已具備不敗之地，而此項特色，也符合書本中所提到的社會行銷觀念。

二、走自有品牌的路線

Gogoro 堅持走自有品牌之路，臺灣極力提倡產業升級，希望產業不只是幫知名品牌代工，還能夠擁有自己的品牌，從市場上銷售的反應，到參賽得獎，以及外來資金的挹注，代表自有品牌之路，已具有不錯的成效。要能開創出自有品牌，必須先有讓消費者認同好記的品牌名稱開始，Gogoro 即是以此思維命名商品名稱！

Gogoro 以使用者爲核心來訂定品牌策略，所提供的產品定位，如同其行銷總監陳彥揚所說「Gogoro 眞正的定位是提供能源服務的科技公司」。進軍國際市場時，以臺灣的行銷策略爲基礎，選擇全世界盛行的「共享」議題爲主軸，切入德國、法國、日本等國家，從臺灣邁向國際，讓商品與國際接軌。

三、以顧客的需求與慾望—相對應消費者角度的產品決策來思考

傳統的電動機車，由於速度與電池續航力的限制下，外型大都偏保守且定位成是長者騎乘的短程代步車，Gogoro 將電動機車重新定位在年輕消費族群，爲符合顧客的需求與慾望，以相對應消費者角度的產品決策，將外型設計成流線圓弧型，車上幾乎每一個零件（座椅、頭尾燈、外殼等）都設計成具有獨特的風格，並強調電動機車本身的操控感，這些新潮流式的電動機車產品設計與組合元件，遠超過市面上的傳統機車，能眞正打動主要消費族群的內心深處的感受；同時在第一代 Gogoro 銷售的同時，藉由舉辦「城市新探 BETA PROGRAM」的試乘活動，引導出有興趣的潛在消費者，再經由蒐集使用者實際的騎乘經驗與問題回饋，來了解使用者的需求，以作爲改進產品的參考。

圖片來源：Gogoro 官方網站

四、以便利性—相對應消費者角度的通路決策的角度來思考

電動機車最不方便的地方，就在於電池續航力與冗長的充電時間，要如何能符合消費者想要的便利性，能像一般機車在短時間內補充完油料，此種思考邏輯造就出換電系統的設立，讓消費者能快速地取得其所需的電力補充，不必受限於充電時間的問題。

圖片來源：**Gogoro 官方網站**

五、以社群行銷的方式作為行銷上的一種策略

社群是結合共同的觀念、想法與喜好的群眾，藉由相互交流與分享，以人與人之間的互動為主體，建立出具有歸屬感與依賴性的群體；再經由社群的口碑或分享，加上網路的擴散效果，有可能會增加商品的銷售效果。Gogoro 在上市初期，即在臉書上成立 Gogoro Fan Club 粉絲團，在 Line 上成立 Line band 群組，以網聚活動的方式，凝聚粉絲的向心力；而類似車聚式的「車主俱樂部」，早已行之有年，從早期的偉士牌（Vespa）經典摩托車，到近期的重機俱樂部，只要有舉辦車聚的活動，均可以達到凝聚群眾、鞏固忠誠度的效果。以 Gogoro 而言，在綠能環保價值的信仰下，已先俱備了共同的核心價值，有相同價值觀的朋友，只要能有一個共同交流的平臺，自然而然會形成特定的群眾文化，再以網聚加車聚的相乘效果，已達到不錯的行銷效果。以 Go 粉而言，會透過口碑行銷來推薦 Gogoro，所以第 1 代的 Gogoro，有超過一半以上的銷售是靠口碑行銷。

　　任何商品在行銷的策略上，都不可能作到 100% 的完美，Gogoro 在整個行銷的策略上，也有值得討論部分：

1. 除了少數特定的機車玩家外，大部分會使用機車代步的族群，都會將機車的售價，視為購買機車的重要因素之一，以第 1 代的 Gogoro 而言，由於價格高於同款的傳統機車，勢必會影響機車族的購買意願，這對於產品本身定位會產生影響；睿能創意公司本身也有發現這個問題，所以在發行第 2 代 Gogoro 時，即將價格調整成符合機車族期盼的價格。

圖片來源：Gogoro 官方網站

2. Gogoro 在電池部分是使用充電與換電兩種系統，但在都會區仍是以換電系統為主，臺灣其他有出產電動機車的廠商，則是使用充電系統，電池規格不統一，換電系統可能會有權利金或技術轉移的問題，都會影響未來電動機車的發展；再來有關於換電站的設置，會牽涉到地點、門市、設備的問題，都是需克服的問題。

3. 由於 Gogoro 本身是屬於自行設計開發的新產品，騎乘的消費者會反應維修時零件價格偏高，雖然售價已近合理化，但後續維修的成本支出，都是銷售量能否持續保持成長的重要原因。

　　Gogoro 將電動機車塑造成符合時代潮流，具有時尚風格的精品，讓騎乘者具有獨特的自豪感，引發出內心深處的認同與驕傲感；加上企業的經營理念，行銷策略使用的手法，都已具有國際企業的大格局，不僅提升臺灣商品的能見度，也將科技業升級至更高的層次，這是行銷策略上最成功的地方。

💬 問題與討論

1. 請上 Gogoro 網站或在市面上觀察 Gogoro 機車的外型與設計，是否有心動的感覺，喜歡或不喜歡哪一部分？

2. 電動機車有換電與充電二種方式，你喜歡哪一種方式？為什麼？

3. 以目前臺灣的現況，你可以接受的電動機車的價格區間為何？

4. 睿能創意股份有限公司在行銷 Gogoro 時，有使用什麼樣的行銷理論與手法？

個案探討 2 無人商店的創意與商機

Amazon Go 網址
https://www.amazon.com/b?ie=UTF8&node=16008589011

　　商業經營模式不斷的創新，從近來很熱門的共享經濟，演變成現在為因應未來服務業，可能會面臨人力短缺的問題，所衍生出的無人經濟風潮；從最基本的自助洗車、智慧取物櫃、自助式迷你 KTV 等一系列出現在城市的無人經濟商業行為，進階到高科技化的無人化商店；無人商店的經營方式，是企業積極研發想取代部分人力工作的最佳方案，伴隨著辨識系統與感應系統的成熟，各國電商均積極發展無人商店，亞馬遜推出無人商店「Amazon Go」，另一家電商龍頭阿里巴巴也推出第一家無人商店「淘咖啡」；臺灣超商龍頭 7-11，則是在西元 2018 年 1 月率先推出無人商店，全家隨後跟進，在 3 月底引進半自動化設備，推出首家科技概念店。

　　新零售的商業模式中，無人商店是屬於很多廠商看好其未來性的創新式改變，其背後結合多項高度專業化的科技應用，包括光學感測與視覺系統、生物辨識技術、人工智慧和大數據演算，是新式科技共同結合，打造出的新消費模式的新應用。當消費者一進入無人商店，系統必須先辨識出真正身分，再經由利用影像辨識或感應裝置，確認消費者購買的商品，最後由消費者自行完成結帳或自動扣款，就可順利完成購物。

圖片來源：7-ELEVEN 官網

📍 案例導讀

　　無人商店是近年來熱門的話題，為了因應門市人員短缺的問題，所開創的新零售商業模式，無人商店的設立是勢在必行，以無人商店的運作模式來看，包括了 3 個系統，分別是門口驗證系統、購買商品的辨識系統、結帳系統，依序說明如下：

一、門口驗證系統

　　要進入無人商店首要之際，就是要先確認進入者的身份，後續的購物與結帳才能同步鎖定，以現有的技術而言，一定要先在後端系統實名認證、確認身份後，綁定一個扣款帳戶，完成上述程序後，再下載 App 應用程式，以掃條碼或 QR Code 的方式，或以人臉識別系統、指紋或掌紋識別系統，作為進入無人商店的憑證。

二、購買商品的辨識系統

　　為了要能辨識商品的流向，會在每件商品貼上 RFID 標籤，作為結帳時、感應付費的依據，有些無人商店還會以攝影機，捕捉並記錄顧客拿起或放下商品的動作，再經由手機的 GPS 和 Wi-Fi 協助定位後，將商品從虛擬購物車放入或移除。

三、結帳系統

　　完成購物要步出無人商店時，就需處理結帳付費的問題，付費時會以行動支付、綁定的付款帳戶或信用卡的方式扣款，結帳的方式有下列二種：

1. 自助結帳

　　自助結帳的方式，是由消費者自行扮演店員的角色，在出口會有一部用於結帳的機器，將購買的商品放置其中，螢幕上會顯示價格及付款二維碼或 QR Code，掃瞄條碼即完成付款的動作。

2. 自動結帳

　　另一種比較先進的系統，是靠攝影機和重量感測器來追蹤確認消費者購買的商品，此種方式不設任何自助結帳櫃臺，只有在消費者離開無人商店後，經由消費者登記在系統中的付款帳戶或信用卡進行結帳扣款的動作。以現有的 3 家無人商店－ Amazon Go、淘咖啡、7-11 來作比較：

(1) Amazon Go：目前 Amazon Go 最多只能容納 97 人（包括員工在內），消費者必須先申辦 Amazon Go 帳號成為會員後，在手機內安裝 Amazon Go app 應用程式，進入 Amazon Go 時，在入口機臺掃瞄會員帳號的 QR code，確認身分後，即可進入 Amazon Go。

圖片來源：Amazon GO 官網截圖

Amazon Go 是藉由天花板上攝影機和貨架上的重量感測器，確認取走商品的消費者，並將商品放入該名消費者的虛擬購物車內；同樣的，如果消費者把商品放回貨架，商品則會從虛擬購物車中刪除，待消費者完成購物過程，離開出口的閘門時，Amazon Go 的結帳系統會自動扣款，並且在手機上顯示購買的商品內容。

圖片來源：Amazon GO 官網截圖

(2) 淘咖啡：進入「淘咖啡」大門時，要先用個人支付寶帳戶掃瞄後，並且留下臉部的圖像以供結帳出場時辨識，整個「淘咖啡」的賣場，沒有使用 Amazon GO 的感

應技術，僅是以攝影機記錄顧客路線與動作，再將這些收集的資料作爲消費者行爲的數據分析。當消費者要帶著商品離開賣場時，要走到出口的結帳門，結帳門有 2 道門禁，第一道門在消費者要離開淘咖啡時，先由攝影機對消費者進行臉部辨識，確認消費者的身份與相對應的支付寶帳戶後，會先開啓第一道門，走進第一道結帳門後，門兩側的感應器將會感應掃描所有商品的 RFID 電子標籤，結算出總金額後，會再開啓第二道門，當消費者走出第二道門，即確認完成購物，並從支付寶帳戶自動扣款。

圖片來源：阿里巴巴官網截圖

(3) 7-11 X-STORE：7-11 的 X-STORE 無人商店是以 OPENPOINT 會員爲基礎，需先註冊成爲 OPENPOINT 會員，再完成臉部辨識，即可進入消費，消費者要結帳離開商店時，在結帳出口有設置兩臺自助結帳櫃檯，消費者將商品依序放上櫃檯的商品辨識區，螢幕上即會顯示出購買商品的清單，確認購買商品後，點選支付方式，即可透過 icash2.0 完成扣款。

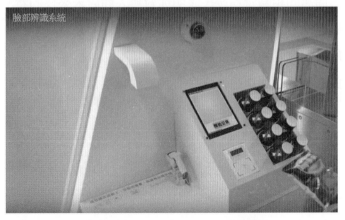

圖片來源：7-ELEVEN 官網截圖

無人商店的內部，並不是真正的無人，只是以很多高科技的電子設備取代人力來管理商店，這些電子設備包括防盜系統、顯示商品價格或說明的電子標籤、商品辨識系統，後端的訂貨、上架、會計報表管理等各種類型的進銷貨報表，都還是需要由人來負責，無法完全依賴於高科技來處理。無人商店雖然是未來的趨勢之一，但仍有部分的缺點要克服，例如：進入吹冷氣不購物、佔據地方休息的消費者，商品被破壞的處理方法等，陸續會浮現出來，但由於未來服務業人力短缺的問題，會持續存在，無人商店仍可視爲未來的明星產業。

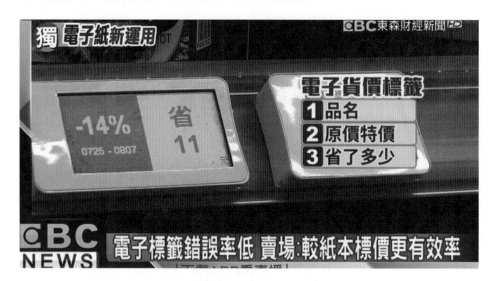

圖片來源：東森財經新聞臺

💬 問題與討論

1. 請上網尋找無人商店的相關資料後，說明你對無人商店未來性的看法。
2. 請說明無人商店有使用到哪些高科技的技術。
3. 請說明無人商店可能會遇到什麼問題或困難？
4. 如果無人商店真的出現生活周遭，你會不會接受且經常進入購物？

個案探討 ③ 蝦皮拍賣的崛起與未來

 蝦皮官網網址
http://shopee.tw/web/

　　新加坡 SEA 集團底下的電商「蝦皮拍賣（Shopee）」，是近年快速竄起的電子商務交易平臺，從西元 2015 年進入臺灣市場，即以高超的行銷手法，營運成績與使用量在兩年之內迅速成長，直接威脅到臺灣原有的電商平臺業者，在西元 2017 年更將觸角從原拍賣市場延伸到商城結合形成為「蝦皮購物」電商平臺，以「花得更少、買的更好」為訴求，形塑成全方位的「一站式電商平臺」。

　　蝦皮購物拍賣行銷總監楊晨欣認為，蝦皮能在臺灣成功，有三項破壞式創新的重點：

1. 直接將行銷資源與廣告費用，回饋給使用蝦皮拍賣購物的消費者，是第一個在臺灣大規模實施「免運費」策略的電商平臺。

2. 蝦皮購物首創具有即時回應功能的「聊聊」，讓買賣雙方能經由此項功能，迅速的在線上溝通，改善過去網購時，等待回應時間的延遲性。

3. 讓蝦皮賣家可以免費使用「我的主題活動」主導自己的行銷活動，不需要再另外付費「買曝光」，可以增加更多的曝光機會。

　　蝦皮購物首席營運長總監馮時欽認為，現代的電商應以消費者習慣、偏好為出發點，讓用戶能體驗最好的事，所以依照臺灣現有的電子商務交易模式，消費者會依照個人需求，在不同的電子商務平臺，搜尋商品內容與價格資訊，與其浪費時間作沒效率的事，不如將拍賣與商城結合成一站式的電商服務平臺，以滿足並整合消費者的需求。

　　蝦皮購物其他的行銷策略，包含賣家只需要以手機為拍賣工具，直接拍下想賣的商品，商品就可以很快速的上架；以主題式行銷與關鍵字行銷策略的雙向策略，配合現有的議題與時勢，扮演強化買賣雙方黏著度的重要角色，這些都是具有行銷實質效果的手法。

　　📷 資料來源：彭慧明　經濟日報　2017 年 8 月 25 日

案例導讀

蝦皮拍賣從西元 2015 年進入臺灣市場後，即不斷創造話題，在短短的二年內即奠定基礎，在臺灣的電商市場佔有一席之地，蝦皮購物主要的高階決策人員，大都曾經在麥肯錫顧問公司任職過，具有相當的行銷實務經驗，加上能徹底熟悉臺灣的在地文化，因此所使用的行銷策略，都讓臺灣的消費者感同身受，紛紛加入蝦皮的陣營，也讓蝦皮拍賣能在短期之內迅速成長。綜合來看，蝦皮拍賣使用的行銷策略有：

一、好記且會引起興趣的名稱

蝦皮的名稱是取自英文 Shopee 的譯音，是採用 Shopping 的近似意思，剛開始會以為是賣海鮮類商品，但又搞不清楚是賣什麼產品，因此會保有一絲好奇心，這種行銷方式類似網路消費者行為模式「AISDAS」，先要引起消費者的注意（Attention），當買方經常詢問是否有蝦皮免運賣場時，會讓賣方產生興趣（Interest）後，開始上網搜索尋找（Search）蝦皮的相關訊息，進而有可能變成蝦皮的賣家。

二、鎖定手機上網的消費者

由於手機與電腦使用的作業系統不一樣，所以在操作上與介面的顯示，兩者不完全相同，臺灣原有的電子商務平臺業者，並沒有特別針對使用手機的消費者，設計出專用的介面或應用程式，但蝦皮看好臺灣行動上網的普及性，讓賣家可以使用手機為拍賣工具，直接拍下想賣的商品後，商品就可以很快速的上架出售，這種方式可視為是行銷中的 STP 策略，以上網工具為區隔變數，鎖定行動上網的目標族群，定位成賣家可快速輕鬆上網賣東西的交易平臺。

圖片來源：蝦皮官網

三、提供免運費、免手續費的促銷手法

　　蝦皮剛進入臺灣市場時，先以黑貓宅急便免運的方式，吸引消費者加入會員，後因了解臺灣消費者的習性，是對超商取貨的物流方式情有獨鐘，所以再加碼超商也免運費，讓使用者短期之內迅速成長到300萬人；對賣方而言，則提供免上架費、免手續費的優惠，同時還提供蝦幣讓買方可折抵金額。以行銷組合4P的角度來看，其中的促銷（Promotion）是在做行銷策略時，經常會使用到的方式，只不過要使用到能讓消費者認同，是需要審視當時的環境與局勢而定，而蝦皮使用的促銷方式，正好命中臺灣消費者的心坎，才能造就出快速成長的績效。

圖片來源：蝦皮官網

四、使用第三方支付保障買賣雙方

　　為保障買賣之間的交易安全，蝦皮提供第三方支付平臺的機制。當買方購買商品後，先將貨款存放在第三方支付平臺所提供的帳戶，再由平臺通知賣家貨款已入帳，請賣方出貨；買方收到貨物，確認無誤後，通知第三方平臺付款給賣家，第三方平臺將款項轉至賣家的帳戶，即完成一筆交易。

圖片來源：蝦皮官網

五、提供「聊聊」即時溝通的功能

　　傳統的電子商務交易平臺，在處理買賣雙方溝通訊息時，通常是使用留言版讓雙方問答，由於不具有即時溝通的功能，所以不僅費時而且不清楚對方是否已收到訊息，蝦皮拍賣為解決上述的問題，參考 LINE 的功能，內建「聊聊」即時通訊功能，讓買賣雙方更容易即時溝通，經由「聊聊」而成交的比例高達 9 成以上。而這種「聊聊」的即時功能，即是網路媒體上所具有的「即時性」這項特性，由於在電子商務平臺購物的消費者，對於「等待」這件事，都會很在意，所以「即時性」是促成交易的重要因素之一。

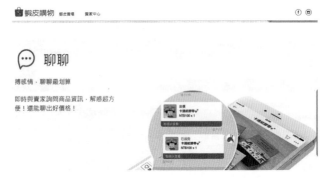

圖片來源：蝦皮官網

六、以消費者為導向的行銷策略

　　蝦皮拍賣來臺還不滿兩年，臺灣的用戶數就已經超過八百萬戶，同時蝦皮將原本的 C2C 市場，進一步延伸到 B2B2C 市場，將二者整合成「蝦皮商城」，想要吸引更多的專業賣家進駐。而在「蝦皮商城」上線的同時，也針對先前網購族所做的調查指出，其中買家最不滿的「商品與圖片不符」、「買到假貨」和「退貨卻要負擔運費」這三點缺失，提出「假一賠二」、「15 天鑑賞期」和「退貨免運費」這三大保證，來吸引買賣雙方上門。這種以消費者的需求為思維的行銷策略，才是值得讚嘆的行銷手法。

圖片來源：蝦皮官網

七、靈活的行銷手法

　　蝦皮商城會善用臺灣現有的新聞、話題、節慶等作為主題式行銷的依據，或者使用精準的關鍵字行銷，來提高廠商的銷售量，這種互相搭配的行銷手法，確實有效提高了蝦皮商城業績，靈活的行銷手法，持續強化了買賣雙方的黏著度。

　　蝦皮團隊後續想擺脫過往消費者的印象－便宜好用的購物平臺的觀感，以提升用戶品質、建立品牌的認同感和信任感為目標，也讓我們持續關注蝦皮團隊的策略。

💬 問題與討論

1. 請問是否曾經在蝦皮購買過商品，說明你在蝦皮買商品的看法。
2. 請問是否曾經在蝦皮賣過商品，說明你在蝦皮賣商品的看法。
3. 請說明蝦皮在行銷上有使用過什麼樣的手法？哪項手法是你最喜歡的？
4. 以現有的電子商務交易平臺，你最常使用哪一家的平臺，會不會考慮改用其他平臺？

個案探討 **4** 街口支付的前景與商機

街口支付網址
http://www.jkos.com/announce.html

　　「行動支付」是近年來金流系統應用上，大家看好的創新商機，從臺北市的寧夏夜市、永康街商圈，臺中市的逢甲夜市、高雄市六合夜市等陸客最常去的熱鬧景點，均已出現「歡迎使用支付寶」的告示牌；臺灣夜市或攤販等小店家，實務上只願意收取現金，不願意接受其他非現金交易的方式，但在陸客消費的催化與影響下，不只是商圈業者，甚至連便利超商、店面業者、計程車業者均加入行動支付的行列，以行動支付取代現金的付款方式，迅速滲透到全臺。在這股推波助瀾的效果下，臺灣的業者看好這股商機，紛紛進入行動支付的市場，推出相關的行動支付系統，希望能夠搶佔先機，取得高市佔率，成為臺灣版的「支付寶」；在這些業者中，以在西元 2015 年成立的「街口支付」最有企圖心，在短短兩年的時間，APP 應用程式的下載量達一百萬，營業額亦高達 5.7 億元，有望能成為臺灣行動支付業界的龍頭。

　　「街口支付」是由業者自行建立專屬的獨立收單平臺，業者需自行招募廠商與會員，會員在註冊的同時，可以綁定自己的信用卡或銀行帳戶，當會員在這些業者建立的特約廠商消費時，通常會有優惠或折扣，目前的特約廠商遍及連鎖超商、超市、百貨業者、餐廳、書店、乘車服務等不同行業，同時為了能讓行動支付更普及化，「街口支付」是使用掃瞄 QR Code 的方式來傳輸交易資料與帳款。以經營型態而言，街口支付主要的收入來源，即是向合作的廠商收取手續費，不過依照其他較早進入行動支付的廠商（例如：支付寶）的經營方式來看，通常會將平臺業務擴展到其他服務上－食物外送、叫車服務、金融商品規劃，形成一個生活與金融的整合平臺；若由一般商業經營的模式來看，當廠商與會員的數量達到一定的經濟規模時，就有機會收取廣告收入，以作為收入的來源之一。

　　以目前臺灣的情況來看，行動支付是未來可預期的主要消費方式之一，以行動支付業者而言，未來的行動支付是百家爭鳴還是少數獨大，都有待市場機制來做最後的定奪。

📍 案例導讀

「街口支付」成立於西元 2015 年，成立之初即積極推廣業務，在 2018 年經金管會核准成為第六家電子支付業者，從原本只能辦理代收代付業務的第三方支付，轉型成可以從事儲值及轉帳業務的電子支付業者

圖片來源：街口支付官網

街口支付看好未來行動支付的商機，不斷針對服務項目做改進，希望能符合消費者的需求，綜合其特色如下：

一、以 QR Code 作為付款工具

以行動支付的近端感應裝置而言，NFC（近場感應）、MST（磁條安全感應）、QR Code 均有廠商在使用，NFC 有牽涉到感應裝置的問題，MST 則是需和三星手機搭配，所以 QR Code 是最方便且可攜性最高的近端感應方式，尤其是針對不想成為信用卡特約商的小店家，更具有很高的接受度；街口支付即是使用 QR Code 的方式作為掃瞄與感應的工具。

圖片來源：街口支付官網

二、主要的三大功能：付款、點對點轉帳、發紅包

除了最基本的付款的功能外，街口支付還提供日常生活中的轉帳、分拆帳的功能，消費者可以透過街口支付的帳戶相互轉帳，或是回存銀行帳戶，由於已經可以提供帳戶轉帳的功能，所以街口支付仿效過去大陸店家以電子支付「發紅包」的作法，也在農曆年期間，祭出億元紅包的誘因，讓大家願意成為會員，透過街口支付發放紅包給朋友或晚輩。

圖片來源：街口支付官網

三、提供訂位、點餐、候位等服務

在民以食為天的臺灣，餐飲業一直是歷久不衰的行業，持續維持著一定的營業額，街口支付即針對這部份提供訂位、點餐、候位等服務，尤其是候位服務，會自動發送候位的號次、排隊人數，預估等待時間與叫號的提醒，讓使用者只需在線上排隊，再也不用浪費時間，在門口苦苦等候。

圖片來源：街口支付官網

　　行動支付在未來的消費市場，具有一定的潛力，以臺灣的現況來看，不管商家或消費者，對行動支付與操作介面都不是很熟悉，但以整體的趨勢來看，金融數位化的安全性，便捷的付款方式，勢必會進入到我們的日常生活，如何整合出消費者易用且符合需求的介面，以搶佔先機，是業者未來需思考的方向。

💬 問題與討論

1. 請上街口支付網站，瀏覽網站上的廠商與使用方式，提出你的看法。
2. 若有機會你是否會願意成為街口支付的會員？為什麼？
3. 街口支付的優惠或折扣，有哪項是你最喜歡的？為什麼？
4. 你認為街口支付應該再增加哪些服務或功能？

個案探討 **5** i 郵箱之未來性與商機

i 郵箱網址
https://ezpost.post.gov.tw /ibox/

　　臺灣的郵政相關組織，在清光緒時代即已存在，而後歷經多次組織變革改制與業務調整，在民國 97 年 8 月 1 日，依法回復法定名稱爲「中華郵政股份有限公司」（簡稱中華郵政）後，迄今已走過兩甲子（120 年）、跨越三世紀，在全國各鄉、鎮、市、區及離島均有據點，是全國最大最完整的物流體系；中華郵政公司因應數位化時代的來臨與網路購物的盛行，自民國 105 年 7 月開始建立「i 郵箱」取貨系統，此種物流取貨方式，在大陸也有類似的蜂巢快遞櫃與智能取物櫃。

　　i 郵箱是一種改良式全年無休的取件、寄件方式，其服務特色是可以配合收、寄件人的時間，不需要在營業時間內，到郵局服務據點寄件，也不需要在家等待收件或是去郵局領取郵件，時間上具有很大的彈性，爲民眾創造另類的郵務新體驗，可以稱之爲郵件式的 ATM。在歷經多年的努力下，現已可在各郵局據點與較熱鬧的地點，看到 i 郵箱的蹤影；i 郵箱的自助郵寄服務，只需在交寄郵件時，填寫 i 郵箱託運單（填妥收 / 寄件人郵件資訊）後寄出，收件人在收到簡訊後，即可依指示到 i 郵箱取件，若要代收貨款，則可以在郵局櫃臺，填寫代收貨款託運單後，交由郵局櫃臺寄至指定的 i 郵箱，如果是網絡購物，亦可選擇取貨付款後，要求將網購商品直接寄送至指定的「i 郵箱」。

什麼是 i 郵箱？

i 郵箱是包裹的ATM，提供24小時全年無休的自助取/寄郵件服務，為民眾創造智慧用郵新體驗。

資料來源：中華郵政股份有限公司官網

案例導讀

　　中華郵政是具有優良傳統，遞送作業嚴謹的公司，對於郵件都是安全且按時送達，為因應潮流與生活型態的改變，不斷推出新的郵件寄收方式，從便利箱、便利袋到現在的 i 郵箱，都是順應趨勢而變化出的簡易郵寄方案。

　　依 i 郵箱的營業型態來看，會先在 App 應用程式上，處理相關郵務資料後，再到有 i 郵箱的地點寄件或取件，這種處理模式，可以視為類似電子商務中的 O2O 交易型態，在線上完成前置作業後，再到線下完成實際寄送的動作；金流部分則是提供郵政金融卡或電子票證（悠遊卡、愛金卡及一卡通）等各種多元化便捷的支付方式，如果要領取代收貨款的郵件，亦可透過郵局實體 ATM（自動櫃員機）、郵局 ATM 或 e 動郵局 APP 先行繳費，或以郵政金融卡或臺灣 Pay 在 i 郵箱直接付款後取貨，相關的郵務資訊，則可在網路郵局或加入 EZPost 會員後查詢得知，商流與物流則是經由中華郵政的系統，將郵件送至相對應的 i 郵箱。

　　近年來在新冠肺炎疫情的肆虐下，i 郵箱的服務，因無時間限制、零接觸的特性，使得使用量大幅提升，加上電商物流的助攻下，取寄件量成長三成、已突破 400 萬大關，向 500 萬件衝刺，成長幅度大增，目前全臺共有 2 千多座 i 郵箱。中華郵政還與與 MOMO、PChome 等電商龍頭合作，搶攻在外租屋沒有管理室代收的上班族或學生，當網購或電視購物時，可直接送到沒有時間限制、可輕鬆取件的 i 郵箱；另外也與 DHL、UPS、宅配通、順豐速運等物流業者合作「宅轉箱」，減少業者多次配送物流的成本；以及和雀巢 Nespresso 合作推出專屬咖啡膠囊回收袋，可為其放入 i 郵箱寄回，另外還和洗衣業者速喜樂合作，民眾可將包裝好的要洗衣服／床組，直接放入 i 郵箱寄出，不用在現場苦等洗衣、烘乾。除了本業的郵件與包裹的寄送外，積極與異業結合，將 i 郵箱發展成 24 小時無休的「郵件任意門」，呈現出多元化的發展。

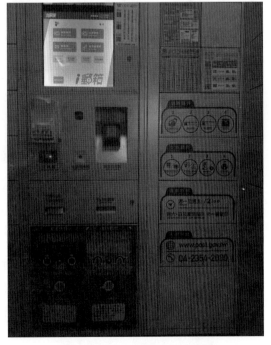

圖片來源：作者自行拍攝

　　中華郵政公司推出了自助式的取件或郵寄的 i 郵箱，讓人們也能體驗自己動手郵寄物品的新鮮感，進而也鼓勵民眾能多多善用 i 郵箱，若以整體物流環境來分析，可分成大環境的外部狀況，以及內部組織的優劣勢，即行銷上最常使用的 SWOT 分析。SWOT 指的是四項影響因素，分別是企業本身的優勢（Strengths）、劣勢（Weaknesses），外部環境的機會（Opportunities）和威脅（Threats），其中優勢、劣勢這二項因素是屬於公司內部的環境分析，另外的機會和威脅這二項因素，則是屬於外部的環境分析，進而分別取這四個英文字的第一個字母，組合而成爲 SWOT。以下即爲 i 郵箱的 SWOT 分析。

1. 優勢（Strengths）：

　　i 郵箱的優勢，主要表現在其自主領取，不受時間限制的取／寄郵件型態，對有些民眾而言，是一種不用與人接觸的體驗。同時除了遍佈臺灣各地以及離島（澎湖、金門、馬祖）外，中華郵政的物流系統，還讓人有安心，安全，使命必達的優良傳統。

　　中華郵政也與 7-ELEVEN、萊爾富合作，在超商就可購買郵局「3 號便利包」包材，可以直接寄件到 i 郵箱，簡化寄件的外包裝問題。

2. 劣勢（Weaknesses）：

　　i 郵箱取／寄郵件前要先加入會員，且需要由民眾親身操作，對於操作系統不熟悉者，需要花一點時間了解，如果趕時間又對系統不熟悉，就會引起困擾；同時相對於超商體系而言，i 郵箱有地點與空間設置的限制，據點明顯比超商少。其次，i 郵箱所寄的郵件和包裹，有物件大小以及重量的限制，如不符合規定，就無法使用 i 郵箱；再者，i 郵箱的付款方式，只有郵政金融卡及電子票證（悠遊卡、愛金卡及一卡通），對於喜歡使用現金或者較年長者，在金流上就會有所限制。

3. 機會（Opportunities）：

　　新冠肺炎（COVID-19）疫情，持久不退，造就出新型態的購物通路模式，網路或線上購物，都需要有物流系統，作爲運送貨物的橋樑，相較於其他取貨通路，需有人與人接觸的情況下，i 郵箱不用與人接觸取／寄郵件的方式，可以在疫情不退的情況下，獲得消費者的青睞。其次，在一些人比較多以及空間比較大的企業或學校內部，在談妥合作方案的情況下，只要挪出少部分的空間裝置 i 郵箱，即可讓企業員工或學生就近取得郵件和包裹，尤其在比較偏遠沒有超商但郵件可送達的鄉鎮地區，i 郵箱更可以發揮全年無休，隨時可取／寄郵件和包裹的特色，達到全方位服務的特色。

4. 威脅（Threats）：

i 郵箱需要有電力設備，以提供系統的運作，如果停電或出現系統癱瘓問題時，如果正好發生在現場郵局下班時間或是在非郵局場所，會因此沒有相關人員即時處理，對於有急需領取的郵件或包裹，在沒有辦法領取的情況下，勢必會造成不滿與怨言。其次，如果賣方需要將當日多樣貨品，一次寄出，在量比較大的情況下，勢必會花費不少時間寄件；同樣的，如果買方購買多樣商品，一樣會有取貨時間比較久的問題，這些都是造成寄或取件者的困擾的因素之一。

圖片來源：作者自行拍攝

i 郵箱的物流方式，有其未來性與商機，針對目前狀況與服務方式，在期望能符合消費者的需求前提下，其可能的行銷策略建議如下：

(1) 建構智慧型系統，解決取／寄郵件和包裹，操作費時的問題。

Gogoro 智慧電池交換平臺，會由系統自行偵測後，直接彈出充飽電之電池給車主，節省更換電池的處理時間；同樣的，如果 i 郵箱能夠建構出類似 Gogoro 智慧電池交換平臺，以 QR CODE 掃瞄或驗證碼的方式，直接開啓置物櫃取出郵件，或以單一整合置物臺的方式，來簡化取／寄郵件和包裹的流程，以解決操作上的困擾。

(2) 備用電力的問題。

遇到停電時，i 郵箱的系統無法運作，置物櫃內的郵件或包裹，將會面臨鎖在裡面無法取出的困擾，需要等到電力回復時，才有辦法取件，所以備用電力的設置，是需注意的問題。

(3) 建立穩定的遠端控制系統。

i 郵箱的強項就是可以設立在偏遠鄉鎮，以及超商體系無法到達的地方，由於郵局的服務人力不在現場，所以系統的穩定度，非常重要；因此，如何建構穩定的物聯網系統，以遠端控制系統的方式，來處理現場的問題，是 i 郵箱要整合佈局全臺灣重要的因素。

(4) 包裹外包裝大小的問題。

i郵箱目前分成大中小三種置物格,置物格可以放置物品的大小,在網站上以及現場均有標示,但對有些寄件者而言,並不會很注意這些細節,所以中華郵政公司與7-ELEVEN、萊爾富二家超商合作,在超商就可購買到郵局「3號便利包」包材,郵件放入後,可以直接到i郵箱內寄件,簡化寄件的外包裝問題。

中華郵政公司可以仿照先前發售便利包、便利袋、便利箱的方式,出售i郵箱適用規格的便利箱,這樣即可簡化寄包裹時,外包裝大小規格的問題。

(5) 增加多元化金流服務。

i郵箱的付款方式,目前只有郵政金融卡及電子票證(悠遊卡、愛金卡及一卡通),對於喜歡使用現金或較年長者或信用卡的使用者,在付款上會有所不便,如果能夠多增加現金與信用卡的支付方式,或以儲值的方式來付款,讓金流的支付方式能更多元化,相信能吸引到更多的使用族群!

(6) 郵件完整性的問題。

由於i郵箱是屬於無人現場收件的自助式系統,如果寄件者沒有將物品包裝完整,亦或取件者發現郵件/包裹,散落不完整時,會有責任歸屬的問題,故必須要有完整的攝影與監視系統,才可避免後續處理的困擾。

綜合上述的說明,我們可知中華郵政公司,陪伴大家走過百年多的歲月,其所擁有的物流優良傳統與良好的服務,加上能讓民眾信任的特質,是最符合行銷學上所重視的品牌價值,在科技的進步與生活型態的不斷改變下,如何找出其定位,讓百年老店延續物流優勢,保有其市場龍頭地位,是我們拭目以待的事情。

💬 問題與討論

1. 何種情況下,你會使用i郵箱寄或收取郵件或包裹?
2. 你對i郵箱這種型態的寄收郵件系統,有什麼看法?
3. i郵箱和其他物流系統相比較,有何優缺點?
4. i郵箱的物流方式,有什麼可以改進的地方?

個案探討 **6** 餐飲外送服務之興起與展望

Foodpanda
https://www.foodpanda.com.tw/

Uber Eats
https://www.ubereats.com/tw

全世界在新冠肺炎（COVID-19）的肆虐下，人們改變了以往的生活型態，加上病毒變異的特性，使得病毒持久不退，也造就出疫情下，最耀眼的餐飲外送平臺產業，全世界的餐飲業經營模式，都跟隨著大幅改變。這種經由線上系統，訂購並享用美食的點餐模式，已趁勢進入了人們的日常生活，與現代人的生活息息相關，產生密不可分的關係，也大大地改變了現代人用餐的習慣。

根據資策會產業情報研究所（MIC）在西元 2022 年 3 月 28 日《外送大調查》的研究報告中指出，受訪者中有將近72%的消費者，有使用過餐飲外送服務，最常用的外送平臺前二者分別爲 foodpanda 與 Uber Eats，最愛使用的年齡層爲 18~35 歲，且有 50% 的消費者，平均每次消費金額在 300 元以上。由此數據可知，餐飲外送服務在臺灣，已具有一定的發展潛力，且已默默地改變了消費者的用餐習慣，加上新冠肺炎疫情，在全世界蔓延不退，後續有可能會形成類似與病毒共存的生活模式，所以餐飲外送服務的商機，具有一定的未來性與爆發力。

📍 案例導讀

一、電子商務

傳統的消費模式，消費者大都是利用實體通路的方式，來買賣商品；但當網路世代來臨時，以網路作爲通路的媒介，將傳統的商業買賣行爲，轉移到網際網路上來進行，亦即利用網路系統，加上商務式的購買行爲與銷售方式，即是所稱的電子商務（Electric Commerce, EC），而電子商務，大致可以分成四大類型：企業對企業（Business to Business, B to B / B2B）、企業對顧客（Business to Consumer, B to C / B2C）、顧客對顧客（Consumer to Consumer, C to C / C2C）、顧客對企業（Customer to Business, C to B / C2B）。

在資訊系統快速發展的前提下，加上購買行為方式的改變，電子商務模式除了原有的 B2B、B2C、C2C、C2B 四類型商業模式外，還衍生出 O2O（Online to Offline）的消費方式。O2O 電子商務模式，最早是由 Rampell（2010）所提出，從字義的解釋來看，指的是消費者費者先在線上（網路上）購買服務或產品後，再在線下（實體環境）取得服務或產品，這種消費方式稱之為「線上購買、線下消費」。這種經由網路作為媒介的方式，先由有意願購買服務或產品的消費者，在線上尋找到合適的服務或產品，再經由購買行為，與消費者在實體通路環境接觸，即是近年來很熱門的 O2O 電子商務。因應服務業已成為熱門工作的選項之一，而服務業即具有必須到店消費或服務的特質，此項特質和 O2O 的特質相吻合，所以在此時空與背景下，造就出熱門的 O2O 型態的電子商務。

二、餐飲外送平臺

餐飲外送平臺是由餐廳、外送員、消費者三個實體單位構成，經由點餐平臺的系統控制，結合成一個小型的互聯網在運作。先由消費者上網點餐，由外送員到餐廳取餐後，再送到消費者手上，這種方式即屬於線上購買、線下消費的 O2O 型態。點餐平臺系統最主要的核心運作，是媒合買賣雙方，達成交易後再連絡外送員去取餐送餐，所以外送平臺需提供網路設施與系統，並訂定交易與抽成規則，以達成完整的交易行為（Alstyne et al.,2016）。

臺灣餐飲外送服務系統，分成餐飲業者自行外送與第三方平臺外送的二種商業模式。第一種模式最常見到就是披薩外送服務，此種由業者僱用的員工外送的方式，糾紛與問題都比較少，但相對的市場性與未來性比較弱，加上只能針對單一業者的餐飲，提供外送服務，如果考量人力與時間的成本的因素，不一定划算；所以就衍生出第二種的外送模式，由第三方作為中介平臺，由外送員負責外送，以目前臺灣餐飲外送平臺發展過程來看，隸屬德國上市公司「快遞英雄」（Delivery Hero）的 foodpanda（空腹熊貓），是在西元 2012 年進入臺灣市場，目前是臺灣使用率最高的餐飲外送平臺，後續有總部在新加坡的 Honestbee（誠實蜜蜂）、總部在美國的 Uber 所成立的子公司 Uber Eats（優食），相繼在西元 2016 年進入臺灣市場，臺灣餐飲外送服務的交易量，從此開始逐步增溫。但在西元 2019 年時，Honestbee（誠實蜜蜂）因債務問題退出臺灣市場，所以目前臺灣外送平臺產業，已形成兩大外資 foodpanda、Uber Eats 佔據大部分的市場，在此同時，也引起本土新創公司、專業第三方物流業者，紛紛湧入此外送市場，搶食商機。

圖片來源 : foodpanda 官方網站

圖片來源 : Uber Eats 官方網站

　　由於新冠肺炎疫情的影響，改變了消費者的用餐習慣，在能節省消費者的時間與交通成本的情況下，餐飲的外送服務，已不知不覺融入大家的生活中，使用客群已漸趨穩定。這種將餐飲產品，由線上帶到線下的虛實整合，可以讓餐飲市場，發揮更大的產值，也符合現代人忙碌生活的用餐需求。但餐飲外送平臺業者，目前仍有需解決的問題與未來需面臨的行銷策略，茲說明如下：

1. 僱傭關係與委任關係的法規問題。

　　外送員在目前臺灣現有的法律，到底是屬於僱傭關係？還是委任關係？政府部門認為是僱傭關係，但業者認為是委任關係，二者的看法莫衷一是。此項爭議，即是在前面的章節中，所提到的擾亂定律，擾亂定律指出，商業結構、社會體制及政治法律體制的演化，通常是以漸進的方式成長，但是科技的發展是以快速、突破性的跳躍式成長，

這種發展的方式，會遠超過原有的結構與法規，因此當這兩者之間的鴻溝愈來愈大時，就愈可能產生革命性的改變。所以，如果臺灣的法律最後定案是僱傭關係，依現今登記的外送員人數，外送平臺業者勢必無法承擔保險與退休金提撥等費用的支出，以及其他依法規需列入之費用。此時，外送平臺業者勢必需面臨企業組織的改組，以符合法規，或退出臺灣市場的二種選擇。

2. 外送人員素質問題。

由於外送平臺業者，目前是將外送員視為是委任的關係，所以在外送員之甄選上，並不會像正式員工般的嚴謹，因此有時就會發生搶快的交通事故，或搶單的打架事件，造成企業的負面形象。因此如何在擴大市場利基情況下，篩選出良好的外送人員，並訂定出良好的規範，以維持企業之形象，是外送平臺業者應思考的問題。

3. 共享經濟下之非標準化服務形態。

共享經濟指的是將個人所擁有的閒置資源（房間、交通工具等），透過中介平臺的媒合，由其中一方提供閒置資源給另一方需求者，以達到資源共享、經濟互利的目標，外送員以自己的交通工具外送餐飲，即是屬於共享經濟的服務提供者，服務業具有四大特性：

(1) 無形性（Intangibility）：

服務本身屬於非實體商品，沒有辦法用實體商品的方式衡量，只能依個人的感受評估。

(2) 異質性（Heterogeneity）：

服務會隨著不同的時間、地點，即使服務人員相同的情況下，消費者一樣會有不同差異性的感受，所以即使是相同的服務品質，也會因個人感知經驗的差異而有所不同。

(3) 易逝性（Perishability）：

服務本身無法儲存，在伴隨著服務完成的同時，會跟著消逝。

(4) 不可分割性（Inseparablity）：

服務的產生是與交易同時發生，在接受服務的同時，也完成了消費。

依上述說明，外送員即是服務的提供者，也具有上述服務業四大特性，加上外送員是屬於共享經濟下的提供者，所以外送平臺業者，應制定標準化的服務流程度，以降低服務水準不一致的風險。

4. STP 行銷策略之應用。

STP 三個英文字，在行銷學上分別指的是 Segmentation（市場區隔）、Targeting（市場目標）、Positioning（市場定位）三項因素，在行銷策略上，首先要先尋找出區隔市場的變數，再進行市場區隔，一般常用的區隔變數，包括地理、人口統計、心理、產品等四大項，經由區隔變數的分析，取得區隔市場的輪廓與特性，再了解市場內有需求消費族群的特性後，進行目標市場的選擇，企業可以根據本身現有的資源和產品狀況，從區隔市場中，選取有發展前景，並且符合企業目標和能力的市場，作為主要的行銷目標市場，最後分析競爭者在目標市場中的狀況後，整合成行銷策略或活動，將商品或服務的獨特利益，傳遞給區隔市場中的消費者，完成市場定位。

以餐飲外送市場現有的狀況，可以選擇地理位置與職業別作為區隔變數，如果以地理位置作為區隔變數，臺灣北、中、南不同區域的生活型態，有明顯的不同，企業可以選擇想要經營的目標市場，將本身的市場定位，傳遞給目標客戶。

💬 問題與討論

1. 您對於餐飲外送服務，有什麼樣的看法？
2. 何種情況下，你會使用餐飲外送服務？
3. 餐飲外送服務業者提供何項優惠方案，會提升您使用餐飲外送服務的意願？
4. 您認為餐飲外送服務，有什麼可以改進的地方？
5. 您對於餐飲外送服務平臺業者，有什麼樣的建議？

NOTE

參考文獻

Chapter 1

1. 科技產業資訊室，SWOT、PEST 與五力分析，http://iknow.stpi.narl.org.tw/post/read.aspx?postid=2955。
2. 徐世同、楊景傳譯（2016），行銷管理（15 版），（原作者：Philip Kotler, Kevin Lane Keller），華泰文化事業股份有限公司。
3. 陳明哲（2013），策略分析與動態競爭，哈佛商業評論全球繁體中文版，https://www.hbrtaiwan.com/article_content_AR0002428.html。
4. S-T-P 3 步驟，制定行銷策略基礎，經理人月刊，https://www.managertoday.com.tw/articles/view/35093。
5. 趙滿鈴（2014），網路行銷特訓教材（第二版），松崗電腦圖書資料股份有限公司。
6. 維基百科，行銷組合，https://zh.wikipedia.org/wiki/ 營銷組合。
7. MBA 智庫百科，產品生命周期理論簡介，https://wiki.mbalib.com/zh-tw/%E4%BA%A7%E5%93%81%E7%94%9F%E5%91%BD%E5%91%A8%E6%9C%9F%E7%90%86%E8%AE%BA。

Chapter 2

1. 林東清（2016），資訊管理：e 化企業的核心競爭能力〈第 6 版〉，智勝文化事業有限公司。
2. 1,700 萬台灣人都在用！三張圖看 LINE 的使用者分析，數位時代，2016 年 10 月 19 日，https://www.bnext.com.tw/article/41433/line-user-in-taiwan-is-more-than-90-percent。
3. MBA 智庫百科，摩爾定律，http://wiki.mbalib.com/zh-tw/%E6%91%A9%E5%B0%94%E5%AE%9A%E5%BE%8B。
4. MBA 智庫百科，長尾理論，http://wiki.mbalib.com/zh-tw/%E9%95%BF%E5%B0%BE%E7%90%86%E8%AE%BA。
5. 榮泰生（2006），圖解網路行銷，五南文化事業。
6. 維基百科，摩爾定律，https://zh.wikipedia.org/zh-tw/ 摩爾定律。
7. 維基百科，梅特卡夫法則，https://zh.wikipedia.org/zh-tw/ 梅特卡夫定律。
8. 維基百科，長尾理論，https://zh.wikipedia.org/zh-tw/ 長尾。
9. 維基百科，正回饋，https://zh.wikipedia.org/wiki/ 正回饋。
10. 挑戰摩爾定律，遠見雜誌，2002 年 1 月號，https://www.gvm.com.tw/Boardcontent_8753.html。
11. 邱文寶譯（1999），Killer App — 12 步打造數位企業，（原作者：Larry Downes、Chunka Mui），天下文化。

Chapter 3

1. 一幀秒創，網址：https://aigc.yizhentv.com/。

2. 依絲，【OpenAI】聊天機器人 ChatGPT 使用教學！支援多國語言／會寫文案，2023 年 3 月 29 日，https://kikinote.net/161866。

3. 賺錢工具 ChatGPT+AI 一幀秒創／5 分鐘生成影片，全網最完整步驟介紹！
   https://www.youtube.com/watch?v=F6tryOh6320。

4. 維基百科，OpenAI，https://zh.wikipedia.org/zh-tw/OpenAI。

5. OpenAI，https://openai.com/。

Chapter 4

1. MBA 智庫，跨境電子商務，http://wiki.mbalib.com/zh-tw/%E8%B7%A8%E5%A2%83%E7%94%B5%E5%AD%90%E 5%95%86%E5%8A%A1。

2. 星國來的小蝦皮竟讓 PChome 陣腳大亂，今周刊，1546 期，32-34。

4. 欒斌、陳苡任（2015），網路行銷：理論、實務與 CEO 證照，滄海書局。

5. 欒斌、陳苡任、羅凱揚（2011），電子商務（第七版），滄海書局。

6. QuickMark 官網，http://www.quickmark.com.tw/cht/basic/index.asp。

7. Unitag 官網，https://www.unitag.io/qrcode。

8. BeClass 線上報名系統官網，http://www.beclass.com/。

9. 馬雲：C2B 將成為產業升級的未來，網易財經，2009 年 8 月 9 日，http://money.163.com/09/0809/17/5G9RFIT100253G87.html。

10. momo 官網，https://www.momoshop.com.tw/main/Main.jsp。

11. 京東官網，http://www.jd.hk/。

Chapter 5

1. 不可不知的「第三方支付」，http://www.gss.com.tw/index.php/focus/eis/142-eis75/1275-eis75-11。

2. 臺灣第三方支付的真相，http://www.circle.tw/trend/third-party-payment-in-taiwan.html。

3. 消費者保護處，何謂電子支付機構，https://cpc.ey.gov.tw/Page/1DCF8AA4D223F601/3f87caf0-f740-4788-96f9-84be07a244f6。

4. 金管會，行動支付發展簡介及金管會立場，https://goo.gl/1tvKD2。

5. 理解行動支付的應用及機制：VISA 圖解說明何謂 TSM、HCE、Visa Token，http://www.techbang.com/posts/20870-graphic-action-visa-payment?related_post=true。

6. 金融監督管理委員會銀行局，https://law.banking.gov.tw/Chi/default.aspx?class=l。

7. 消費者保護處，第三方支付服務定型化契約應記載及不得記載事項，https://www.ey.gov.tw/Page/DFB720D019CCCB0A/4ec3fa17-5fda-4317-869d-fe6b6c37451d。

8. 電子支付機構管理條例，http://www.rootlaw.com.tw/LawArticle.aspx?LawID=A040390020001600-1040204。

9. 電子貨幣，https://sites.google.com/site/ntu168ttoftn/1-5/1-3。

10. 維基百科，電子貨幣，https://zh.wikipedia.org/wiki/ 電子貨幣。

11. 電子支付 V.S 第三方支付，https://buzzorange.com/techorange/2016/12/07/e-payment-and-third-party-payment/。

12. 智付寶 Pay2Go，https://www.pay2go.com/。

13. 歐付寶 All Pay，https://www.allpay.com.tw/。

14. 橘子支 GAMA PAY，http://www.gamapay.com.tw/index.html。

15. 藍新科技，http://www.neweb.com.tw/about.aspx。

16. 國政基金會，臺灣第三方支付法制現況與發展之探討，http://www.npf.org.tw/2/15264。

17. PChome Pay 支付連，https://secure.pchomepay.com.tw/sso/account/index

18. ezPay，http://www.ezpay.com.tw/#scene1。

19. Pi 行動錢包，https://www.piapp.com.tw/。

20. 一次看懂行動支付：什麼是遠端支付、近端支付？國內有哪些方案，http://www.techbang.com/posts/23218-a-read-operation-pay-basic-concepts-solutions- graphic-all-set-pchome231-touch-the-future-author-zhang-yajun。

21. MBA 智庫百科，第三方支付，http://wiki.mbalib.com/zh-tw/%E7%AC%AC%E4%B8%89%E6%96%B9%E6。%94%AF%E4%BB%98

22. MBA 智庫百科，電子支付，http://wiki.mbalib.com/zh-tw/%E7%94%B5%E5%AD%90%E6%94%AF%E4%BB%98。

23. 維基百科，支付寶，https://zh.wikipedia.org/zh-tw/ 支付寶。

24. 維基百科，虛擬貨幣，https://zh.wikipedia.org/wiki/ 虛擬貨幣。

25. 簡單行動支付股份有限公司，https://www.ezpay.com.tw/info/Service_intro/shopping_payment/member。

26. 悠遊卡股份有限公司公司，https://www.easycard.com.tw/about#section9。

27. 一卡通票證股份有限公司，https://www.i-pass.com.tw/Page/AboutAccount。

28. 愛金卡股份有限公司，https://www.icashpay.com.tw/。

29. 鼎鼎聯合行銷（股）公司，https://event.happygocard.com.tw/app/event/tips_happygopay.html。

30. 全盈 +PAY，https://www.pluspay.com.tw/About/Partners。

31. 全聯實業股份有限公司，https://www.pxmart.com.tw/#/index。

Chapter 6

1. 王志平（2008），網路行銷導論，全華圖書股份有限公司。

2. 王端之（1997），平面媒體入侵 WWW，網路通訊，200 期，68-72。

3. 唐廉智（2006），網路廣告型態及計價方式之探討，國立政治大學經營身管理碩士學程，碩士論文。

4. 網路廣告基礎入門，https://www.slideshare.net/norika1207/ss-53543936。

5. 網路廣告的種類，http://bluenet.pixnet.net/blog/post/28421369-%E7%B6%B2%E8%B7%AF%E5%BB%A3%E5%91%8A%E7%9A%84%E7%A8%AE%E9%A1%9E。

6. 網路行銷不是靠一個廣告就能搞定，https://www.smartm.com.tw/article/393632cea3。

7. 劉文良（2012），電子商務與網路行銷，碁峰資訊。

8. 維基百科，網路廣告，https://zh.wikipedia.org/zh-tw/ 網路廣告

9. AdWords 文字廣告簡介，https://support.google.com/adwords/answer/1704389?hl ＝ zh-Hant。

10. New Media：A Critical Introduction（2nd Edition），2008,Martin Lister; Jon Dovey; Seth Giddings; Lain Grant; Kieran Kelly, pp.13-44, Routledge UK。

11. PUSH 推播廣告，https://adlocus.com/main/index.php/tw/advertiser/ad-push。

12. 行動商務新發展　加速關鍵是什麼，動腦新聞，2014 年 3 月 3 日，https://www.brain.com.tw/news/articlecontent?ID=19817#57K8KekPhttps://www.brain.com.tw/news/articlecontent?ID=19817。

Chapter 7

1. 各種 Google 搜尋引擎的使用方式與技巧，https://blog.gtwang.org/tips/tips-use-google-search-efficiently/。

2. 用 8 個小撇步幫助你提昇 Google 精準搜尋的技巧，http://www.blogfuntw.com/2016/03/google-search-solution/。

3. 長尾關鍵字 – 非常清楚自己需要什麼時會使用的搜尋關鍵字，http://ga.awoo.com.tw/%E9%95%B7%E5%B0%BE%E9%97%9C%E9%8D%B5%E5% AD%97/。

4. 咱們還是該懂點行銷人員想些甚麼，https://www.pigo.idv.tw/archives/2834。

5. 維基百科，每點擊付費，https://zh.wikipedia.org/wiki/ 每點擊付費。

6. 網頁 SEO 優化入門，看這一篇就夠了，http://transbiz.com.tw/seo-guide/。

7. 網絡效果營銷體系三種形式：CPC ｜ PPC、CPS、CPA，https://kknews.cc/zh-tw/other/y8ve38b.html。

8. 廣泛比對修飾詞，https://blog.dcplus.com.tw/marketing-knowledge/optimizer/13031。

9. 學會這 10 招，讓你輕鬆成為真正 Google 搜索達人，https://buzzorange.com/techorange/2016/02/04/10-skills-of-search/。

10. AdWords 關鍵字比對類型，https://blog.dcplus.com.tw/marketing-knowledge/optimizer/43395。

11. AdWords 關於關鍵字比對選項，https://support.google.com/adwords/answer/2497836?hl=zh-Hant。

12. AdWords 使用廣泛比對，https://support.google.com/adwords/answer/2497828。

13. AdWords 關於廣泛比對修飾符，https://support.google.com/adwords/answer/2497702。

14. AdWords 使用詞組比對，https://support.google.com/adwords/answer/2497584。

15. AdWords 使用完全比對，https://support.google.com/adwords/answer/2497825。

16. AdWords 關於排除關鍵字，http://support.google.com/adwords/answer/2453972。

17. APP 廣告、網路媒體常說到所謂的 CPM、CPC、CPA、CPI 到底是甚麼意思，MythZ，http://mythzsgame.pixnet.net/blog/post/41018179。

18. 競品關鍵字廣告惹爭議　公平會開罰 30 萬，數位行銷實戰家，2015 年 8 月 27 日，https://blog.dcplus.com.tw/marketing-knowledge/optimizer/47413。

19. Facebook 廣告：要用 CPM 還是 CPC，http://www.inboundjournals.com/facebook-ads-cpm-vs-cpc/。

20. Google Adwords 關鍵字廣告和聯播網廣告（Display Network）效益數據揭秘，http://transbiz.com.tw/google-adwords-%E9%97%9C%E9%8D%B5%E5%AD%97%E5%BB%A3%E5%91%8A%E5%92%8C%E8%81%AF%E6%92%AD%E7%B6%B2%E5%BB%A3%E5%91%8A%E6%95%88%E7%9B%8A/。

21. Google AdWords 關鍵字廣告教學，看完這篇就懂怎麼投放，http://transbiz.com.tw/google-adwords%E9%97%9C%E9%8D%B5%E5%AD%97%E5%BB%A3%E5%91%8A%E6%95%99%E5%AD%B8/。

22. PPC 關鍵字廣告與 SEO 搜尋引擎最佳化比較，http://www.awoo.com.tw/ppc-compare.html。

23. WEBTECH 網頁設計教學站 HTMLhead 標籤，http://www.webtech.tw/info.php?tid=HTML_head_%E6%A8%99%E7%B1%A4。

24. WEBTECH 網頁設計教學站 HTML meta tag，http://www.webtech.tw/info.php?tid=HTML_meta_tag。

25. WEBTECH 網頁設計教學站 HTML body tag，http://www.webtech.tw/info.php?tid=HTML_body_tag。

26. SEO 搜尋引擎最佳化或網站排名行銷爲何會無效，http://www.ready-online.com/Topic-Why-SEO-Failure.html。

Chapter 8

1. Rogers, E. M.（1995），Diffusion of Innovations, 4rd ed, New York：Free Press.

2. Dan Gillmor（2006），We the media：grassroots journalism by the people, for the people O'Reilly Media；New edition。

3. 吳燦銘（2017），網路行銷的 12 堂必修課：SEO・社群・廣告・直播・Big Data・Google Analytics，博碩文化。

4. 不可不知的輪播格式廣告使用技巧，https://www.facebook.com/business/news/A-Feature-of-Carousel-Ads-Format-TW。

5. 如何將轉換追蹤像素移轉爲 Facebook 像素，https://www.facebook.com/business/help/1058078787600162#install。

6. 影片行銷正夯，但你的策略是否對症下藥？Youtube、FB、IG 三大社群網站影音特色整理，新網路科技，2016 年 10 月 19 日，https://www.smartm.com.tw/Article/32373139cea3。

7. 百萬 YouTuber 阿滴英文專訪：認識「創業家」阿滴，數位時代，2018 年 10 月 1 日，https://www.bnext.com.tw/article/50692/youtuber-rd-english。

8. 維基百科，六度分隔理論，https://zh.wikipedia.org/wiki/ 六度分隔理論。

9. 維基百科，自媒體，https://zh.wikipedia.org/wiki/ 自媒體。

10. 維基百科，阿滴英文，https://zh.wikipedia.org/zh-tw/ 阿滴英文。

11. MBA 智庫百科，六度空間理論，https://wiki.mbalib.com/zh-tw/%E5%85%AD%E5%BA%A6%E7%A9%BA%E9%97%B4%E7%90%86%E8%AE%BA。

12. 光曜數位行銷，臉書廣告操作大補帖，如何選擇廣告活動類型，https://kuangyaodm.org/adv190507/。

13. TransBiz，Facebook 廣告成效不好？廣告頻率（Frequency）你掌握了嗎，https://transbiz.com.tw/facebook-reach-frequency-ads/。

14. TransBiz，Facebook Pixel 與 FB 廣告設定教學全攻略，https://transbiz.com.tw/facebook-pixel%E8%88%87fb%E5%BB%A3%E5%91%8A%E8%A8%AD%E5%AE%9A%E6%95%99%E5%AD%B8%E5%85%A8%E6%94%BB%E7%95%A5/。

15. Cyberbiz 企業版教學文件，FACEBOOK 像素轉換追蹤碼 + 付款設定，https://www.cyberbiz.co/support/?p=509

16. Facebook 像素標準事件的詳細說明，https://www.facebook.com/business/help/402791146561655?id=1205376682832142。

17. 給行銷人的 GTM 入門－埋 GA、FB Pixel 不求人，https://medium.com/@papaya116/%E6%A6%82%E5%BF%B5%E7%AF%87-%E7%B5%A6%E8%A1%8C%E9%8A%B7%E4%BA%BA%E7%9A%84gtm%E5%85%A5%E9%96%80-%E5%9F%8Bga%E7%A2%BC-fb-pixel%E4%B8-%8D%E6%B1%82%E4%BA%BA-2f70f39863d6。

18. ANDY LIAO（2021 年 4 月 2 日），LINE 官方帳號是什麼？四招攻略 LINE 經營心法，https://blog.botbonnie.com/trends/line-official-account-marketing/。

19. LINE 官方網站帳號，https://tw.linebiz.com/。

20. LINEBiz-Solutions，https://tw.linebiz.com/。

21. MikaBrea（2019 年 09 月 18 日），品牌、商家經營不可不知的 LINE 認證官方帳號六大優勢！https://tw.linebiz.com/column/lac-verified/。

22. 夯客（2020 年 7 月 28 日），教你如何「增加你的 LINE 官方帳號好友」，https://reurl.cc/MNXXzk。

23. 品牌、商家經營不可不知的 LINE 認證官方帳號六大優勢！（2022 年），https://tw.linebiz.com/column/lac-verified/。

Chapter 9

1. 維基百科，Weebly，https://zh.wikipedia.org/wiki/Weebly。

2. MyMy 官方網站，http://open.MyMy.tw/。

3. Weebly 官方網站，https://www.weebly.com/?lang=zh_TW。

4. Webnode 官方網站（短網址），https://pse.is/4rlxe8。

Chapter 10

個案 1

1. Gogoro 試乘心得 – 設計師的夢想成真，不確定的商業定位，科技島讀，2015 年 4 月 27 日，https://daodu.tech/04-27-2015-gogoro-%E8%A9%A6%E4%B9%98%E5%BF%83%E5%BE%97-%E8%A8%AD%E8%A8%88%E5%B8%AB%E7%9A%84%E5%A4%A2%E6%83%B3%E6%88%90%E7%9C%9F%EF%BC%8C%E4%B8%8D%E7%A2%BA%E5%AE%9A%E7%9A%84%E5%95%86%E6%A5%AD%E5%AE%9A。

2. Gogoro 官方網站，https://www.gogoro.com/tw/。

3. 天價維修費！Gogoro 車禍報修單曝光引起網友論戰，自由時報，2017 年 9 月 29 日，http://auto.ltn.com.tw/news/8529/2。

4. 維基百科，Gogoro，https://zh.wikipedia.org/wiki/Gogoro。

個案 2

1. 財訊雙週刊第 535 期，2017 年 8 月 10 日。

2. 無人商店，科技新報，2018 年 1 月 25 日，https://technews.tw/tag/%E7%84%A1%E4%BA%BA%E5%95%86%E5%BA%97/。

3. 自己結帳、煮咖啡…從 Amazon 看 7-11「無人商店」：靠自動化省下店員，消費者真的會買單嗎？，商周 .com，2018 年 1 月 31 日，https://www.businessweekly.com.tw/article.aspx?id=21832&type=Blog。

4. 阿里巴巴推無人商店「淘咖啡」免櫃台結帳，中時電子報，2017 年 7 月 10 日，http://www.chinatimes.com/realtimenews/20170710003780-260409。

5. 7-ELEVEN 國內首間無人商店「X-STORE」展開內部測試了，ithome，2018 年 1 月 29 日，https://www.ithome.com.tw/news/120987。

6. 顏理謙，Amazon Go 破壞式創新，顛覆實體零售，數位時代，2017 年 4 月 28 日。

7. Amazon 官網，https://www.amazon.com/b?ie=UTF8&node=16008589011。

個案 3

1. 今周刊，1083 期，2017 年 9 月 20 日。

2. 包袱小、操作快！蝦皮商城上線，這次輪到臺灣網路開店平臺業者接招，數位時代，2017 年 7 月 3 日，https://www.bnext.com.tw/article/45203/shopee-launch-b2b2c-platform。

3. 網拍推即時通訊逾 9 成訂單「聊聊」後成交，中時電子報，2016 年 3 月 4 日，http://www.chinatimes.com/realtimenews/20160304004579-260412。

4. 蝦皮升級變身一站式電商，經濟日報，2017 年 8 月 25 日，https://udn.com/news/story/7241/2662641。

5. 蝦皮拍賣如何讓使用者不到一年突破 300 萬人，INSIDE，2016 年 7 月 12 日，https://www.inside.com.tw/2016/07/12/shopee-3-million-users。

6. 蝦皮官網，http://shopee.tw/web/。

個案 4

1. 街口支付搶市要發電子紅包，經濟日報，2018 年 2 月 9 日，https://money.udn.com/money/story/5613/2977075。

2. 胡亦嘉：五年壟斷臺灣行動支付市場，卓越雜誌，2018 年 4 月 1 日，http://www.ecf.com.tw/tw/article/show.aspx?num=139&kind=42。

3. 廖君雅，Apple Pay、支付寶、微信來襲掀起錢包新革命臺灣支付戰爭開打，財訊雙週刊，502 期，2016 年 5 月 5 日。

4. 街口支付官網，http://www.jkos.com/announce.html。

5. 電子錢包混戰：行動支付與第三方支付有什麼不同，科技新報，2017 年 6 月 15 日，https://technews.tw/2017/06/15/mobile-wallet-issues/。

個案 5

1. ｉ郵箱官方網站，https://ezpost.post.gov.tw/ibox。

2. 中華郵政全球資訊網，https://www.post.gov.tw/post/internet/Postal/index.jsp?ID=297&news_no=45036&control_type=page&news_cat=4&group_name=&news_type=history_news。

個案 6

1. Alstyne,Marshall W.Van, Parker Geoffrey G; Choidary,Sangeet Paul. Pipelines, Platforms, and the New Rules of Strategy. Harvard Business Review. Apr2016, Vol. 94 Issue 4。

2. Rampell,A.(2010),Why online to offline commerce is a trillion dollar opportunity. TechCrunch，Vol.11。

3. Foodpanda 官網，https://www.foodpanda.com.tw/。

4. Uber Eats 官網，https://www.ubereats.com/tw。

5. 吳元熙，蜜蜂才死，為什麼蹲點臺灣 7 年的 foodpanda 卻說外送市場正要「瘋狂」成長？，數位時代，2019 年 7 月 22 日。https://www.bnext.com.tw/article/54008/foodpanda-taiwan-market-view。

6. 資策會產業情報研究所（Market Intelligence & Consulting Institute, MIC），外送大調查，2022 年 3 月 28 日。https://mic.iii.org.tw/news.aspx?id=619&List=8。

國家圖書館出版品預行編目(CIP)資料

網路行銷 / 黃國亮編著. -- 三版. -- 新北市：
　　全華圖書股份有限公司, 2023.12
　　面；　公分
　　ISBN 978-626-328-809-6(平裝)

　　1.CST: 網路行銷

496　　　　　　　　　　　　112021612

網路行銷（第三版）

作者 / 黃國亮

發行人 / 陳本源

執行編輯 / 楊玲馨

封面設計 / 盧怡瑄

出版者 / 全華圖書股份有限公司

郵政帳號 / 0100836-1 號

印刷者 / 宏懋打字印刷股份有限公司

圖書編號 / 0825402

三版一刷 / 2023 年 12 月

定價 / 新台幣 540 元

ISBN / 978-626-328-809-6

全華圖書 / www.chwa.com.tw

全華網路書店 Open Tech / www.opentech.com.tw

若您對本書有任何問題，歡迎來信指導 book@chwa.com.tw

臺北總公司(北區營業處)
地址：23671 新北市土城區忠義路 21 號
電話：(02) 2262-5666
傳真：(02) 6637-3695、6637-3696

南區營業處
地址：80769 高雄市三民區應安街 12 號
電話：(07) 381-1377
傳真：(07) 862-5562

中區營業處
地址：40256 臺中市南區樹義一巷 26 號
電話：(04) 2261-8485
傳真：(04) 3600-9806(高中職)
　　　(04) 3601-8600(大專)

歡迎加入 全華會員

● 會員獨享

會員專購書折扣、紅利積點、生日禮金、不定期優惠活動…等。

● 如何加入會員

掃 QRcode 或填妥讀者回函卡直接傳真 (02) 2262-0900 或寄回,將由專人協助登入會員資料,待收到 E-MAIL 通知後即可成為會員。

如何購買 全華書籍

1. 網路購書

全華網路書店「http://www.opentech.com.tw」,加入會員購書更便利,並享有紅利積點回饋等各式優惠。

2. 實體門市

歡迎至全華門市(新北市土城區忠義路21號)或各大書局選購。

3. 來電訂購

(1) 訂購專線:(02) 2262-5666 轉 321-324
(2) 傳真專線:(02) 6637-3696
(3) 郵局劃撥(帳號:0100836-1 戶名:全華圖書股份有限公司)
※ 購書未滿 990 元者,酌收運費 80 元。

OpenTech.com.tw 全華網路書店

全華網路書店 www.opentech.com.tw
E-mail: service@chwa.com.tw

※ 本會員制如有變更則以最新修訂制度為準,造成不便請見諒。

讀者回函卡

掃 QRcode 線上填寫 ▶▶

姓名：　　　　　　　　　　生日：西元　　　　年　　　月　　　日　　性別：□男 □女

電話：（　　）　　　　　　　　　　　　手機：

e-mail：　　　　　　　　　　　　（必填）

註：數字零，請用 Φ 表示，數字 1 與英文 L 請另註明並書寫端正，謝謝。

通訊處：□□□□□

學歷：□高中・職　□專科　□大學　□碩士　□博士

職業：□工程師　□教師　□學生　□軍・公　□其他

學校／公司：　　　　　　　　　　　　　　科系／部門：

· 需求書類：

□ A. 電子 □ B. 電機 □ C. 資訊 □ D. 機械 □ E. 汽車 □ F. 工管 □ G. 土木 □ H. 化工 □ I. 設計
□ J. 商管 □ K. 日文 □ L. 美容 □ M. 休閒 □ N. 餐飲 □ O. 其他

· 本次購買圖書為：　　　　　　　　　　　　　　書號：

· 您對本書的評價：

封面設計：□非常滿意　□滿意　□尚可　□需改善，請說明

內容表達：□非常滿意　□滿意　□尚可　□需改善，請說明

版面編排：□非常滿意　□滿意　□尚可　□需改善，請說明

印刷品質：□非常滿意　□滿意　□尚可　□需改善，請說明

書籍定價：□非常滿意　□滿意　□尚可　□需改善，請說明

整體評價：請說明

· 您在何處購買本書？

□書局　□網路書店　□書展　□團購　□其他

· 您購買本書的原因？（可複選）

□個人需要　□公司採購　□親友推薦　□老師指定用書　□其他

· 您希望全華以何種方式提供出版訊息及特惠活動？

□電子報　□DM　□廣告（媒體名稱　　　　　　　　　　）

· 您是否上過全華網路書店？（www.opentech.com.tw）

□是　□否　您的建議

· 您希望全華出版哪方面書籍？

· 您希望全華加強哪些服務？

感謝您提供寶貴意見，全華將秉持服務的熱忱，出版更多好書，以饗讀者。

填寫日期：　　／　　／

2020.09 修訂

勘 誤 表

書　號		書　名		作　者
頁　數	行　數	錯誤或不當之詞句		建議修改之詞句

我有話要說：（其它之批評與建議，如封面、編排、內容、印刷品質等⋯⋯）